# 通信工程规划设计指导

## ——无线网工程

主编　蒋晓虞　周玥丹　顾晓丽
　　　张颖聪　黄若尘

U0380379

东南大学出版社
SOUTHEAST UNIVERSITY PRESS
·南京·

# 内 容 提 要

规划与设计是无线网工程的起始环节,也是至关重要的环节,影响到后期工程的效果和效益。本书聚焦无线网工程的规划与设计,按照工作实施流程划分环节进行技术指导,明确各环节的操作标准及工程实施要求,为无线网工程规划与设计提供标准性流程。

本书可用于城市规划、网络规划设计工程技术人员工作和学习,也可供工程承接单位在工程实施中参考。

**图书在版编目(CIP)数据**

通信工程规划设计指导:无线网工程/ 蒋晓虞等主编.—南京:东南大学出版社,2023.8(2024.7 重印)
ISBN 978 - 7 - 5766 - 0856 - 4

Ⅰ.①通… Ⅱ.①蒋… Ⅲ.①无线网—网络规划 ②无线网—网络设计 Ⅳ.①TN92

中国国家版本馆 CIP 数据核字(2023)第 163280 号

责任编辑:魏晓平　　　封面设计:毕真　　责任印制:周荣虎

**通信工程规划设计指导——无线网工程**

主　　编:蒋晓虞　周玥丹　顾晓丽　张颖聪　黄若尘
出版发行:东南大学出版社
社　　址:南京四牌楼 2 号　邮编:210096　电话:025 - 83793330
出 版 人:白云飞
网　　址:http://www.seupress.com
电子邮件:press@seupress.com
经　　销:全国各地新华书店
印　　刷:广东虎彩云印刷有限公司
开　　本:787 mm×980 mm　1/16
印　　张:17.75
字　　数:380 千字
版　　次:2023 年 8 月第 1 版
印　　次:2024 年 7 月第 2 次印刷
书　　号:ISBN 978 - 7 - 5766 - 0856 - 4
定　　价:69.00 元

# 目　录

# 1 绪言

　　1896 年，意大利人古利莫·马可尼在英国取得无线电的专利证，并在第二年实现了一个固定站和一艘拖船之间的无线电通信实验，这标志着无线电通信技术的诞生，也为移动通信的辉煌发展拉开了序幕。1973 年美国摩托罗拉公司的工程师马丁·库帕发明了世界上第一部真正意义上的手机，同年，国际无线电大会批准了 800/900 MHz 频段用于移动电话的频率分配方案。在 1978 年底，美国贝尔实验室成功研制了全球第一个高级移动电话系统（AMPS，advanced mobile phone system），并在 5 年后，首次在芝加哥正式投入商用，这意味着移动通信正式进入规模商用阶段。

　　在很长一段时间里，移动通信仅局限于语音或者文字信息传输，且容量有限，移动通信仅作为固定通信网的一种补充。得益于二十世纪互联网的快速发展，移动通信与互联网技术的融合产生了前所未有的推进作用，从第三代移动通信开始，移动互联网悄然进入公众生活，并在第四代移动通信（4G）中得到了充分的发展，渗透到政务、金融、医疗、教育、社交等各个社会环节。因此，移动互联网也被称为"改变了人类生活"的技术，被誉为二十世纪最伟大发明的互联网与快速发展的移动通信技术，强有力地推动了数字经济的发展。社会进步促进技术的发展，技术反过来也会促进社会的发展。从 2014 年开始，德国、英国、日本、中国、美国等国家纷纷提出了有关工业、政府等方面的数字化转型战略，而新兴的 5G、人工智能（AI）、云计算也被认为是数字经济发展的技术基石。5G 在 4G 的基础上，引入了大量适宜物联的技术能力，进一步扩大了带宽、提高可靠性，5G 也被认为是"改变社会"的技术之一。中国在 5G 的技术研究和商用部署走在世界前列，2019 年开始，5G 便逐步进入商用节奏，目前中国在 5G 商用规模和用户数方面已经位居世界第一。

　　移动通信包含了无线网、核心网、承载网等组成部分，无线网工程是移动通信工程中最重要且投资最大的组成部分，对于一般规模的移动通信工程，无线网投资占比通常超过70%。同时，移动通信工程也拥有庞大的产业链系统，包含了产业标准、终端、网络设备、规划设计、配套设施等多个方面。无线网规划的重点工作在于通过科学的计算分析，合理规划基站布局、参数取值等要素。而无线网设计工作则根据具体的站址条件，制定详细的设备安装、配套建设等方案，起到有效指导施工的作用。无线网工程具有投资规模大、建设周期长、调整代价高等特点，因此无线网工程的规划与设计就显得尤为重要，合理的规划与设计可以提高网络建设的效率,能够降低后期网络运维的难度,避免重复建设,是无线网工程是否合理有效的基础。

不同于固定通信系统,由于用户的移动性特点,移动通信的覆盖是全域性网络,有无缝覆盖的需求,因此移动通信系统中的无线网络的规划与设计需要结合电波传播特性、城市结构、无线制式等因素综合考虑,平衡网络覆盖与建设投资,实现 CAPEX(资本性支出,capital expenditure)和 OPEX(运营支出 operating expense)的最优化。近年来,随着城市规模的扩大、建筑物形态的演进、用户对于通信要求的提升以及无线通信系统升级,无线网的规划/设计难度越来越大,而随着移动通信的技术发展,无线网规划与设计相关技术也一直在发展研究中,尤其在数字化变革的进程中,更需要关注与云计算、AI 的结合,提升规划设计的准确性。

本书将聚焦无线网工程的规划与设计,合理划分每个环节,提出并解决各环节的重点问题,可用于指导无线网工程的规划与设计工作,以及承接单位的实施参考。

# 2 无线通信系统概述

## 2.1 综述

### 2.1.1 移动通信简介

所谓移动通信就是指移动体之间、移动体与固定体之间的通信。按照移动体所处运动区域的不同,移动通信可分为航空(航天)移动通信系统、航海移动通信系统、陆地移动通信系统和国际卫星移动通信系统。陆地移动通信系统又包括无线寻呼系统、无绳电话系统、集群移动通信系统和蜂窝移动通信系统等。目前移动通信系统以蜂窝移动通信系统发展最为迅速,应用最为广泛。因此,本书将围绕"蜂窝移动通信系统"展开介绍。

蜂窝网络由于构成网络覆盖的各通信基站的信号覆盖呈六边形,从而使整个网络像一个蜂窝而得名。蜂窝移动通信系统是覆盖范围最广的陆地公用移动通信系统。在蜂窝系统中,覆盖区域一般被划分为多个小区;每个小区内设置固定的基站,为用户提供接入和信息转发服务;移动用户之间以及移动用户和非移动用户之间的通信均需通过基站进行;基站则一般通过有线线路连接到主要由交换机构成的骨干交换网络。

蜂窝移动通信从二十世纪八十年代出现到现在,已经深刻地改变了人们的生活,但人们对更高性能移动通信的追求从未停止。移动通信呈现如下发展趋势:

① 网络覆盖的无缝化,即用户在任何时间、任何地点都能实现网络的接入;

② 宽带化是通信发展趋势,窄带的、低速的网络逐渐被宽带网络所取代;

③ 融合趋势明显加快,包括技术融合、网络融合、业务融合;

④ 数据速率越来越高,频谱带宽越来越宽,频段越来越高,覆盖距离越来越短;

⑤ 终端智能化水平越来越高,为各种新业务的提供创造了条件和实现手段。

为了应对未来移动数据流量爆炸性的增长、海量的设备连接、不断涌现的各类新业务和应用场景,第五代移动通信(5G)系统应运而生。

## 2.1.2　通信工程常用技术术语

| 序号 | 英文缩写 | 英文释义 | 中文释义 |
|---|---|---|---|
| 1 | 1G | The 1th Generation Mobile Communication Technology | 第一代移动通信技术 |
| 2 | 2G | The 2th Generation Mobile Communication Technology | 第二代移动通信技术 |
| 3 | 3G | The 3th Generation Mobile Communication Technology | 第三代移动通信技术 |
| 4 | 4G | The 4th Generation Mobile Communication Technology | 第四代移动通信技术 |
| 5 | 5G | The 5th Generation Mobile Communication Technology | 第五代移动通信技术 |
| 6 | AAU | Active Antenna Unit | 有源天线单元 |
| 7 | ACP | Automatic Cell Planning | 自动小区规划 |
| 8 | ADPCM | Adaptive Differential Pulse Code Modulation | 自适应差分脉冲编码调制 |
| 9 | AGPS | Assisted Global Positioning System | 辅助全球卫星定位系统 |
| 10 | AI | Artificial Intelligence | 人工智能 |
| 11 | AMPS | Advanced Mobile Phone System | 高级移动电话系统 |
| 12 | APP | Application | 应用程序 |
| 13 | AR | Augmented Reality | 增强现实 |
| 14 | ASK | Amplitude Shift Keying | 振幅键控 |
| 15 | BBU | Base Band Unite | 基带处理单元 |
| 16 | BLER | BLock Error Rate | 误块率 |
| 17 | BPSK | Binary Phase Shift Keying | 二进制相移键控 |
| 18 | BS | Base Station | 基站 |
| 19 | BTS | Base Transceiver Station | 基站收发台 |
| 20 | CAD | Computer Aided Design | 计算机辅助设计 |
| 21 | CAPEX | Capital Expenditure | 资本性支出 |
| 22 | CDMA | Code Division Multiple Access | 码分多址 |
| 23 | CELL ID | Cell ID | 小区标示 |
| 24 | CQT | Call Quality Test | 呼叫质量拨打测试 |
| 25 | RAN | Radio Access Network | 无线电接入网 |
| | C-RAN | Centralized，Cooperative，Cloud and clean RAN | 基于集中化处理、协作无线电、实时云计算的绿色无线接入网架构 |

| 序号 | 英文缩写 | 英文释义 | 中文释义 |
|---|---|---|---|
| 26 | CSI | Channel State Information | 信道状态信息 |
| 27 | CSI-RS | Channel State Information-Reference Signal | 信道状态信息参考信号 |
| 28 | CW | Continuous Wave | 连续波测试 |
| 29 | DM | Delta Modulation | 增量调制 |
| 30 | DPSK | Differential Phase Shift Keying | 差分相移键控 |
| 31 | DS | Direct Sequence Spread Spectrum | 直接序列扩频 |
| 32 | DT | Drive Test | 路测 |
| 33 | EDGE | Enhanced Data Rate for GSM Evolution | 增强型数据速率 GSM 演进技术 |
| 34 | eMBB | Enhanced Mobile Broadband | 增强移动宽带 |
| 35 | FDD | Frequency Division Duplexing | 频分双工 |
| 36 | FDMA | Frequency Division Multiple Access | 频分多址 |
| 37 | FFR | Fractional Frequency Reuse | 部分频率复用 |
| 38 | FH | Frequency-Hopping | 跳频 |
| 39 | F-OFDM | Filtered-Orthogonal Frequency Division Multiplexing | 滤波正交频分复用 |
| 40 | FSK | Frequency Shift Keying | 移频键控 |
| 41 | FSMU | Frequency Shift Management Unit | 移频管理单元 |
| 42 | GMSK | Gaussian Filtered Minimum Shift Keying | 高斯最小频移键控 |
| 43 | gNB ID | the next Generation Node B ID | 基站标示 |
| 44 | gNodeB | the next Generation Node B | 下一代基站 |
| 45 | GPRS | General Packet Radio Service | 通用分组无线业务 |
| 46 | GPS | Global Positioning System | 全球卫星定位系统 |
| 47 | GSM | Global System for Mobile Communications | 全球移动通信系统 |
| 48 | ITU | International Telecommunication Union | 国际电信联盟 |
| 49 | JTAGS | Japan Total Access Communication System | 日本全接入通信系统 |
| 50 | LAC | Location Area Code | 位置区码 |
| 51 | LED | Light Emitting Diode | 发光二极管 |
| 52 | LMT | Local Maintenance Terminal | 本地维护终端 |
| 53 | LTE | Long Term Evolution | 长期演进 |

| 序号 | 英文缩写 | 英文释义 | 中文释义 |
|---|---|---|---|
| 54 | MAHO | Mobile Assisted Handoff | 移动台辅助越区切换 |
| 55 | MAPL | Maximum Allowable Path Loss | 最大路径损耗 |
| 56 | Massive MIMO | Massive Multiple In Multiple Out | 大规模密集型多输入多输出天线阵列 |
| 57 | MDT | Minimization Drive Test | 最小化路测（是通信系统实现自动化采集和分析含位置信息的 UE 测量报告的技术） |
| 58 | MEC | Multi-Access Edge Computing | 多接入边缘计算 |
| 59 | MIMO | Multiple In Multiple Out | 多进多出 |
| 60 | MMS | Multimedia Messaging Service | 多媒体信息服务 |
| 61 | mMTC | Massive Machine Type Communication | 海量物联网通信 |
| 62 | MR | Measurement Report | 测量报告 |
| 63 | MS | Mobile Station | 移动台 |
| 64 | MSC | Mobile Switching Center | 移动业务交换中心 |
| 65 | MSK | Minimum Shift Keying | 最小移频键控 |
| 66 | MUSA | Multi-User Shared Access | 多用户共享接入 |
| 67 | NMT | Nordic Mobile Telephone | 北欧移动电话系统 |
| 68 | NOMA | Non Orthognal Multiple Access | 非正交多址接入 |
| 69 | NR | New Radio | 新空口，即 5G 无线网 |
| 70 | NSA | Non-Standalone Architecture | 非独立组网 |
| 71 | OAM | Orbital Angular Momentum | 轨道角动量 |
| 72 | OFDM | Orthogonal Frequency Division Multiplexing | 正交频分复用技术 |
| 73 | OMC | Operation and Maintenance Center | 操作维护中心 |
| 74 | OPEX | Operating Expense | 运营支出 |
| 75 | OSM | Open Street Map | 开放街道地图 |
| 76 | OSS | Operation Support Systems | 操作支持系统 |
| 77 | OTN | Optical Transport Network | 光传送网 |
| 78 | PCI | Physical Cell Identifier | 物理小区标识 |
| 79 | PCM | Pulse Code Modulation | 脉冲编码调制 |

| 序号 | 英文缩写 | 英文释义 | 中文释义 |
|---|---|---|---|
| | PBCH | Physical Broadcast Channel | 物理广播信道 |
| 80 | PDC | Personal Digital Cellular | 个人数字蜂窝电话 |
| 81 | PDMA | Pattern Division Multiple Access | 非正交多址接入 |
| 82 | PLMN ID | Public Land Mobile Network ID | 移动网络识别码 |
| 83 | PN | Pseudo-Noise Code | 伪随机码 |
| 84 | POI | Point of Interface | 多业务接入平台 |
| 85 | PRACH | Physical Random Access Channel | 物理随机接入信道 |
| 86 | pRRU | Pico Remote Radio Unit | 微型射频拉远单元 |
| 87 | PSK | Phase Shift Keying | 移相键控 |
| 88 | PSTN | Public Switched Telephone Network | 公共交换电话网络 |
| 89 | QAM | Quadrature Amplitude Modulation | 正交振幅调制 |
| 90 | QPSK | Quadrature Phase Shift Keying | 正交相移键控 |
| | RAN | Radio Access Network | 无线电接入网 |
| 91 | RAT | Radio Access Technology | 无线接入技术 |
| 92 | RF | Radio Frequency | 射频 |
| 93 | RFID | Radio Frequency Identification | 射频识别技术 |
| 94 | RHUB | Remote Radio Unit Hub | 射频拉远单元集线器 |
| 95 | RPE-LTP | Regular Pulse Excitation-Long Term Prediction | 规则脉冲激励长期预测编码 |
| 96 | RRU | Remote Radio Unit | 射频拉远单元 |
| 97 | RSRP | Refernce Signal Receiving Power | 参考信号接收功率 |
| 98 | RTMI | Radio Telefono Mobile Integrato | 无线电信移动集成 |
| 99 | SA | Standalone Architecture | 独立组网 |
| 100 | SCMA | Sparse Code Multiple Access | 稀疏码多址 |
| 101 | SCPC | Single Channel Per Carrier | 单路单载波 |
| 102 | SDR | Software Defination Radio | 软件定义的无线电 |
| 103 | SFR | Soft Frequency Reuse | 软频率复用 |
| 104 | SINR | Singnal to Inerference plus Noice Ratio | 信噪比 |
| 105 | SMS | Short Message Service | 短信服务 |

| 序号 | 英文缩写 | 英文释义 | 中文释义 |
|---|---|---|---|
| 106 | SPM | Standard Propargation Model | 标准传播模型 |
| 107 | SSB | Synchronization Signal/PBCH Block | 同步信号块 |
| 108 | SS-RSRP | Synchronization Signal Reference Signal Received Power | 同步信号 |
| 109 | SS-SINR | Signal-to-Interference-plus-Noise Ratio | 符号间干扰噪音比 |
| 110 | TA | Tracking Area | 跟踪区 |
| 111 | TAC | Tracking Area Code | 跟踪区域码 |
| 112 | TACS | Total Access Communications System | 总访问通信系统 |
| 113 | TAI | Tracking Area Indicator | 跟踪区识别符 |
| 114 | TAU | Tracking Area Update | 跟踪区更新 |
| 115 | TDD | Time Division Duplexing | 时分双工 |
| 116 | TDMA | Time Division Multiple Access | 时分多址 |
| 117 | TD-SCDMA | Time Division-Synchronous Code Division Multiple Access | 时分同步码分多址 |
| 118 | UE | User Equipment | 用户设备 |
| 119 | UPS | Uninterruptable Power System | 不间断电源系统 |
| 120 | uRLLC | Ultra Reliable & Low Latency Communication | 超高可靠性与超低时延 |
| 121 | VR | Virtual Reality | 虚拟现实 |
| 122 | VSELP | Vector Sum Excited Linear Prediction | 矢量和激励线性预测编码 |
| 123 | W-CDMA | Wideband Code Division Multiple Access | 宽带码分多址 |
| 124 | WDM-PON | Wavelength Division Multiplexing Passive Optical Network | 波分复用无源光网络 |
| 125 | WLAN | Wireless Local Area Network | 无线局域网 |

### 2.1.3　移动通信网络架构

早期的移动通信系统一般由移动台(MS)、基站(BS)、移动业务交换中心(MSC)及与公共电话交换网(PSTN)连接的中继线组成。基站和移动台设有收发信机和天线馈线等设备。每个基站都有一个可靠的通信服务范围,称为无线小区,无线小区的大小由发射功率和基站天线高度等因素决定。移动业务交换中心主要用来处理信息的交换和对整个系统的集中控制管理(图2-1)。

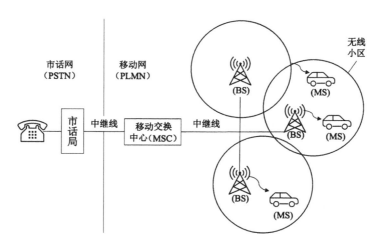

图 2-1 移动通信系统示意图

为了降低系统复杂度、减少传输和无线接入时延以及降低网络部署和维护成本,移动通信系统网络架构呈现扁平化和简单化发展。从第四代移动通信系统开始,网络架构实现基于全 IP 的扁平化网络,真正实现网络控制和承载分离(图 2-2、图 2-3)。

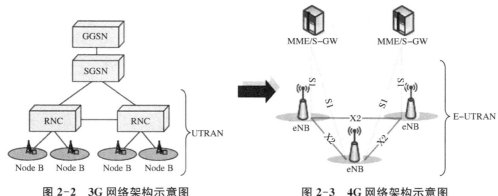

图 2-2　3G 网络架构示意图　　　图 2-3　4G 网络架构示意图

## 2.1.4 移动通信基础知识

### 2.1.4.1 电波传播理论

电磁波是由同相且互相垂直的电场与磁场在空间中衍生发射的振荡粒子波,是以波动的形式传播的电磁场,具有波粒二象性。电磁波在空间中以波的形式移动,其传播方向垂直于电场与磁场构成的平面。电磁波在真空中速率固定,速度为光速。电磁波伴随的电场方向、磁场方向、传播方向三者互相垂直,因此,电磁波是横波。电磁波实际上分为电波和磁波,是二者的总称,但由于电场和磁场总是同时出现、同时消失并相互转换,通常将二者合称为电磁波,简称为电波。

电波有以下 4 种传播机制(图 2-4、图 2-5):

① 直射:在自由空间中,电波沿直线传播而不被吸收,也不发生反射、折射和散射等现象而直接到达接收点的传播方式。

② 绕射:当接收机和发射机之间的无线路径被尖利的边缘阻挡时会发生绕射。由阻挡表面产生的二次波散布于空间,甚至传至阻挡体的背面。

③ 反射:电波在传输过程中,遇到两种不同介质的光滑界面时,就会发生反射现象。

④ 散射:当波穿行的介质中存在小于波长的物体并且单位体积内阻挡体的个数非常巨大时,发生散射。散射波产生于粗糙表面,表面上有小物体或其他不规则物体。在实际的通信系统中,树叶、街道标志和灯柱等都会引发散射。

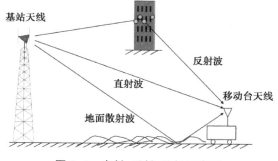

图 2-4　直射、反射、散射示意图

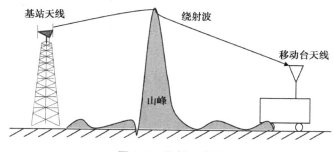

图 2-5　绕射示意图

由于传播的开放性、接收环境的复杂性、通信用户的随机移动性,使得电波传播存在三类不同层次的损耗与四种不同的效应。

**1) 路径传播损耗**

即电波在空间传播所产生的损耗。它反映出传播在宏观大范围(千米量级)的空间距离上的接收信号电平平均值的变化趋势。

**2) 快衰落损耗**

在移动通信传播环境中,到达移动台天线的信号不是来自单一路径,而是来自许多路径的众多反射波的合成。由于电波通过各个路径的距离不同,因而各条路径的反射波到达的时间不同,相位也不同。不同相位和幅度的多个信号在接收端叠加,有时同相增强,有时反相减弱。这样,接收信号的幅度将急剧变化,即产生了衰落。这种衰落是由多径传播所引起的,称为多径快衰落,遵循瑞利分布规律。它的变化速率与移动体行进速度及工作频率(波长)有关,其变化范围可达数十分贝(图 2-6)。根据影响因素不同,又可以分为以下三类:

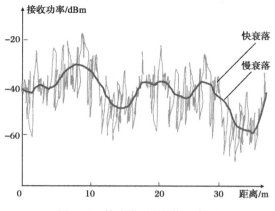

图 2-6　快衰落、慢衰落示意图

①　空间选择性衰落:也称平坦瑞利衰落,是指在不同的地点与空间位置衰落特性不一样。同一时间、不同地点的衰弱起伏是不一样的;点波束产生了角度扩散。

②　频域选择性衰落:是指不同频段上衰落特性不一样。信道在时域的时延扩展,引起了在频域上的频率选择性衰落。

③　时域选择性衰落:是指在不同的时间衰落特性不一样。由于收发信机相对高速移动在频域引起多普勒频移,在时域上表现为时间选择性衰落。

**3）慢衰落损耗**

慢衰落的速率与频率无关,主要取决于阻挡物的尺寸和结构以及收发天线的高度和移动体的速度;而慢衰落的深度取决于信号频率和阻挡物的材质。在移动通信系统的无线工程设计中,必须提供接收场强的余量才能保证更多地点的可通率,这个余量与偏差 $\sigma$ 有关。慢衰落遵循对数正态分布规律(图 2-6)。

**4）阴影效应**

由于大型建筑物和其他物体的阻挡,在电波传播的接收区域中产生传播半盲区。它类似于太阳光受阻挡后可产生的阴影,光波的波长较短,因此阴影可见,电磁波波长较长,阴影不可见,但是接收终端(如手机)与专用仪表可以测试出来。

**5）远近效应**

由于接收用户的随机移动性,移动用户与基站之间的距离也是在随机变化,即使各移动用户发射信号功率一样,到达基站的信号的强弱也将不同,离基站近者信号强,离基站远者信号弱。通信系统中的非线性将进一步加重信号强弱的不平衡性,甚至出现了以强压弱的现象,并使弱者,即离基站较远的用户产生掉话(通信中断)现象,通常称这一现象为远近效应。

**6）多径效应**

由于接收者所处地理环境的复杂性,使得接收到的信号不仅有直射波的主径信号,还有从不同建筑物反射过来以及绕射过来的多条不同路径信号,而且它们到达时的信号强度、到达时间以及到达时的载波相位都是不一样的。接收者所接收到的信号是上述各路径信号的矢量和,也就是说各径之间可能产生自干扰,这类自干扰被称为多径干扰或多径效应。这类多径干扰是非常复杂的,如有时根本收不到主径直射波,收到的是一些连续反射波等。

**7)多普勒效应**

它是由于接收用户处于高速移动中如车载通信时因传播频率的扩散而引起的,其扩散程度与用户运动速度成正比。这一现象只产生在高速($\geqslant 70$ km/h)车载通信时,而对于通常慢速移动的步行和准静态的室内通信,则不予考虑。

## 2.1.4.2 移动通信工作方式

移动通信的工作方式可分为单向通信方式和双向通信方式两大类别,而后者又分为单工通信方式、半双工通信方式、双工通信方式和全双工通信方式4种。

**1)单向通信方式**

通信双方中的一方只能接收信号,而另一方只能发送信号,不能互逆。收信方不能对发信方直接进行信息反馈。陆地移动通信系统中的无线寻呼系统就采用这种工作方式。例如 BP 机(或 BB 机)只能收信而不能发信。

**2)双向通信方式**

① 单工通信方式:即移动通信的双方只能交替地进行发信和收信,不能同时进行(图2-7)。常用的对讲机就采用这种通信方式,平时天线与收信机相连接,发信机也不工作。当一方用户讲话时,接通"按-讲"开关,天线与发信机相连(发信机开始工作)。另一方的天线接至收信机,因而可收到对方发来的信号。

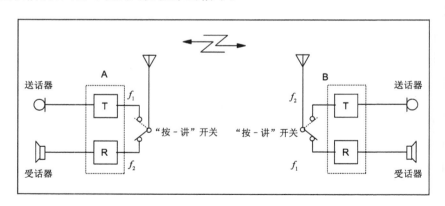

图 2-7 单工通信方式示意图

② 半双工通信方式:即与双工通信相类似,但是通信双方可同时发信和收信,只不过发信时要按下"按-讲"开关(图 2-8)。

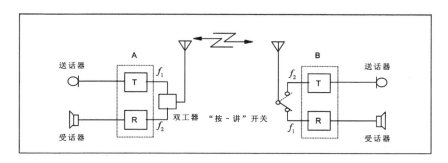

图 2-8　半双工通信方式示意图

③ 双工通信方式：是指移动通信双方可同时进行发信和收信。这时收信与发信必须采用不同的工作频率(图 2-9)。用户使用时与"打电话"时的情况一样。这时通信双方的设备一般都为双工器。

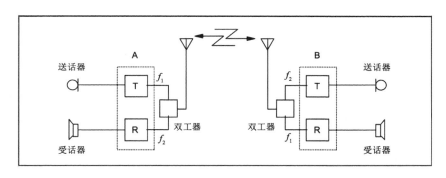

图 2-9　双工通信方式示意图

④ 全双工通信方式：也称同时同频全双工，即设备的发射机和接收机占用相同的频率资源同时进行工作，使得通信双方在上、下行可以在相同时间使用相同的频率。这种双工方式显著提升无线资源的使用效率，属于 5G 的关键技术之一。

### 2.1.4.3　移动通信基础技术

#### 1) 数字调制技术

数字调制是为了使在信道上传送的信号特性与信道特性相匹配的一种技术。就话音业务而言，经过话音编码所得到的数字信号必须经过调制才能实际传输。在无线通信系统中是利用载波来携带话音编码信号，利用话音编码后的数字信号对载波进行调制，若载波的频率按照数字信号"1""0"变化而对应地变化，这称为移频键控(FSK)；相应地，若载波相位按照数字信号"1""0"变化而对应地变化，则称之为移相键控(PSK)；若载波的振幅按照数字信号"1""0"变化而对应地变化，则称之为振幅键控(ASK)。通常，FSK 在频率转换点上的相位并不连续,这会使载波信号的功率谱产生较大的旁瓣分量。为克服这一缺点,一些专家先后提出了一些改进的调制方式,其中较有代表性的调制方式是最小移频键控(MSK)和高斯预滤波最小移频键控(GMSK)。

众所周知,移动通信必须占用一定的频带,然而可供使用的频率资源却非常有限。因此,在移动通信中,有效地利用频率资源是至关重要的。为了提高频率资源的利用率,除采用频率再用技术外,通过改善调制技术而提高频谱利用率也是我们必须慎重考虑的一个方面。鉴于移动通信的电波传播条件极其恶劣,因衰落导致接收信号电平的急剧变化,移动通信中的干扰问题也特别严重,除邻道干扰外,还有同频道干扰和互调干扰,所以移动通信中的数字调制技术必须具有优良的频谱特性和抗干扰、抗衰落性能。

目前在数字移动通信系统中被广泛使用的调制技术,主要有以下两大类。

① 连续相位调制技术:射频已调波信号具有确定的相位关系且包络恒定,其也被称为恒包络调制技术。它具有频谱旁瓣分量低,误码性能好,可以使用高效率的 C 类功率放大器等特点。属于这一类的调制技术有平滑调频(TFM)、最小移频键控(MSK)和高斯预滤波最小移频键控(GMSK)。其中高斯预滤波最小移频键控(GMSK)的频谱旁瓣分量低,频谱利用率高,而其误码性能与差分移相键控(DPSK)差不多。

② 线性调制技术:包括二相移相键控(BPSK)、四相移相键控(QPSK)和正交调幅(QAM)等。这类调制技术频谱利用率较高,但对调制器和功率放大器的线性要求非常高,因此设计难度和成本较高。随着放大器技术的发展,出现了高效而实用的线性放大器,这才使得线性调制技术在移动通信中得到实际应用。

**2) 多址方式**

多址方式旨在使多个移动用户同时分享有限的信道资源(如无线电频谱资源),将可用的资源(如可用的信道数目)同时分配给众多用户共同使用,以达到较高的系统容量。多址系统的设计主要涉及两个方面:一是多路复用,也就是将一条通路变成多个物理信道;二是信道分配,将单个用户分配到某一具体信道上去。在移动通信系统中,常用的三种多址方式是频分多址(FDMA)、时分多址(TDMA)和码分多址(CDMA)。

**(1) 频分多址(FDMA)**

FDMA 是按照频率的不同给每个用户分配单独的物理信道,这些信道根据用户的需求进行分配。在用户通话期间,其他用户不能使用该物理信道。在频分全双工(FDD)情形下,分配给用户的物理信道是一对信道(占用两段频段),一段频段用作前向信道,另一段频段用作反向信道(图 2-10)。

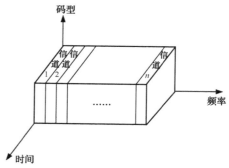

图 2-10 FDMA 示意图

FDMA 方式有以下的特点：FDMA 信道的带宽相对较窄（25～30 kHz），相邻信道间要留有防护带；同 TDMA 系统相比，FDMA 移动通信系统的复杂度较低，容易实现；FDMA 系统采用单路单载波（SCPC）设计，需要使用高性能的射频（RF）带通滤波器来减少邻道干扰，因而成本较高。FDMA 的成本较 TDMA 系统高。

（2）时分多址（TDMA）

TDMA 系统把使用某一频率的载波所构成的一条通路通过按时间划分成若干时隙的方法分成若干物理信道，每个时隙仅允许一个用户发射或接收信号。每个用户占用一个周期性重复的时隙。每条物理信道可以看作每一帧中的特定时隙。在 TDMA 系统中 $n$ 个时隙组成一帧，每帧由前置码、消息码和尾比特组成。在 TDMA/FDD 系统中，相同或相似的帧结构单独用于前向（下行）或反向（上行）传输。一般情况下，前向（下行）信道和反向（上行）信道的载波频率不同（图 2-11）。

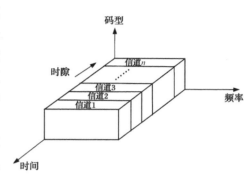

图 2-11　TDMA 示意图

TDMA 有以下特点：TDMA 系统中几个用户共享单一的载频，其中每个用户使用彼此互不重叠的时隙。每帧中的时隙数取决于几个因素，如调制方式、可用带宽等。TDMA 系统中的数据发射不是连续的，而是以突发的方式发射。由于用户发射机可以在不用的时间（绝大部分时间）关掉，因而耗电较少。由于 TDMA 系统发射是不连续的，移动台可以在空闲的时隙里监听其他基站，从而使其越区切换过程大为简化。通过移动台在 TDMA 帧中的空闲时隙监听，可以给移动台增加链路控制功能，如使之提供移动台辅助越区切换（MAHO）等。同 FDMA 信道相比，TDMA 系统的传输速率一般较高，故需要采用自适应均衡。TDMA 必须留有一定的保护时间（或相应的保护比特）。但是，如果为了缩短保护时间而使时隙边缘的发送信号压缩过快，则发射频谱将展宽，并将对相邻信道构成干扰。由于采用突发式发射，TDMA 系统需要更大的同步报头。TDMA 的发射是分时隙的，这就要求接收机对每个数据突发脉冲串保持同步。此外，TDMA 需要有保护时隙来分隔用户，这使其与 FDMA 系统相比有更大的报头。TDMA 系统的一个优点是在每帧中可以分配不同的时隙数给不同的用户。这样，通过基于优先级对时隙进行链接或重新分配，可以满足不同用户的带宽需求。

（3）码分多址（CDMA）

在码分多址（CDMA）系统中，所有移动台使用相同载频，并可以同时发射。每个移动台都有自己的地址码，与其他移动台的地址码近似正交。接收机则进行时间相关操作以检测期望的特定地址码,而其他地址码字均被接收机当做噪声。

在 CDMA 系统中,接收机接收的多个用户功率决定了去相关后的噪声大小。如果在一个小区内不对每个用户的功率加以控制,那么它们在基站接收机处是功率不等的,这将会产生远近效应。在 CDMA 系统中,必须采用严格的功率控制技术。最常用的码分技术是基于以下两种扩频通信方式:

跳频(FH):跳频通信是指载波频率受一组伪随机码控制而进行离散变化的通信方式。这种方式与二进制 FSK 类似,只不过跳频通信是由一组不同的码字的集合来控制频率,因此是一种多进制移频键控方式。

直接序列扩频(DS):直接序列扩频是最早发展的扩频通信方式。这种扩频方式与常规的数字通信的不同之处在于发信端和收信端各增加了一个环节。在发信端,首先把信码与伪随机序列进行"模二加"处理,由于伪随机序列的速率远大于信号的速率,故已调信号的频谱被扩展。而在接收端采用一个与发端码型完全相同的伪随机序列码。在严格同步的条件下,该序列码以及本振信号一起与接收信号进行混频、解扩,从而得到窄带的且仅受信码调制的中频信号,然后此信号经中放滤波,解调后恢复成原来的信码。直接序列扩频通信是在收、发两端的伪随机序列码的结构相同且同步的条件下才能通信,否则收到的只是噪声(图 2-12)。

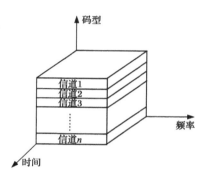

图 2-12　CDMA 示意图

CDMA 有如下特点:CDMA 系统中许多用户共享同一频率;既可用 TDD 方式,又可用 FDD 方式。与 TDMA 或 FDMA 不同,CDMA 系统的容量极限是所谓的软极限。CDMA 系统用户数目的增加只是以线性方式增加背景噪声。CDMA 系统中的用户数目没有绝对的限制。然而,用户数目的增加会使系统性能逐渐降低,而用户数减少则能使系统性能逐渐变好。由于信号扩展到较大的频谱范围内,多径衰落的影响会显著减小。如果扩谱带宽大于信道的相干带宽,则内在的频率分集会缓解小范围衰落的影响。CDMA 系统中的信道传输速率非常高,因而时隙的持续时间非常短,通常远小于信道的时延扩散。由于 PN 序列具有较低的自相关性,超过一个时隙以上的多径分量将被作为噪声处理。通过采集接收信号的各个时延分量,使用 RAKE 接收机可以提高接收性能。由于CDMA 采用同信道小区,因而可以用宏观空间分集的方法来提供软切换。软切换可以通过由 MSC 同时监控来自两个或更多基站的特定用户来实现。在任意时刻 MSC 可以选择最佳信号而不用改变频率。CDMA 系统存在自阻塞问题。当不同用户的扩展序列不是彼此严格正交时,对特定 PN 码的解扩而言,接收机对所需信号的判决统计受到来自系统其他用户的发射信号的非零贡献的影响,从而引起自阻塞。如果对所期望用户信号检测到

的功率小于其他不期望的用户,则 CDMA 接收机会产生远近效应。

**3) 话音编码**

通信系统中的话音编码在很大程度上决定着话音的质量和系统的容量,因此,具有十分重要的地位。标准的有线传输采用脉冲编码调制(PCM),每秒钟抽样 8 000 次,每次抽样值用 8 bit 来表示,总的码率是 64 Kbps。由于 PCM 对抽样值之间的关系不作任何假设性分析,因此包含许多冗余信息,编码效率较低。在移动通信系统中,频率资源是非常宝贵的,话音信号编码的速率越低,则在给定频带内可容纳的话音信道就越多。

为了满足带宽受限的移动通信系统的要求,人们利用语音过程本身的冗余度、听力特性等知识提出许多高效话音编码方法,这些话音编码的目的都是尽可能减小传输速率和提高话音质量。

各种话音编码所用的方法不同,目前话音编码大致可以分成两大类,波形编码和参数编码。常用的波形编码有脉冲编码调制(PCM)、增量调制(DM)和自适应差分脉冲编码调制(ADPCM)等。参数编码主要有线性预测编码及其改进型,如规则脉冲激励长期预测编码(RPE-LTP)、矢量和激励线性预测编码(VSELP)等。

**4) 均衡、分集和信道编码**

移动通信系统需采用一些信号处理技术以改善通信质量。均衡、分集和信道编码作为提高通信质量的 3 种技术,既可以各自单独运用,又可以组合在一起使用。需要注意的是,这三种技术均可用于提高移动通信的质量(降低比特差错率),但在实际的移动通信系统中,其各自的实现方法、成本、复杂程度及效果差别较大。

① 均衡:由于实际的传输信道特性的不理想而引起数字信号的线性畸变,可以对信道的频域或时域的某些特性进行补偿来尽量减小这种线性畸变。而这就是均衡的基本概念。均衡器可分为频域均衡器和时域均衡器,也可分为人工均衡器和自动均衡器(自适应均衡器)。

② 分集:分集是为了减小由于衰落而造成通信质量恶化的一种技术。分集通常分为显分集和隐分集两大类。前者主要有空间分集、角分集、极化分集、频率分集、时间分集等;后者主要通过一些抗衰落(主要是抗频率选择性衰落)的编码调制技术,如时频相编码等来实现。目前应用最为广泛且效果较好的是空间分集。所谓空间分集就是采用两副以上的天线,相隔一定距离,分别进行接收,然后把收到的互相独立的信号进行合并,从而改善接收信号的质量。

③ 信道编码:信道编码就是在所传送的数字信号流中增加一些冗余比特,进行纠错编码,以减小传输过程中所产生的比特差错率。通常用于信道编码的纠错编码方式有两种,即分组码和卷积码。按传统方式在进行信道编码时一般不考虑所要采用的调制方式,信道编码与调制方式分开考虑,但新出现的网格编码调制方法则将编码与调制放在一起来考虑,可实现较大的编码增益。

## 2.2 技术发展

### 2.2.1 第一代移动通信系统(1G)

第一代移动通信技术(1G)指最初的模拟、仅限语音的蜂窝电话标准,制定于二十世纪八十年代。其制式包括北欧、东欧以及俄罗斯使用的北欧移动电话(NMT),美国的高级移动电话系统(AMPS),英国的总访问通信系统(TACS)以及日本的 JTAGS,西德的 C-Netz,法国的 Radiocom 2000 和意大利的 RTMI。我国主要采用的是 TACS。

第一代移动通信系统主要采用的是模拟技术和频分多址(FDMA)技术。由于受到传输带宽的限制,仅是一种区域性的移动通信系统,无法进行移动通信的长途漫游。另外还存在诸多不足之处:容量有限、制式太多、互不兼容、保密性差、通话质量不高、无法提供数据业务等(表 2-1)。

表 2-1　第一代移动通信系统标准

| 特　　性 | TACS | NMT | AMPS |
|---|---|---|---|
| 载波间隔(kHz) | 25/6.25 | 12.5 | 30 |
| 信道数 | 600/2 400、560、280 | 1 999 | 832 |
| 调制 | 模拟调频 | 模拟调频 | 模拟调频 |

### 2.2.2 第二代移动通信系统(2G)

与第一代模拟蜂窝移动通信相比,第二代移动通信系统采用了数字移动通信技术,具有保密性强、频谱利用率高、标准化程度高等特点,改善了话音质量和保密性,并为用户提供无缝衔接的国际漫游,引入了呼叫和文本加密以及 SMS、图片信息和 MMS 等数据服务。

第二代移动通信系统标准包括 GSM、D-AMPS、PDC 和 IS-95 CDMA 等,均仍是窄带系统。我国目前应用的第二代移动通信系统为基于 TDMA 的 GSM 系统以及北美的窄带 CDMA 系统。

表 2-2　第二代移动通信系统标准

| 特性 | GSM/DCS18 | IS-54/136 | PDC | IS-95 |
|---|---|---|---|---|
| 多接入方式 | F/TDMA | F/TDMA | F/TDMA | F/CDMA |
| 载波间隔/kHz | 200 | 30 | 25 | 1 250 |
| 调制 | GMSK | x/4-DQPSK | tc/4-DQPSK | QPSK |
| 波特率(Kbps) | 270.883 | 48.6 | 42 | 1 228.8 |

| 特性 | GSM/DCS18 | IS-54/136 | PDC | IS-95 |
|---|---|---|---|---|
| 帧长/ms | 4.615 | 40 | 20 | 20 |
| 时隙/帧 | 8/16 | 3/6 | 3/6 | 1/1 |
| 语音编码(Kbps) | VSELP(HR 6.5) | VSELP(FR 7.95) | PSI-CELP(HR 3.45) | QELP(8,4,2,1) RCELP(EVRC) |
| | RPE-LTP(FR 13) | ACELP(EFR 7.4) | VSELP(FR 6.7) | |
| | ACELP(EFR 12.2) | ACELP(EFR 12.2) | | |
| 信道编码 | rate-1/2CC | rate-1/2CC | rate-1/2 BCH | FL：rate-1/2CC RL：rate-1/3CC |
| 跳频 | 有 | 无 | 无 | N/A |
| 挂断 | 硬 | 硬 | 硬 | 软 |

为适应移动数据接入需求的增长,进一步提高系统对高速数据的支持,从第二代到第三代的重大飞跃之前,产生临时标准 2.5 G(GPRS)、2.75 G(EDGE、CDMA 1X),使用更高效的调制、编码方式,将速率分别提升到 50 Kbps、300 Kbps。

## 2.2.3　第三代移动通信系统(3G)

第三代移动通信系统与前两代的主要区别是在传输声音和数据的速度上的提升,它能够在全球范围内更好地实现无缝漫游,并处理图像、音乐、视频流等多种媒体形式,提供包括网页浏览、电话会议、电子商务等多种信息服务,与已有第二代系统有良好兼容性。

IMT-2000(国际移动通信—2000)的最大特点是能提供无线宽带分组交换数据业务,对互联网的无线接入能够达到 2 Mbps 的速率。在四种不同环境下,对于电路和分组交换数据的用户数据速率最小需求为:车载 144 Kbps、步行 384 Kbps、室内 2 Mbps、卫星 9.6 Kbps。

1999 年 11 月,确定了 IMT-2000 空中接口三大标准:WCDMA、CDMA2000 及 TD-SCDMA。值得一提的是,TD-SCDMA 技术方案是我国首次向国际电联提出的标准,是一种基于 CDMA,结合智能天线、软件无线电、高质量语音压缩编码等先进技术的优秀方案。

表 2-3　第三代移动通信系统标准

| 特性 | TD-SCDMA | WCDMA | CDMA2000 |
|---|---|---|---|
| 信道间隔 | 1.6 MHz | 5 MHz | 1.25 MHz |
| 接入方式 | TDMA + CDMA | 单载波宽带直序扩频 | 单载波直序扩频 |
| 双工方式 | TDD | FDD | FDD |
| 码片速率 | 1.28 Mcps | 3.84 Mcps | 1.228 8 Mcps |
| 基站同步方式 | 同步(采用 GPS) | 异步(不需 GPS) | 同步(需 GPS) |

| 特　性 | TD-SCDMA | WCDMA | CDMA2000 |
|---|---|---|---|
| 帧　长 | 5 ms 子帧 | 10 ms | 20 ms 等 |
| 调制方式 | QPSK | QPSK(前向)/BPSK(后向) | QPSK(前向)/BPSK(后向) |
| 切　换 | 硬切换或接力切换 | 软切换,频间切换,与 GSM 间的切换 | 软切换,频间切换,与 IS-95 间的切换 |
| 语音编码 | 自适应多速率编码 | 自适应多速率编码 | 可变速率编码 |
| 功率控制 | 开环,闭环(最高 200 Hz),外环 | 开环,闭环(最高 1 500 Hz),外环 | 开环,闭环(最高 800 Hz),外环 |

## 2.2.4　第四代移动通信系统(4G)

电信技术业务移动化、宽带化和 IP 化的趋势日益明显,移动通信技术处于网络技术演进的关键时期,也就在此时,LTE(long term evolution,长期演进,也代称 4G)与大家见面了。LTE 具有高频谱效率、高峰值速率、高移动性和网络架构扁平化等多种优势。LTE 网络性能如下:

① 带宽灵活配置:支持 1.4 MHz, 3 MHz, 5 MHz, 10 MHz, 15 MHz, 20 MHz;

② 峰值速率(20 MHz 带宽):下行 326 Mbps(4×4 MIMO),上行 86.4 Mbps(UE: Single TX);

③ 控制面延时小于 100 ms,用户面延时小于 5 ms;

④ 能为速度＞350 km/h 的用户提供 100 Kbps 的接入服务;

⑤ 频谱效率:1.69 b/(s·Hz)(2×2 MIMO), 1.87 b/(s·Hz)(4×2 MIMO);

⑥ 用户数:协议要求 5 Mbps 带宽,至少支持 200 户激活用户,5 Mbps 以上带宽,每个小区至少 400 户激活用户。

相比 2G、3G,LTE 支持更多的业务类型,如表 2-4 所示:

表 2-4　各代网络支持业务统计表

| 业务类型 | GPRS/EDGE | UMTS | LTE |
|---|---|---|---|
| SMS | ★ | ★ | ★ |
| MMS | ★ | ★ | ★ |
| Web 浏览 | ★ | ★ | ★ |
| Email | ★ | ★ | ★ |
| 高速 Web 浏览 | — | ★ | ★ |
| 视频电话 | — | ★ | ★ |
| 普通网络游戏 | — | ★ | ★ |

续表

| 业务类型 | GPRS/EDGE | UMTS | LTE |
|---|---|---|---|
| 企业 VPN | — | ★ | ★ |
| 高清视频点播 | — | — | ★ |
| 基于 MBMS 的移动视频广告 | — | — | ★ |
| Mobile Web2.0 | — | — | ★ |
| 高端网络游戏 | — | — | ★ |

注：★表示可支持。

LTE 除了实现网络扁平化外,采用全 IP 技术,实行用户面和控制面分离。空口技术也出现了较大的突破:

**1) 多址技术优化**

采用 OFDM 调制复用技术,它把系统带宽分成多个相互正交的子载波,在多个子载波上并行数据传输(图 2-13,图 2-14)。

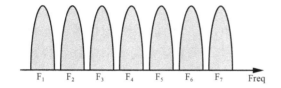

图 2-13 传统多载波频分复用系统　　　　图 2-14 OFDM 系统

**2) MIMO 技术优化**

MIMO 空间复用的作用是把一个原来 SINR 较高的信道,分成若干个 SINR 较低的信道。香农容量公式表明,在 SINR 较低时,SINR 的改善能够迅速提高频谱效率;在 SINR 较高时,SINR 的改善对频谱效率的提高作用越来越弱。

LTE 下行支持 MIMO 技术进行空间维度的复用。空间复用支持单用户 SU-MIMO 模式或者多用户 MU-MIMO 模式。SU-MIMO 中,空间复用的数据流调度给一个单独的用户,提升该用户的传输速率和频谱效率。MU-MIMO 中,空间复用的数据流调度给多个用户,多个用户通过空分方式共享同一时频资源,系统可以通过空间维度的多用户调度获得额外的多用户分集增益。

OFDM 能使无线信道的抗频率选择性衰落性能得到极大的提高,但是对提高通信系统容量的能力有限;MIMO 采用空间复用技术,在理论上可以对系统容量进行无限提高,可以弥补 OFDM 在系统容量方面的不足。两者结合使系统性能得到极大改善,提高系统的频谱效率和抗衰落能力。

### 3）干扰控制优化

小区间干扰协调是小区干扰控制的一种方式,本质上是一种调度策略。LTE 系统可以采用频率软复用 SFR 和部分频率复用 FFR 等干扰协调机制来控制小区边缘的干扰。主要目的是提高小区边缘的频率复用因子,改善小区边缘的性能。

## 2.2.5 第五代移动通信系统(5G)

### 1）5G 性能指标

5G 已经渗透到未来社会的各个领域,以用户为中心构建全方位的信息生态系统。5G 将使信息突破时空限制,提供极佳的交互体验,为用户带来身临其境的信息盛宴;5G 将拉近万物的距离,通过无缝融合的方式,便捷地实现人与万物的智能互联。5G 将为用户提供光纤般的接入速率,"零"时延的使用体验,千亿设备的连接能力,超高流量密度、超高连接数密度和超高移动性等多场景的一致服务,业务及用户感知的智能优化,同时将为网络带来超百倍的能效提升和比特成本降低,最终实现"信息随心至,万物触手及"的总体愿景。

5G 需要具备比 4G 更高的性能,支持 0.1 Gbps~1 Gbps 的用户体验速率,$1.0 \times 10^{7}/\text{km}^2$ 的连接数密度,毫秒级的端到端时延,每平方公里数十 Tbps 的流量密度,每小时 500 km 以上的移动性和数十 Gbps 的峰值速率。其中,用户体验速率、连接数密度和时延为 5G 最基本的性能指标。5G 还需要大幅提高网络部署和运营的效率,相比 4G 频谱效率提升 5~15 倍,能效和成本效率提升百倍以上。性能需求和效率需求共同定义了 5G 的关键能力。

### 2）5G 典型业务

我国工信部向 ITU(国际电信联盟)输出 5G 四大场景包括:连续广域覆盖、热点高容量、低功耗大连接、低时延高可靠。ITU 在其发布的白皮书中将其归为三大场景,即 eMBB、mMTC、URLLC(表 2-5)。

5G 典型业务包括虚拟现实、物联网、车联网与自动驾驶等。

① 虚拟现实:虚拟现实和浸入式体验将成为 5G 时代的关键应用,这将使很多行业产生天翻地覆的变化,包括游戏、教育、虚拟设计、医疗甚至艺术等行业。要达到这一

表 2-5　5 性能及效率指标

| 性能指标 | |
| --- | --- |
| 用户体验速率 | 0.1~1 Gbps |
| 连接数密度 | $1.0 \times 10^{7}/\text{km}^2$ |
| 时延 | 数毫秒 |
| 移动性 | >500 km/h |
| 峰值速率 | 数十 Gbps |
| 流量密度 | 数十 Tbps/km² |
| 效率指标 | |
| 频谱效率 | 5~15 倍 |
| 能效 | >100 倍 |
| 成本效率 | >100 倍 |

点,我们要在移动环境下使虚拟现实和浸入式视频的分辨率达到人眼的分辨率,这就要求网速达到 300 Mbps 以上,几乎是当前高清视频体验所需网速的 100 倍。

② 物联网:物联网是新一代信息技术的重要组成部分,也是"信息化"时代的重要发展阶段。物联网通过智能感知、识别技术与普适计算等通信感知技术,被广泛应用于网络的融合中,也因此被称为继计算机、互联网之后世界信息产业发展的第三次浪潮。物联网是互联网的应用拓展,与其说物联网是网络,不如说物联网是业务和应用。因此,应用创新是物联网发展的核心,以用户体验为核心的创新 2.0 是物联网发展的灵魂。在物联网发展中,通信是必不可少的组件。5G 技术将物联网纳入了整个技术体系之中,真正实现万物互联。

③ 车联网与自动驾驶:车联网是由车辆位置、速度和路线等信息构成的巨大交互网络。通过 GPS、RFID、传感器、摄像头图像处理等装置,车辆可以完成自身环境和状态信息的采集;通过互联网技术,所有的车辆可以将自身的各种信息传输汇聚到中央处理器;通过计算机技术,这些大量车辆的信息可以被分析和处理,从而计算出不同车辆的最佳路线、及时汇报路况和安排信号灯周期。自动驾驶则是对这些车联网技术进一步的深入。车联网对于安全性和可靠性的要求非常高,要求 5G 网络在提供高速通信的同时,还需要满足高可靠、低时延的要求。

**3) 5G 关键技术**

**（1）大规模多入多出**

大规模多入多出(Massive MIMO)是 5G 系统最重要的物理层技术之一。其主要的特征是天线数目的大量增加,并在传统的 2D MIMO 的基础上,在垂直维度上增加了一维可供利用的维度,使其在垂直维度和水平维度上,均具备很好的波束赋形的能力。Massive MIMO 可以有效地抑制小区间同频用户的干扰,从而提升边缘用户的性能乃至整个小区的平均吞吐量。同时在相同的时频资源上能够复用更多的用户。

**（2）滤波正交频分复用**

滤波正交频分复用(F-OFDM)作为 5G 热点"新波形",能够为不同业务提供不同的子载波带宽和 CP 配置,以满足不同业务的时频资源需求。通过优化滤波器的设计,可以把不同带宽子载波之间的保护频带最低做到一个子载波带宽。F-OFDM 使用了时域冲击响应较长的滤波器,子带内部采用了与 OFDM 一致的信号处理方法,可以很好地兼容 OFDM。同时根据不同的业务特征需求,灵活地配置子载波带宽。

**（3）频谱技术**

5G 是一个高频、低频混用的技术体系,涉及 6 GHz 以下低频段和 6 GHz 以上高频段。其中低频段是 5G 的核心频段,用于无缝覆盖,是解决广域覆盖问题的主要依托;高频段由于电波传播特性的局限,主要定位用于局部补充,以应对密集业务区域的超高数据传输需求。

2018 年 12 月 6 日,我国工信部发放 5G 系统中低频段试验频率使用许可。中国电信获得 3 400～3 500 MHz 共 100 MHz 带宽的 5G 试验频率资源;中国移动获得 2 515～2 675 MHz、4 800 MHz～4 900 MHz 频段共 260 MHz 的 5G 试验频率资源,其中 2 515～2 575 MHz、2 635～2 675 MHz 和 4 800～4 900 MHz 频段为新增频段,2 575～2 635 MHz 频段为重耕中国移动现有的 TD-LTE(4G)频段;中国联通获得 3 500～3 600 MHz 共 100 MHz 带宽的 5G 试验频率资源。

通常毫米波频段是指 30～300 GHz,相应波长为 1～10 mm。毫米波通信就是指以毫米波作为传输信息的载体而进行的通信,目前 5G 中主要研究 30～100 GHz 频段,波长为 3～10 mm。毫米波波束窄,具有良好的方向性,以直射波形式传播,但受大气吸收和降雨衰落影响严重,毫米波通信是一种典型的具有高质量、恒定参数的无线传输信道的通信技术,可用于 5G 的密集区域和室内覆盖。

**（4）多 RAT 接入融合**

5G 网络将是多种无线接入技术融合共存的网络,多 RAT 接入融合技术通过集中的无线网络控制功能和 RAT 之间的接口实现各种无线接入技术的分布式协同,提升网络整体运营效率和用户体验。统一的 RAT 融合技术包括 4 个方面:①智能接入控制与管理,将不同业务映射到合适接入技术上,提升用户体验和网络效率;②多 RAT 无线资源管理,多技术间干扰协调、无线资源联合管理和优化;③协议与信令优化,构造更灵活的网络接口关系和动态的网络功能分布;④多制式多连接技术,终端同时接入多个不同制式的网络节点,实现多流并行传输。

**（5）新型多址**

5G 可通过新型多址技术提高频谱效率,新型多址技术主要有 NOMA、SCMA、MUSA 等。NOMA 的基本思想是在发送端采用非正交发送,主动引入干扰信息,在接收端通过串行干扰删除技术实现正确解调。SCMA 是一种基于码域叠加的新型多址技术,它将低密度码和调制技术结合,通过共轭、转置以及相位旋转等方式旋转最优的码本集合,不同用户基于分配的码本进行信息传输。MUSA 允许多个用户复用相同的空口自由度,利用远、近用户的发射功率差异,在发射端使用非正交复数扩频序列对数据进行调制,并在接收端使用连续干扰消除算法滤除干扰,恢复每个用户的数据,显著提升系统的资源复用能力。

**（6）网络切片**

网络切片是 5G 网络的重要使能技术,运营商将采用软硬结合的多颗粒度网络切片方案,满足不同业务类型、业务场景以及垂直行业的特定需求。5G 网络需同时支持 eMBB、URLLC、mMTC 等完全不同的业务场景,但实际上很难用一张统一的网络来满足所有业务千差万别的需求。

网络切片就是利用虚拟化技术,在统一的网络基础设施上,虚拟出多个不同的逻辑网络,来分别满足不同的业务/用户需求。网络可按不同的业务、客户群等多种维度来切分。网络切片是端到端的逻辑子网,涉及核心网、无线接入网、IP 承载网和传送网,需要多领域的协同配合。3GPP 定义的网络切片管理功能包括通信业务管理、网络切片管理、网络切片子网管理。

**（7）多接入边缘计算**

MEC(多接入边缘计算)通过将计算存储能力与业务服务能力向网络边缘迁移,使应用、服务和内容可以实现本地化、近距离、分布式部署,一定程度解决了 5G eMBB、uRLLC、以及 mMTC 等应用场景的业务需求。同时,MEC 通过充分挖掘网络数据和信息,实现网络上下文信息的感知和分析,并开放给第三方业务应用,有效提升了网络的智能化水平,促进网络和业务的深度融合。

**（8）虚拟化技术**

5G 核心网虚拟化技术主要包括虚机、虚机容器以及裸容器。由于 5G 核心网是原生云、微服务架构,网络服务的粒度更细,采用容器技术来实现 5G 核心网具有更大的灵活性、更高的效率、更低的成本。

## 2.2.6 第六代移动通信系统(6G)

**1) 6G 愿景**

6G 愿景是为了满足 2030 年往后的信息社会的需求,因此 6G 愿景应该是现有 5G 不能满足而需要进一步提升的需求。目前国际标准化组织还未正式定义 6G,部分研究机构基于自己的研究成果,将 6G 愿景概括为 4 个关键词:"智慧连接""深度连接""全息连接""泛在连接",而这 4 个关键词共同构成"一念天地,万物随心"的 6G 总体愿景。

概括来说,6G 总体愿景是基于 5G 愿景的进一步扩展:① "一念天地"中的"一念"强调实时性,指无处不在的低时延、大带宽的连接,"念"还体现了思维与思维通信的"深度连接","天地"对应空天海地无处不在的"泛在连接"。② "万物随心"所指的万物为智能对象,能够"随心"所想而智能响应,即"智慧连接",呈现方式也将支持"随心"无处不在的沉浸式全息交互体验,即"全息连接"。

6G 网络愿景中的"智慧连接"是未来 6G 网络的大脑和神经;"深度连接""全息连接""泛在连接"三者构成 6G 网络的躯干,从而这 4 个特性共同使得未来 6G 网络成为完整的拥有"灵魂"的有机整体。未来 6G 网络将会真正实现信息突破时空限制、网络拉近万物距离,实现无缝融合的人与万物智慧互联,并最终达到"一念天地,万物随心"的 6G 总体愿景。

**2) 网络架构**

未来 6G 的空天海地一体化网络将以陆地蜂窝移动通信网络为基础,融合空基高空平台网络、天基卫星网络、海基网络,构建多接入的融合网络架构。设想中的 6G 时代空天海地一体化的网络架构如图 2-15 所示：①天基网络：由卫星通信系统构成，其中包括高轨卫星、中轨卫星和低轨卫星等。②空基网络：由搭载在各种飞行器如飞艇、热气球等上的通信基站构成。③海基网络：由海上及海下通信设备、海洋岛屿网络设施构成。④地基网络：由陆地蜂窝移动通信网络构成，如 4G、5G 网络等，在 6G 时代，它将是为大部分普通终端用户提供通信服务的主要网络。

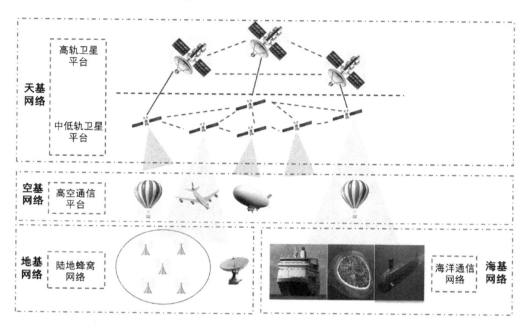

图 2-15　空天海地一体化通信网络组网架构图

### 3）无线使能技术

当前 6G 还处于早期探索阶段，关键技术还不清晰。对于 6G 将包含哪些关键技术，不同研究机构给出的观点具有较大差异，但是随着业界关于 6G 概念讨论的逐渐深入，认识将会逐渐清晰、关键技术也逐渐明晰。

**（1）信道编码及调制技术**

对于 6G 新型调制编码，有两种观点：① 在 5G 现有调制编码技术上做进一步的优化，强调继承和演进；② 不同于 5G 新型调制编码，强调的是创新和革命。

目前两种观点未有定论，由于业务的多样性，用统一的调制编码技术应对所有业务难度较大，但产业化实现容易，目前 5G 对 eMBB 和 uRLLC 这两类不同的应用场景采用了相同的调制编码方案，6G 也许会尝试对不同场景采用不同方案，以复杂度的提升来换取更好的性能。

多址接入技术方面,目前业界已提出多种非正交多址接入技术,例如,SCMA(基于多维调制和稀疏码扩频的稀疏码分多址技术),信道水平可以提升300%,成倍提升频谱效率;PDMA(基于非正交特征图样的图样分割多址技术),降低了复杂度;MUSA(基于复数多元码及增强叠加编码的多用户共享接入技术),实现了免调度传输等。目前,非正交多址接入在干扰消除、接收机复杂度乃至产业链成熟度方面都有待完善,5G阶段尚未规模商用。

**（2）超大规模天线**

超大规模天线是大规模天线技术的进一步演进升级,可以提供更高的频谱效率、更高的能量效率、创新的应用等,其不仅要支持高频的太赫兹频段和亚太赫兹频段,也需要支持中低频段。超大规模天线不仅仅是天线规模的增加,同时也涉及到创新的天线阵列实现方式、创新的部署形式、创新的应用等。

超大规模天线技术的研究还未成熟,尚没有公认的定义。广义理解超大规模天线,可包括大型智能表面技术、精准定位技术、太赫兹频段的波束管理技术以及与机器学习技术结合等,这些方面已开展相关研究。

**（3）太赫兹通信**

太赫兹波指频率在0.1 THz～10 THz范围的电磁波,频谱资源十分丰富,是目前尚未全面开发应用的唯一频谱"空隙"。太赫兹通信具有传输速率高、保密性强等优点,在未来6G移动通信、空间大容量信息网络等方面都具有重要的应用前景和巨大的市场空间。

**（4）可见光通信技术**

可见光通信是一种利用频率为400 THz～800 THz的可见光波作为信息载体进行信号传输的新型通信方式。它利用LED灯高速的明亮变化来实现数据的快速传输,相当于摩斯电码的高级模式。用户只要利用特定的光电二极管接收LED发出的光信号,光信号就可以被转换成电信号,实现用户与信号发送端的通信连接。

传统的光通信方式主要是利用红外光进行有线与无线通信,例如光纤通信与大气红外光通信。与传统光通信相比,可见光发出光波肉眼可见,对人安全;传统光通信的光源主要是激光器,价格高昂、功耗大并且使用时不稳定,LED光源普及率高,成本低,功耗低,是一种将照明与通信结合的通信方式。

**（5）轨道角动量技术**

轨道角动量(OAM)是区别于电场强度的电磁波固有物理量,也是电磁波用于无线传输的新维度。分为量子态和统计态波束两种应用形式。该新维度可以用来传送数据或作为新自由度调控波束,增加传输容量和提高传输性能。具有轨道角动量的电磁波又叫涡旋电磁波。

目前国际上对OAM量子态的研究主要围绕OAM传感器展开,已经完成部分关键性实验,国内优势单位紧跟国际前沿,也正在完成相应实验工作;OAM统计态波束在日本

NTT 已经做到 28 GHz、100 Gbps、100 m 传输。我国清华大学已完成 10 GHz、172 km 机载链路实验,浙大和华中科大等单位均完成过短距离(10 m 以内)大容量传输实验。我国电磁波轨道角动量研究不仅在国际上属于第一梯队,而且具有特色方向。

**(6) 全双工技术**

新型双工技术主要是区别于现有的时分双工(TDD)和频分双工(FDD)技术,TDD 和 FDD 的共同特点是一个通信设备的收发不能同时同频进行。新型双工技术的目标就是打破这种空口收发自由度的约束,使一个通信设备可以在时频域上灵活地收发配置,其理想情况是同时同频全双工收发。

明确提出同时同频全双工通信的专利和论文约在二十世纪九十年代中期发表,2011年左右开始随着 5G 标准化工作的启动,迎来了研究开发的高峰时期,至今仍然是一个十分活跃的研究方向。

# 2.3 无线通信系统构成

## 2.3.1 总体系统构成

### 2.3.1.1 室外站

一个室外站包含 4 个部分:无线系统、传输系统、电源系统和监控系统(图 2-16～图 2-19)。其中无线系统主要由主设备、天馈系统组成。

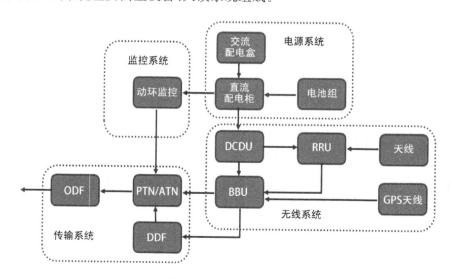

**图 2-16 室外站组成图**

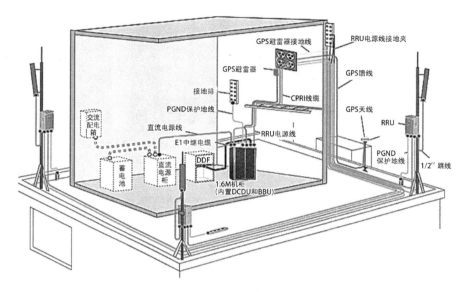

图 2-17　室外站示意图

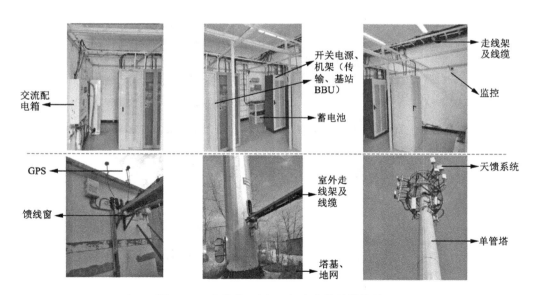

图 2-18　室外站示例 1：机房＋落地塔基站

基站整体　　　塔桅+室外机柜　　　室外机柜　　　天馈系统

图 2-19　室外站示例 2：室外机柜＋落地塔基站

### 2.3.1.2　室内分布系统

室内分布系统是针对室内用户改善建筑物内移动通信环境的覆盖方案。现阶段应用最广泛的两种部署方式为有源室分与无源室分：有源室分是采用分布式射频单元直接进行室内信号覆盖的建设方式（图 2-20）；无源室分是通过无源器件（如耦合器、功率分配器、合路器等）进行分路，经由馈线、无源器件将无线信号尽可能平均地分配到覆盖单元上，从而实现室内覆盖的方式（图 2-21）。

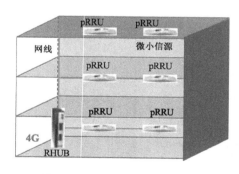

图 2-20　有源室分楼宇示意图

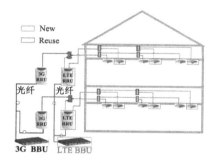

图 2-21　无源室分楼宇示意图

从图 2-22 上可以看出，无源室分为大功率信源＋无源器件，有源室分为小功率信源直接覆盖。

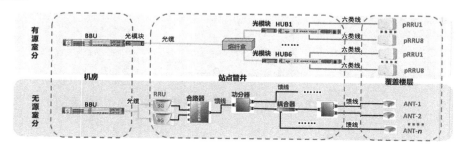

图 2-22　有源、无源系统对比示意图

相比之下,有源室分在系统方面更加简单,天线内置于射频单元(也可外接天线),减少馈线损耗;在信源方面,有源室分呈现 IP 化、小型化,但造价偏高(表 2-6)。

表 2-6 无源、有源室分对比统计

| 对比项目 | 无源室分 | 有源室分 |
| --- | --- | --- |
| 系统容量 | 中 | 高 |
| 后期扩容便利性 | 不便捷 | 便捷 |
| 部署成本 | 低 | 高 |
| 电费成本 | 中 | 高 |
| 覆盖效果监控 | 受限 | 便捷 |

### 2.3.2 无线主设备

**1) 演进方向**

移动通信设备应本着技术先进、可靠性高、设备成熟、功能强、适应性强的原则,应既符合国际标准又适应中国国情,同时满足 4 种要求:①移动通信系统应符合国内相关技术规范,操作维护方便;②系统功能强,组网灵活;③升级、扩容方便,技术演进平滑;④很好的开放性和兼容性,互操作性强。

随着移动通信系统的更新换代,主设备逐步呈现集成化、小型化、宽频化、多模化、大容量趋势(图 2-23):

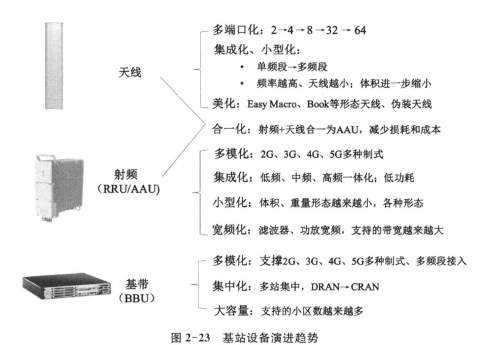

图 2-23 基站设备演进趋势

**2）主设备基带单元**

**（1）主要组成**

基带处理单元 BBU（Building Base band Unit），提供对外接口，完成系统的资源管理、操作维护和环境监测功能等。

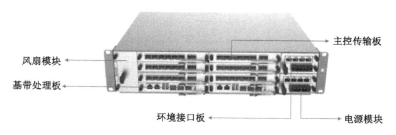

图 2-24　BBU 设备示意图

① 基带处理板：完成上下行数据的基带处理功能；提供与射频模块通信的前传接口。

② 主控传输板：控制和管理整个基站，完成配置管理、设备管理、性能管理、信令处理、无线资源管理等功能；提供基准时钟、传输接口以及与 OMC/LMT/OSS（操作维护中心/本地维护终端/操作支持系统）连接的维护通道；提供 BBU 互联接口，传递控制数据、传输数据和时钟信号。

**（2）典型设备性能（以主流厂家典型 5G BBU 设备为例）**

① 产品规格见表 2-7。

表 2-7　BBU 产品规格

| 尺寸（高×宽×深） | 86 mm×442 mm×310 mm |
|---|---|
| 重量 | 18 kg（满配置） |
| 输入电源 | －48 V DC，电压范围：－38.4 V DC～－57 V DC |
| 典型功耗 | 210 W |
| 防护等级 | IP20 |
| 安装环境 | 19 英寸机柜室内应用或安装在室外型机柜内 |
| 同步方式 | GPS/北斗（需配置相应主控板） |

② 槽位定义见图 2-25。

③ NR 场景典型配置见图 2-26。

| | Slot 0 | Slot 1 | Slot 18 |
|---|---|---|---|
| Slot 16 | Slot 2 | Slot 3 | |
| | Slot 4 | Slot 5 | Slot 19 |
| | Slot 6 | Slot 7 | |

图 2-25　槽位定义图

| FAN | UBBPg | | |
|---|---|---|---|
| | UBBPg | | |
| | | UMPTg | UPEU |

图 2-26　NR 场景典型配置图

④ 单板配置说明见表 2-8。

表 2-8　各板卡配置说明

| 型号 | 单板名称 | 配置说明 |
|---|---|---|
| UMPT | 通用主控传输单元 | ● 控制和管理整个基站,完成配置管理、设备管理、性能管理、信令处理、无线资源管理等功能<br>● 提供基准时钟、传输接口以及与 OMC(LMT 或 OSS)连接的维护通道<br>● 提供 BBU 互联接口,传递控制数据、传输数据和时钟信号 |
| UBBP | 通用基带处理单元 | ● UBBPg2a/UBBPg7a/UBBPg7b/UBBPg7c：NR(TDD)<br>● UBBPg7x：LTE(FDD)、NR(FDD)、LN(FDD) |
| UPEU | 电源模块 | ● UPEUe 将 − 48 V DC 输入电源转换为 + 12 V DC,一块 UPEUe 输出功率为 1 100 W,两块 UPEUe 支持 1 100 W 热备份或 2 000 W 负荷分担<br>● 提供 2 路 RS485 信号接口和 8 路开关量信号接口 |
| UEIU | 环境接口板 | ● 提供 2 路 RS485 信号接口<br>● 提供 8 路开关量信号接口,开关量输入只支持干接点和 OC 输入<br>● 将环境告警信息传递给主控传输板 |
| FAN | 风扇模块 | ● FANf 主要用于风扇的转速控制及温度检测,上报风扇的状态,并为 BBU 提供散热功能 |

### 3) 室外站射频部分

#### (1) 主要组成

室外射频单元有 RRU 和 AAU(RRU + 天线)两种形态(图 2-27,图 2-28)。主要模块包括 AU 和 RU 两部分,其功能说明如表 2-9。

表 2-9　射频功能说明

| 功能模块 | 功能描述(以 5G 设备为例) |
|---|---|
| AU | 天线采用 8×12 阵列,支持 96 个双极化振子,完成无线电波的发射与接收 |
| RU | ● 射频单元完成射频信号处理和上下行射频通道相位校正<br>● CPRI 接口与数字中频:传输 CPRI 信号,完成数字中频处理<br>● ADC 与 DAC:模数转换(使用 ADC,Analog to Digital Converter)和数模转换(使用 DAC,Digital to Analog Converter)<br>● RF(Radio Frequency)小信号:射频信号下变频和放大处理;模拟信号上变频和放大处理<br>● PA(Power Amplifier):实现信号功率放大<br>● 滤波器:提供防护及滤波功能 |

033

| 功能模块 | 功能描述（以 5G 设备为例） |
|---|---|
| 电源模块 | ● 电源模块用于向 AAU 提供工作电压 |
| L1 处理单元 | ● 提供 eCPRI 接口，实现 eCPRI 信号的汇聚与分发<br>● 完成 5G NR 协议物理层上下行处理<br>● 完成下行通道 I/Q 调制、映射和数字加权 |

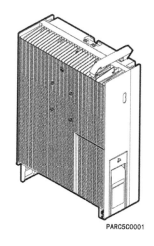
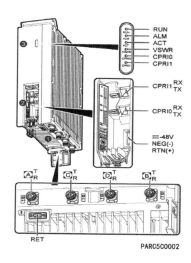

图 2-27  RRU 设备示意图

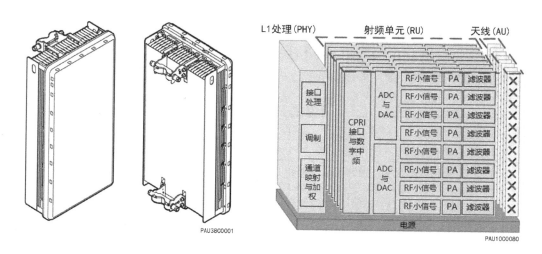

图 2-28  AAU 设备示意图

（2）4G 室外站典型设备

以国内使用广泛的主流厂家 LTE 1.8G 设备为例进行参数说明。

该典型 RRU 可用于室外站和室分信源，主要性能为频率及带宽、灵敏度、输出功率、单模块功耗、整站功耗和整机规格（表 2-10～表 2-15）。

典型 RRU 为射频拉远单元，是分布式基站的射频部分，可靠近天线安装，主要完成基带信号和射频信号的调制解调、数据处理、功率放大、驻波检测等功能。

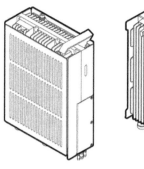
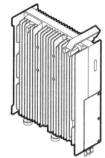

图 2-29　典型 RRU 设备示意图

表 2-10　典型 RRU 频率及带宽

| 频带（MHz） | 接收频段（MHz） | 发射频段（MHz） | 支持带宽（MHz） |
| --- | --- | --- | --- |
| 1 800（band 3） | 1 730～1 780 | 1 825～1 875 | 5/10/15/20 |

表 2-11　典型 RRU 灵敏度指标

| 频段（MHz） | 1T1R 接收灵敏度（dBm） | 1T2R 接收灵敏度（dBm） |
| --- | --- | --- |
| 1 800（band 3） | −106.7 | −109.5 |

表 2-12　典型 RRU 输出功率指标

| 频段（MHz） | 最大输出功率（W） |
| --- | --- |
| 1 800（band 3） | 2×40 |

表 2-13　典型 RRU 单模块功耗指标

| 频段（MHz） | 单模块最大功耗（W） |
| --- | --- |
| 1 800（band 3） | 325 |

表 2-14　典型 RRU 整站功耗指标

| 配置 | 最大输出功率（W） | 典型功耗（W） | 最大功耗（W） |
| --- | --- | --- | --- |
| 3×20 MHz 2T2R | 2×40 | 825 | 1 125 |

表 2-15　典型 RRU 物理指标

| 项目 | 指标 |
|---|---|
| 尺寸（高×宽×深） | 400 mm×300 mm×100 mm（12 L,无壳） |
| 重量 | ≤ 14 kg（无壳） |

**（3）5G 室外站典型设备**

以国内使用广泛的主流厂家 3.5G NR、2.1G NR、2.6G NR、700M NR 设备为例。

① 典型 3.5G NR AAU

典型 AAU 主要性能：AAU 为有源天线处理单元，其主要特征在于将原有的 RRU 单元功能和天线的功能合并，简化站点资源（表 2-16，图 2-30）。

表 2-16　典型 3.5G NR AAU 性能参数

| 设备性能 | | | 物理性能 | | | 电气性能 | |
|---|---|---|---|---|---|---|---|
| 收发通道 | 总输出功率（W） | 工作频段（MHz） | 尺寸（mm） | 重量（kg） | CPRI（Gbps） | 供电要求 | 典型功耗（W） |
| 64T64R | 240 | 3 400～3 600 | 730×395×160 | 26 | 10.3/25.8 | −48 V DC | 820 |
| 64T64R | 320 | 3 400～3 600 | 730×395×180 | 27 | 10.3/25.8 | −48 V DC | 860 |
| 32T32R | 320 | 3 400～3 600 | 699×395×160 | 23 | 10.3/25.8 | −48 V DC | 747 |

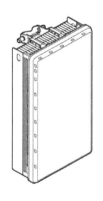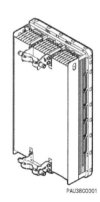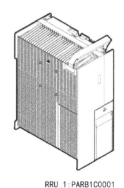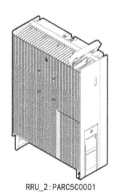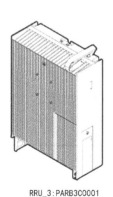

PAU38C0001　　　　RRU_1:PARB1C0001　　　RRU_2:PARC5C0001　　　RRU_3:PARB3C0001

图 2-30　典型 3.5G NR AAU　　　　图 2-31　典型 2.1G NR RRU 设备示意图
设备示意图

② 典型 2.1 G NR RRU

RRU 为射频拉远单元，是分布式基站的射频部分，可靠近天线安装，通过电源柜提供电源输入。主要完成基带信号和射频信号的调制解调、数据处理、合分路等功能。

图 2-31 中的 3 款设备性能参数如表 2-17 所示。

**表 2-17 典型 2.1G NR RRU 性能参数**

| 设备 | 设备性能 | | | 物理性能 | | | 电气性能 | |
| --- | --- | --- | --- | --- | --- | --- | --- | --- |
| | 收发通道 | 总输出功率（W） | 工作频段（MHz） | 尺寸（mm） | 重量（kg） | CPRI（Gbit/s） | 供电要求（V） | 典型功耗（W） |
| RRU_1 | 4T4R | 4×60 | 1 920～1 975 2 110～2 165 | 452×352×140 | 23 | 1.25/2.5/4.9/9.8 | −48 DC | 540 |
| RRU_2 | 4T4R | 4×80 | 1 920～1 975 2 110～2 165 | 452×352×140 | 24 | 4.9/9.8/10.1/24.3 | −48 DC | 710 |
| RRU_3 | 4T4R | 4×80 | 2 110～2 165 1 830～1 880 | 480×356×140 | 25 | 1.25/2.5/4.9/9.8/10.1/24.3 | −48 DC | 705 |

NR RRU 采用 SDR(software-defined radio)技术，通过不同的软件配置即可支持在多模模式下工作。

③ 典型 2.6G NR AAU/RRU

图 2-32 中的 3 款设备性能参数如表 2-18 所示。

AAU_1

AAU_2

RRU_1

**图 2-32 典型 2.6G NR AAU/ RRU 设备示意图**

**表 2-18 典型 2.6G NR AAU/RRU 性能参数**

| 设备 | 设备性能 | | | 物理性能 | | 电气性能 | |
| --- | --- | --- | --- | --- | --- | --- | --- |
| | 收发通道 | 总输出功率（W） | 工作频段（MHz） | 尺寸(mm)或体积(L) | 重量（kg） | 供电要求（V） | 典型功耗（W） |
| AAU_1 | 64T64R | 240 | 2 515～2 675 | 965×470×195 | 41 | −48 DC | 763 |
| AAU_2 | 32T32R | 320 | 2 515～2 675 | 965×470×195 | 34 | −48 DC | 749 |
| RRU_1 | 8T8R | 8×40 | 2 515～2 675 | ＜22 | 22 | −48 DC/220 AC | 637 |

④ 典型 700M NR RRU

图 2-33 中两款设备性能如表 2-19 所示。

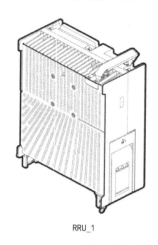

RRU_1                                    RRU_2

**图 2-33　典型 700M NR RRU 设备示意图**

**表 2-19　典型 700M NR RRU 性能参数**

| 设备 | 设备性能 | | | 物理性能 | | 电气性能 | |
|------|---------|---|---|---------|---|---------|---|
| | 收发通道 | 总输出功率（W） | 工作频段（MHz） | 体积（L） | 重量（kg） | 供电要求（V） | 典型功耗（W） |
| RRU_1 | 4T4R | 4×60 | 上行：703～733 下行：758～788 | 19 | 18 | -48 DC | 455 |
| RRU_2 | 4T4R | 4×60 | 上行：703～733 下行：758～788 | 18 | 18 | -48 DC | 455 |

### 4）室分信源射频部分

#### （1）有源室分信源

以主流厂家的 5G 有源室分信源为例，设备形态（图 2-34～图 2-38）与性能指标如下（表 2-20～表 2-22）。

有源室分由基带单元 BBU（Building BaseBand Unit）、pRRU（Pico Remote Radio Unit）和 RHUB（RRU HUB）组成，功能模块可灵活组合成不同的无线解决方案，以满足不同场景下的无线覆盖要求（图 2-34）。

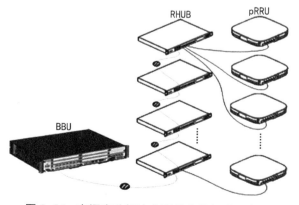

**图 2-34　有源室分解决方案的产品组成示意图**

RHUB 部分：

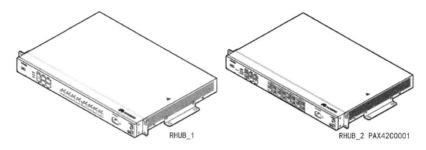

图 2-35　RHUB 外形示意图

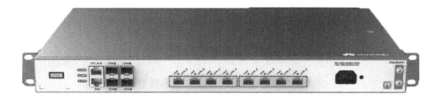

图 2-36　RHUB 开关(指示)面板示意图

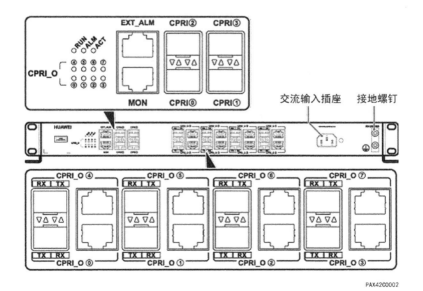

图 2-37　RHUB 接口面板示意图

表 2-20　RUHB 设备参数表

| 设备 | 尺寸(mm) | 重量(kg) | 供电要求(V) | 功耗(W) | 与 pRRU、BBU 设置模型 |
|---|---|---|---|---|---|
| RHUB_1 | 43.6×442×310 | ≤8 | AC 220 | 空载：60 满载：90 | 一个 RHUB 带 8 个 pRRU，一个 BBU 带 24 个 RHUB |
| RHUB_2 | 43.6×442×310 | ≤8 | AC 220 | 空载：60 满载：80 | |

PAX39C0000　　　PAX40C0000　　　PAX38C0000　　　PAX40C0000

图 2-38　pRRU 外观示意图

表 2-21　pRRU 设备物理参数表

| 设备 | 尺寸(mm) | 重量(kg) |
|---|---|---|
| pRRU_1 | 200×200×50 | ≤2 |
| pRRU_2 | 200×200×63 | ≤2.6 |

表 2-22　pRRU 设备性能参数表

| 设备 | 工作制式 | 支持频段（Hz） | 工作带宽（Hz） | 收发通道 | 典型功耗(W) | 输出功率（mW） | 是否可外接天线 |
|---|---|---|---|---|---|---|---|
| pRRU_1 | NR | 3.5 G | 200 M | 3.5 G 4T4R | 40 | 3.5 G：4×500 | 否 |
| pRRU_2 | LTE+NR | 1.8 G+2.1 G +3.5 G | 50 M/55 M/ 200 M | 1.8/2.1 G 2T2R | 56 | 1.8/2.1 G：2×250 | 否 |
| | | | | 3.5 G 4T4R | | 3.5 G：4×500 | 否 |

**（2）无源室分信源**

无源室分信源基本与室外站设备通用，一般采用低配置的室外站设备。具体设备参数参见本书"P33~38"内容。

## 2.3.3　室外站配套

### 1）天馈系统

室外站天馈系统由室外天线与馈线组成（图 2-39）。

**（1）天线**

　　天线是任何一个无线电通信系统都不可缺少的重要组成部分。各类无线电设备所要执行的任务虽然不同,但天线在设备中的作用却是基本相同的。任何无线电设备都是通过无线电波来传递信息的,因此就必须有能辐射或接收电磁波的装置。

　　天线的第一个作用就是辐射和接收电磁波。当然能辐射或接收电磁波的东西不一定都能用来作为天线。天线的另一个作用是"能量转换"。发信机通过馈线送入天线的并不是无线电波,收信天线也不能直接把无线电波送入收信机,这里有一个能量的转换过程,即把发信机所产生的高频

天线

1/2"射频电缆（跳线）,跳线长度一般3~5 m

7/8"射频电缆（主馈线）

图2-39　天馈系统示意图

振荡电流经馈线送入天线输入端,天线要把高频电流转换为空间高频电磁波,以波的形式向周围空间辐射。反之在接收时,也是通过收信天线把截获的高频电磁波的能量转换成高频电流的能量后,再送给收信机。显然这里涉及转换效率问题,天线增益越高,则转换效率就越高。

　　天线组成部件有4部分:①辐射单元[对称振子或贴片（阵元）]:构成天线基本结构的单元,它能有效地辐射或接收无线电波。②反射板（底板）:提高天线信号的接收灵敏度。③功率分配网络（馈电网络）:把来自单个连接器的信号分配给所有的偶极天线,主要由功分器、移相器组成。④封装防护（天线罩）。室外站天线有以下常见类型（图2-40,图2-41）。

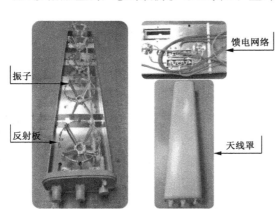

振子

反射板

馈电网络

天线罩

图2-40　天线组成示意图

图2-41　单极化/双极化/多频双极化天线

天线主要参数以及对网络性能的影响（表2-23）。

表 2-23　天线参数及对网络的影响

| 天线参数 | 对网络性能的影响 |
|---|---|
| 增益 | 覆盖距离的远近 |
| 水平面半功率波束宽度 | 前向方位面上的精确覆盖 |
| 垂直面半功率波束宽度 | 前向俯仰面上的精确覆盖 |
| 电下倾角精度 |  |
| 上旁瓣抑制 | 前向越区干扰的抑制 |
| 前后比 | 后向越区干扰的抑制 |
| 交叉极化比 | 极化分集接收增益/多通道MIMO的接收效率 |

**（2）馈线及接头**

馈线是用来连接无线信源和室分天线的电磁传输线，使无线信源发出的射频信号沿指定路由传输，防止无线信号能量外泄，降低传输损耗，使无线信源发出的能量尽可能多地馈送到天线。馈线由电缆芯线、发泡填充层、屏蔽层和绝缘层组成，根据内导体的线径大小，应用于室内分布系统中的馈线常见规格型号主要有1/2″、3/4″、7/8″（″表示为英寸）。

无线信号沿馈线传播时，传播距离越远，传播损耗（能量损失）越大。对于同一种规格型号的馈线，无线信号的频率越高，

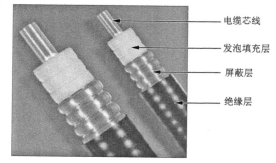

电缆芯线
发泡填充层
屏蔽层
绝缘层

图 2-42　馈线内部结构图

传播损耗越大；对于同一种频率的无线信号，馈线的规格型号数值越大，传播损耗越大。

不同频率的无线信号在常见规格型号馈线上的传播损耗值见表2-24。

馈线接头又叫馈线连接器：馈线与设备以及不同类型线缆之间要连接时，需要接头的转换，这个接头就是馈线连接器。

馈线接头由内导体、外导体壳体、螺套和夹紧装置、卡簧件、绝缘子、密封件组成。根据馈线接头内导体、外导体壳体的形状和大小，馈线接头主要分为N（图2-43）型接头和DIN（图2-44）型接头，其中，DIN型接头由于跟耦合器、无线设备的接触面积较大等原因，在功率容限、抑制三阶互调干扰等方面性能明显优于N型接头。

表 2-24　各类馈线百米损耗

| 无线信号百米损耗(dB/100 m) | | | |
|---|---|---|---|
| 无线频率(MHz) | 1/2"馈线(dB) | 3/4"馈线(dB) | 7/8"馈线(dB) |
| 800 | 7.22 | 4.80 | 3.83 |
| 900 | 7.70 | 5.12 | 4.08 |
| 1 800 | 11.23 | 7.27 | 6.08 |
| 2 000 | 11.90 | 7.62 | 6.47 |
| 2 200 | 12.55 | 8.57 | 6.85 |
| 3 300 | 15.73 | 10.99 | 9.28 |
| 3 400 | 15.93 | 11.17 | 9.44 |
| 3 500 | 16.19 | 11.36 | 9.61 |
| 3 600 | 16.39 | 11.51 | 9.78 |

N-K7/8　　　　N-J1/2　　　　　　7/16-K7/8　　　　7/16-K5/4

N-J7/8　　　　N-JW1/2　　　　　7/16-J7/8　　　　7/16-J1/2

图 2-43　N 型接头　　　　　　图 2-44　DIN 型接头

馈线接头的电气性能指标主要有插入损耗、电压驻波比、耐电压、三阶互调等,建议值见表 2-25。

表 2-25　馈线接头电气性能指标

| 项目 | | | 建议值 | |
|---|---|---|---|---|
| | | | N 型 | DIN 型 |
| 插入损耗(dB) | 800～3 700 MHz | | ≤0.2 | ≤0.15 |
| 电压驻波比 | 直头 | 800～3 700 MHz | ≤1.13 | ≤1.13 |
| | 弯头 | 800～3 700 MHz | ≤1.15 | ≤1.15 |
| 耐电压 | | | (AC 2 000 V 1 min)无击穿、无闪络 | |
| 三阶互调(dBc) | 800～3 700 MHz | | ≤-150 | ≤-155 |

### 2）机房/室外机柜

基站机房在 4G 时代以前以砖混机房为主、彩钢板机房为辅。4G 建设逐步采用射频拉远＋BBU 集中安装的建设方式；射频侧机房简化为室外机柜，甚至不需要机柜；BBU 集中机房以利用原有汇聚机房或已有基站机房为主，一般仅需扩容电源系统。

图 2-45　砖混机房/彩钢板机房/室外机柜

砖混、彩钢板机房内除了安装主设备、电源设备、传输设备等，配套设施有空调、走线架、接地排、馈线窗、日光灯、监控等，如图 2-46 所示。

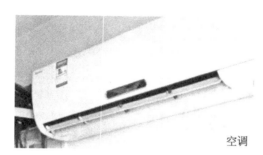

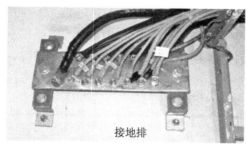

图 2-46　部分配套设施示意图

### 3）塔桅

通信塔桅主要用于挂设天线，满足一定天线挂高需求以确保基站覆盖范围。随着技术和配套方案的演进，为实现低成本建设，同时减少馈线损耗，"设备上塔"成为主流，塔桅也用于安装通信设备。

塔桅根据不同形态可分为以下类别(图2-47):

目前常用的塔桅有单管塔、三管塔、抱杆和美化天线等(图2-48)。

① 单管塔:以直径较大的多节钢管为主材,横截面为圆形或正多边形的单根独立结构,分法兰连接和插接连接两种。市区常见灯杆景观塔,塔身为单管式,塔上布设有照明灯,集通信和路灯于一体,塔上可设2~3层天线安装平台。

② 三管塔:以直径较小的多节钢管为主材,塔体横截面一般为三边形结构形式。

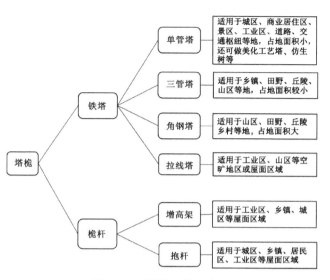

图2-47　塔桅分类示意图

图2-48　常用塔桅

③ 抱杆：市区高楼林立，一般利用楼宇本身高度，采用架设 3～6 m 抱杆的低成本塔榄以满足覆盖需求。抱杆架设方式有附墙、现浇基础、配重，造价依次递增。

④ 美化天线：在不影响覆盖的情况下，通过对天线外表进行修饰，来美化城市视觉环境，并减少大众对无线电磁环境的抵触。常用的美化形态有方柱、排气管及射灯。

**4）电源**

传统基站电源系统由配电设备、备电设备、电源变换设备、电源线缆、配套系统（防雷接地、动环系统）组成。

**（1）交流配电屏/箱**

在基站内设置交流配电屏/箱，负责基站内的所有负荷（开关电源、空调、照明、电源插座）的电源分配（图 2-49）。容量根据引电方式和基站位置确定，多用 400 A 或 630 A 的进线容量。

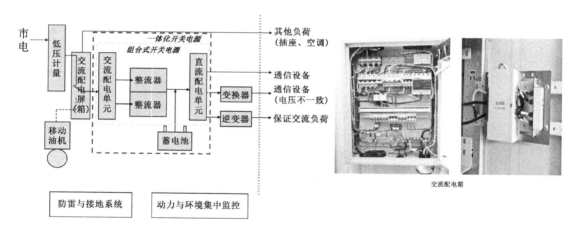

图 2-49　电源系统示意图

**（2）开关电源**

综合的小容量电源，作用是将交流电经过整流，从而获得直流电（图 2-50）。

① 一次下电：脱离非重要设备，如 BTS（Base Transceiver Station）等。

② 二次下电：脱离重要设备，如蓄电池组、传输设备等。

**（3）蓄电池**

蓄电池是通信电源系统不间断供电的保证（图 2-51）。48 V 开关电源系统对应的每组电池由 24 个单体串联而成，每个单体电压为 2 V。双层双列

图 2-50　开关电源

蓄电池一般用于底层机房,可充分利用机房空间,单层双列蓄电池一般用于二层及以上机房。

随着基站配套的集约化,无机房的基站主要采用交转直模块为基站设备供电(图2-52)。通常安装于塔桅下方。交转直模块主要参数指标如表2-26所示。

图 2-51 蓄电池

图 2-52 交转直模块

表 2-26 交转直模块性能参数

| 规格 | IBBS20L-F Ver. B |
| --- | --- |
| 外形尺寸 | 420 mm×300 mm×120 mm |
| 电池容量 | 20 Ah@48 V |
| 最大输出功率 | 2 000 W |
| 最低电压 | −57 V |
| 防护等级 | IP65 |
| 工作温度 | −40℃ ～55 ℃ |

### 5) 前传设备

为基站服务的传输配套分为前传、中传、回传三部分,无线网设计通常包含前传部分(图 2-53)。

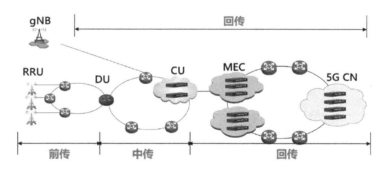

图 2-53 传输系统示意图

现阶段业界前传承载技术包括:光纤直连、无源波分、有源波分(OTN)和 WDM-PON。其中有源波分和 WDM-PON 方案成熟度不够高,且网络复杂、成本高,目前主要采用光纤直连与无源波分方案。

① 光纤直连:AAU 和 DU 设备间采用光纤进行点到点连接,速率目前可支持 10G、25G 等(图 2-54)。

② 无源波分:利用波分复用和彩光光模块技术,通过无源合分波器件/设备将多路波

长信号合波并通过一对/一根光纤传输,目前按照波长规划可分为粗波分和密集波分两种具体技术方案(图 2-55)。

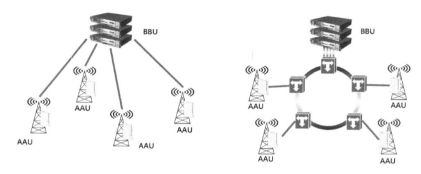

图 2-54　光纤直连方案示意图　　　　图 2-55　无源波分方案示意图

前传设备组成和主要参数性能如图 2-56 和表 2-27。

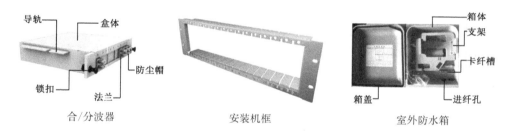

合/分波器　　　　　　　安装机框　　　　　　　室外防水箱

图 2-56　前传设备组成

表 2-27　无源波分设备性能参数

| 模块速率 | 光模块分为 10 Gbps 和 25 Gbps 彩光模块,10 Gbps 彩光模块主要用于 4G 前传与 5G 中 4T4R、2T2R 前传;25 Gbps 彩光模块用于 5G 中 64T64R、32T32R、16T16R、8T8R 前传 |
|---|---|
| 模块波长 | ● 6 波无源波分系统,考虑 25 Gbps 彩光模块的稳定性,前 3 个波长(1 271 nm、1 291 nm、1 311 nm)用于 AAU 侧(室外)发射波长;后 3 个波长(1 331 nm、1 351 nm、1 371 nm)用于 BBU 侧(室内)发射波长<br>● 12 波无源波分系统可以同时承载 4G/5G 前传,其中前 6 波采用 25 Gbps 彩光模块,用于承载 5G 前传;后 6 波采用 10 Gbps 彩光模块,用于承载 4G 前传 |
| 最大传输距离 | ● 25 Gbps 彩光模块根据最大传输距离,主要有 10 km 光模块、15 km 光模块。根据综合业务接入区规划,综合业务局(站)覆盖半径一般都小于 10 km,因此一般采用 10 km 光模块,个别偏远站点采用 15 km 光模块<br>● 10 Gbps 彩光模块根据最大传输距离,主要有 10 km 光模块、20 km 光模块、40 km 光模块。一般采用 10 km 光模块,个别偏远站点采用 20 km 光模块 |

### 2.3.4 室内分布系统

有源室分主要由主设备组成,涉及分布系统器件少(外接少量室分天线),本章节重点介绍无源分布系统及其他新型分布系统。

**1)无源分布系统**

无源分布系统主要由合路器、耦合器、功分器等无源器件以及馈线/馈线接头、室分天线组成(图2-57)。

**(1)合路器**

合路器的作用是把不同制式、不同无线频段的多路无线射频信号输入到同一个腔体结构中,在不相互干扰的前提下,以较低的插入损耗进行合并,然后输出到同一套分布系统中。业界常见

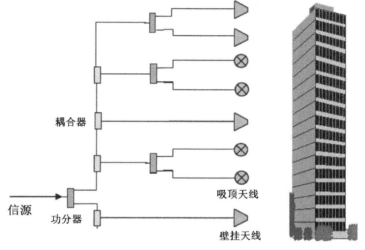

图2-57 无源分布系统示意图

的合路器类型有常规合路器、邻频合路器、POI(多业务接入平台)(表2-28),其中:

① 常规合路器和邻频合路器一般用于少量不同系统的无线信号合路,合路后的无线信号从1个射频输出端口输出;而POI用于较多不同系统的无线信号合路,合路后的无线信号进行功率均分后分别从2个射频输出端口输出。

② 常规合路器用于无线频段间隔相对较大的多个无线信号的合路;邻频合路器用于无线频段间隔相对较小或紧密相邻的无线信号的合路;POI兼顾上述两者。

③ 常规合路器和邻频合路器的插入损耗相对较小(1 dB左右),POI的插入损耗相对较大(4~6 dB)。

④ POI的单价较高,常规合路器和邻频合路器的单价相对低。

表2-28 合路器性能对比

| 合路器类型 | 输入系统数量 | | 输出端口数量 | | 无线频段间隔 | | 无线插入损耗 | | 产品单价 | |
|---|---|---|---|---|---|---|---|---|---|---|
| | 少 | 多 | 1个 | 2个 | 小 | 大 | 小 | 大 | 低 | 高 |
| 常规合路器 | √ | — | √ | — | — | √ | √ | — | √ | — |
| 邻频合路器 | √ | — | √ | — | √ | — | √ | — | √ | — |
| POI | — | √ | — | √ | √ | √ | — | √ | — | √ |

重点关注的规格参数、技术指标为：馈入频段、不同系统的插入损耗、不同输入/输出射频通道功率容限、不同射频通道三阶互调指标、不同系统之间的端口隔离度、驻波比、端口阻抗，建议值见表 2-29。

表 2-29　合路器性能参数

| 合路器类型 | 常规合路器 | 邻频合路器 | POI |
|---|---|---|---|
| 支持频段(MHz) | 800～3 700 | | |
| 插入损耗(dB) | ≤1 | 1～1.5 | 4～6 |
| 功率容限(W) | 500～1 500 | 500～1 500 | 500～2 500 |
| 三阶互调(dBc) | ≤-140 | ≤-140 | ≤-150 |
| 端口隔离度(dB) | ≥80 | ≥80@不相邻频段端口 | ≥90@异系统端口 |
| | | ≥20@相邻频段端口 | ≥25@同系统端口 |
| 驻波比 | ≤1.3 | ≤1.3 | ≤1.3 |
| 端口阻抗(Ω) | 50 | 50 | 50 |

另外，在一些特殊场景，当上述三种类型的合路器没有适用的规格型号时，可以把电桥当做合路器使用。电桥是两路输入信号、两路输出信号的无源器件，每一路输入信号都均分到两路输出信号中去；当把两路不同频段的无线信号分别输入到电桥的两个输入端口时，每个输出端口上，都是两路不同频段无线信号的合成信号，且此合成信号的能量是每路不同频段无线信号能量的一半的叠加。当 NR 2.1 GHz RRU 和联通 WCDMA RRU 的无线信号进行合路时，如果组网前期没有合适的邻频合路器可供使用，可以采用电桥进行合路。

**（2）耦合器**

耦合器的作用是把一路无线射频信号按照指定比例分配成两路射频信号，即一路输入信号变成两路输出信号，通过许多耦合器的级联、并联部署，把信源输出的大功率无线信号相对均匀地分配给每个室分天线。根据耦合度来区分不同规格型号的耦合器，主要的耦合度有 5 dB、6 dB、7 dB、10 dB、15 dB、20 dB、30 dB、40 dB。在室内分布系统方案设计时，其中一个原则是每个室分天线的输出功率差值尽量小（≤3 dB）。因为距离信源越远，无线信号在馈线中的传播损耗就越大，为了达到室分天线输出功率差值尽量小的目的，在方案设计时，距离信源较近的天线用耦合度较大的耦合器，距离信源较远的天线用耦合度较小的耦合器。

耦合器主要的技术参数为：频率范围、耦合度、插损、隔离度、三阶互调抑制、驻波比、功率容限、阻抗，建议值见表 2-30。

为确保室分系统的性能稳定性，并合理控制部署成本，建议天馈系统的前三级使用高性能耦合器，其余使用普通性能耦合器。

表 2-30　耦合器技术参数

| 名　称 | 耦　合　器 | | | |
|---|---|---|---|---|
| 频率范围（MHz） | 800～3 700 | | | |
| 耦合度（dB） | 5、6、7、10、15、20、30、40 | | | |
| 插损（dB） | 5 dB：≤2.3 | 6 dB：≤1.76 | 7 dB：≤1.47 | 10 dB：≤0.96 |
| | 15 dB：≤0.44 | 20 dB：≤0.34 | 30 dB：≤0.3 | 40 dB：≤0.3 |
| 隔离度（dB） | 5 dB：≥23 | 6 dB：≥24 | 7 dB：≥25 | 10 dB：≥28 |
| | 15 dB：≥33 | 20 dB：≥38 | 30 dB：≥48 | 40 dB：≥55 |
| 三阶互调抑制（dBm） | 三阶：≤−150@+43×2 | | 五阶：≤−160@+43×2 | |
| 驻波比 | ≤1.25 | | | |
| 功率容限（W） | 高性能：500（平均）、1 500（峰值） | | 普通性能：200（平均）、500（峰值） | |
| 阻抗（Ω） | 50 | | | |

**（3）功分器**

功分器的作用是把一路无线射频信号平均分配成两路（或三路、或四路）射频信号，即一路输入信号变成两路（或三路、或四路）输出信号。根据功分器输出信号数量的不同，器件的插损（每一路输出信号相对于输入信号的功率损耗）相应变化，二、三、四功分器的插损分别为3.3 dB、5.2 dB、6.5 dB 左右。

功分器的主要技术参数为：频率范围、耦合度、插损、隔离度、互调抑制、驻波比、功率容限、阻抗，建议值见表 2-31。

表 2-31　功分器技术参数

| 名称 | 功分器 | | | |
|---|---|---|---|---|
| 频率范围（MHz） | 800～3 700 | | | |
| 插损（dB） | 规格 | 二功分 | 三功分 | 四功分 |
| | 功率损耗 | ≤3.3 | ≤5.2 | ≤6.5 |
| 隔离度（dB） | ≥20 | | | |
| 互调抑制（dBm） | 三阶：≤−150@+43×2 | | 五阶：≤−160@+43×2 | |
| 驻波比 | ≤1.3 | | | |
| 功率容限（W） | 高性能：500（平均）、1 500（峰值） | | 普通性能：200（平均）、500（峰值） | |
| 阻抗（Ω） | 50 | | | |

**（4）馈线及接头**

室分系统馈线及接头产品及性能同室外站。为了节省无线信源的射频功率，5G 天馈系统的主干一般建议采用 7/8"馈线；平层馈线根据末端天线输出功率的冗余量，按需选择 7/8"、3/4"馈线，如果末端天线输出功率冗余量较大，可以选择 1/2"馈线来降低工程难度及馈线成本。在对功率容限、互调抑制指标要求较高的天馈系统部位（例如天馈系统前三级），建议优先采用配置了 DIN 接头的高性能耦合器，相应地，前三级耦合器和馈线、设备连接的馈线接头，优先采用 DIN 型接头。

**（5）室分天线**

室分天线的作用是把沿馈线传播而来的无线信源射频电信号转换为电磁波辐射到空气中，实现目标区域的均匀覆盖；反之，把无线终端发射的电磁波转换为电信号回传到无线信源。根据室分天线辐射电磁波时的能量集中方向，室分天线主要分为室内全向吸顶天线、室内定向天线（主要有室内定向壁挂天线、对数周期天线等）；根据室分天线所支持的计划方式，室分天线主要分为室内单极化天线、室内双极化天线。

室分天线的主要电气性能指标有工作频段、极化方式、天线增益、电压驻波比、三阶互调、功率容限、阻抗，建议值见表 2-32。

**表 2-32　室分天线电气性能参数**

| 工作频段（MHz） | 800～3 700 | | |
| --- | --- | --- | --- |
| | 800～960 | 1 710～2 170 | 3 300～3 700 |
| 极化方式 | 垂直极化 | 垂直极化或垂直＋水平极化 | |
| 天线增益（dBi） | 2 | 3 | 4.5 |
| 电压驻波比 | ≤1.5 | | |
| 三阶互调（dBc） | ≤－110 | | |
| 功率容限（W） | ≥50 | | |
| 阻抗（Ω） | 50 | | |

室分天线类型的选择建议（图 2-58）：楼内平层，目标覆盖区域在天线位置的两边，建

室内板状天线

室内吸顶天线

对数周期天线

**图 2-58　室内常用天线**

议用全向吸顶天线;楼内平层,目标覆盖区域在天线位置的单侧,建议优先用定向壁挂天线;楼内电梯井道,建议用对数周期天线;如果建设双通道天馈系统,建议优先采用双极化室分天线。

**2）其他新型覆盖方式**

**（1）扩展型皮基站**

扩展型皮基站采用主机单元 + 扩展单元 + 远端单元组成的三级分布式架构,如图2-59所示。

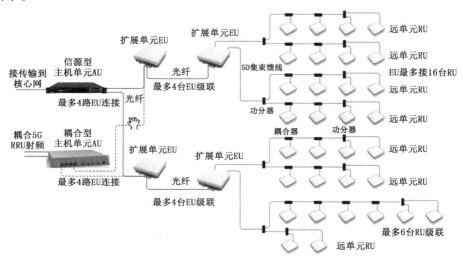

图 2-59　扩展型皮基站系统示意图

① 5G 接入单元（AU）如图 2-60 所示,技术性能及指标见表 2-33。

表 2-33　AU 性能及指标

| 序号 | 技术类别 | 性能及指标 |
|------|----------|------------|
| 1 | 组网能力 | 支持星型连接 4 个扩展单元 |
| | | 支持通过 8 个扩展单元连接 64 个远端单元 |
| 2 | 业务能力 | 支持 3GPP F40 及后续协议升级;支持 NSA 和 SA;支持 4 个 100 MHz、4T4R 小区;每小区支持 400 个激活态用户、1 200 个 RRC 连接态用户;单小区下行峰值速率:1.5 Gbps @256QAM、4 层;单小区上行峰值速率:285 Mbps @64QAM、2 层 |
| 3 | 设备同步方式 | 支持 GPS、北斗、1588v2 时钟同步 |
| 4 | 尺　寸 | 采用 19″标准机架,高度 1 U(1 U＝44.05 mm),深度 410 mm |
| 5 | 供电方式 | 直流电 － 48 V(－ 40～－ 57 V)或交流电 220 V |

| 序号 | 技术类别 | 性能及指标 |
|---|---|---|
| 6 | 机箱防护 | 防护等级 IP20 |
| 7 | 安装方式 | 机架或挂墙 |
| 8 | 散热方式 | 风冷散热 |
| 9 | 工作温度 | $-5℃\sim+45℃$ |
| 10 | 工作相对湿度 | 15%～85%（无凝结） |

图 2-60　AU 外观示意图

图 2-61　EU 外观示意图

图 2-62　RU 外观示意图

②5G 扩展单元（EU）如图 2-61 所示，技术性能及指标见表 2-34。

表 2-34　EU 性能及指标

| 序号 | 要求类别 | 性能及指标 |
|---|---|---|
| 1 | 系统处理能力 | 最多支持接入 16 台 RU，同时支持扩展下一级的 EU，最大支持 2 级 EU 级联 |
| 2 | 支持上行信号聚合 | 支持将所接各个 RU 的上行 IQ 数据合路，同时也支持将级联的下一级 EU 的 IQ 数据合路 |
| 3 | 支持下行信号广播 | 将下行信号广播给所接的各个 RU 和级联的下一级 EU |
| 4 | 远程供电 | 支持通过光电混合缆给 RU 进行远程供电 |
| 5 | 散热形式 | 自然散热 |
| 6 | 安装方式 | 机架或挂墙 |
| 7 | 体积 | $<12\,L$ |
| 8 | 重量 | $<10\,kg$ |
| 9 | 供电方式 | 交流电 220 V；支持给远端单元进行 $-48\,V$ 直流供电 |
| 10 | 机箱防护 | 防护等级 IP30 |
| 11 | 工作温度 | $-5℃\sim+45℃$ |
| 12 | 工作相对湿度 | 15%～85%（无凝结） |

③ 5G 远端单元（RU）如图 2-62 所示，关键性能及指标见表 2-35。

表 2-35　RU 性能及指标

| 序号 | 要求类别 | 性能及指标 |
|---|---|---|
| 1 | 支持频段 | 支持 3 400～3 500 MHz 频段，支持 4G + 5G 双模（3.51 GHz + 2.1 GHz） |
| 2 | 支持信道带宽 | 支持 NR 50 MHz/100 MHz 信道带宽 |
| 3 | 最大发射功率 | 2×250 mW + 2×125 mW |
| 4 | 尺寸 | ＜ 2.5 L |
| 5 | 重量 | ＜ 2.5 kg |
| 6 | 供电方式 | 支持 － 48 V（DC）光电混合缆供电 |
| 7 | 机箱防护 | 防护等级 IP31 |
| 8 | 安装方式 | 吸顶或挂墙 |
| 9 | 散热方式 | 自然散热 |
| 10 | 工作温度 | － 5℃～ ＋ 55℃ |
| 11 | 工作相对湿度 | 15%～85%（无凝结） |

扩展型皮站的射频输出功率等与有源室分一样，容量比有源室分小，对比可参考表 2-36。

表 2-36　扩展型皮站容量指标

| 产品 | 最大激活用户数 | 通道数 | 最大支持远端数 | 传输介质 |
|---|---|---|---|---|
| 扩展型皮基站 | 400 | 4TR | 256 | 光纤 + 馈线/光电复合缆 |
| 有源室分 | ＞1 000 | 2TR | 96 | 光纤 + 光电复合缆 |

**（2）移频 MIMO**

5G 移频 MIMO 室分系统是在原电信无源室分系统基础上进行改造的，可实现双路供电（图 2-63、图 2-64），由移频管理单元（FSMU，简称近端机）、移频覆盖单元（FSRU，简称远端机）和远端供电单元（POW）三部分组成。通过 FSMU 将 5G RRU 信号下变频为 800 MHz～2 700 MHz 频段信号（两路），与 2/3/4G 射频信号进行合路，输出至无源室内分布系统，再通过 FSRU 接收无源室分系统内变频信号，经过滤波、放大、上变频后恢复至 5G 信号，5G 信号与 2/3/4G 信号直接同时输出，达到利旧原有室分天馈系统、在单根馈线上实现 5G 2×2MIMO 信号覆盖的目的。可对远端机通断进行控制，监测远端机的下行功率、增益等链路参数。

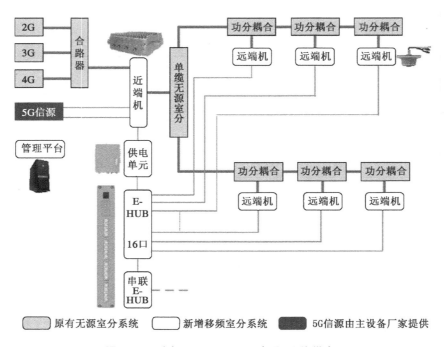

**图 2-63　移频 MIMO 组网示意图（网线供电）**

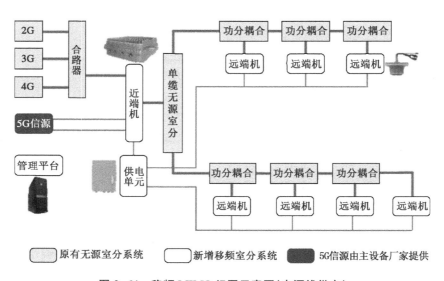

**图 2-64　移频 MIMO 组网示意图（电源线供电）**

　　移频 MIMO 室分适用于人流量相对多、容量需求中等、已部署无源室分的开阔场景。如超市、酒店、展览馆、图书馆、行政楼等，相关参数如表 2-37 所示。

表 2-37 移频 MIMO 室分性能参数

| 基本参数 | 参数值 |
|---|---|
| 最大发射功率 | $2 \times 250$ mW |
| 供电方式 | 电源线或网线 |
| 设备连接能力 | ● 每个近端机下最多可连接 64 个远端机(实际工程建议不超过 40 个)<br>● 每台供电单元(810 W)最多支持 45 台远端机<br>● 每台供电单元(1 000 W)最多支持 56 台远端机 |
| 收发流数 | 2T2R |
| 功率控制 | 开启 |
| 供电单元电压 | $-48$ V,DC |

# 3 无线工程项目管理与关键环节

## 3.1 项目管理流程

一般无线工程项目分为项目前期准备、立项阶段、项目执行阶段、项目竣工验收4个阶段。4个阶段一般囊括了规划编制、可行性研究报告编制、建设单位立项、初步设计编制、施工图设计、项目开工建设、项目初验、项目终验8个环节。其中设计规划单位参与规划、可行性研究、立项、初步设计、施工图设计5个环节。

图 3-1 项目管理流程图

表 3-1 设计规划单位参与环节表

| 序号 | 环节 | 输出成果 |
| --- | --- | --- |
| 1 | 规划 | 规划方案(投资估算) |
| 2 | 可行性研究 | 可行性研究报告(投资估算) |
| 3 | 立项 | 项目建议书 |
| 4 | 初步设计 | 初步设计(投资概算) |
| 5 | 施工图设计 | 施工图设计(投资预算) |

**1) 规划编制**

无线网规划是无线工程建设的首要环节,它对于下一步网络建设的质量、成本以及后期的运营都存在着很重要的影响。规划编制的目的是以最低的建造成本完成符合目前及既定周期内业务发展需求的移动通信网络。无线网规划主要通过现状梳理、需求分析、规划方案分析(包含技术分析、仿真等)、建设规模及投资估算,形成无线网规划方案。

**2) 可行性研究报告编制**

规划方案获批后,可依据规划批复进行可行性研究报告的编制。作为无线工程项目前期建设准备工作环节,可行性研究是确定建设项目前具有决定性意义的工作,是在投资决策之前,对拟建项目进行全面技术经济分析的科学论证,在投资管理中,可行性研究是指对与拟建项目有关的自然、社会、经济、技术等各方面进行调研、分析比较以及预测建成后的社会经济效益。在此基础上,综合论证项目建设的必要性、财务的盈利性、经济上的合理性、技术上的先进性和适应性以及建设条件的可能性和可行性,从而为投资决策提供科学依据。

可行性研究报告是从事工程项目建设之前,对从经济、技术、生产、供销到社会各种环境、法律等各种因素进行具体调查、研究、分析,确定有利和不利的因素、项目是否可行,估计成功率大小、经济效益和社会效果程度,为决策者和建设单位审批的上报文件。

**3）建设单位立项**

建设单位立项在完成可行性研究报告批复后进行,工程管理员确定各项目的基站数量及包含具体哪些基站、预估投资额,在工程管理系统中提交立项需求给项目管理员,项目管理员收到立项需求后发起立项流程。

该流程由建设单位项目管理员主导,设计单位配合提供立项资料。

**4）初步设计编制**

初步设计是根据批准的可行性研究报告,以及有关的设计标准、规范,并通过现场勘察工作取得可靠的实际基础资料后进行编制。初步设计的主要任务是确定项目的建设方案,进行设备的选型,编制工程项目总概算量。初步设计文件应当满足编制工程招标文件、主要设备材料订货和编制施工图设计文件的需要,是下一阶段施工图设计的基础。初步设计文件包括设计说明、工程概算、附表和图纸等部分。

初步设计由设计单位进行编制,完成内部审核审定,由建设单位统一会审,要求较高,是工程建设的重要组成部分。

**5）施工图设计**

施工图设计为工程设计的一个阶段,是在初步设计的基础上,进一步对工程进行具体方案设计。设计单位根据立项规模及项目所包含的基站清单完成施工图设计,完成内部审核审定,并由建设单位统一会审。

**6）项目开工建设**

在签订施工及监理合同后,建设单位在落实了年度资金拨款、设备和主材供应及工程管理组织等各项准备工作后,在建设项目开工前会同施工单位提出开工报告。

工程项目正式开工建设后,施工单位应按批准的施工图设计进行施工。

监理单位代表建设单位对施工过程中的工程质量、进度、资金使用进行全过程管理控制。

**7）项目初验**

初步验收是由施工企业完成施工承包合同工程量后,依据合同条款向建设单位申请完工验收。初验由建设单位或监理公司组织,相关设计、施工、维护、工程档案及质量管理部门参加。初步验收应在原定计划建设工期内进行。

初步验收工作包括：检查过程质量、审查交工资料、分析投资效益、对发现的问题提出处理意见，并组织相关责任单位落实解决。

**8）项目终验**

工程项目终验是工程项目建设的最后一个程序，是全面考核建设成果、检验工程设计、施工、监理质量以及工程建设管理的重要环节。对于中小型工程项目，可以视情况适当简化手续，可以将工程初验与终验合并进行。

项目竣工验收必须提供的资料文件：项目的审批文件、竣工验收申请报告、工程决算报告、工程质量检查报告、工程质量评估报告、工程质量监督报告、工程竣工财务决算批复、工程竣工审计报告、其他需要提供的资料。

# 3.2　项目前期准备阶段

## 3.2.1　规划

无线网络规划一般由建设方指定的设计、咨询单位完成，是指根据业务发展需求、城市结构、所选用的通信技术、频段等要素，通过链路预算、容量计算，并结合可实施性，得出基站布局及配置，以满足预期的网络性能指标。规划分为准备、预规划、详细规划 3 个阶段。具体规划流程及方法详见"第四章"。

## 3.2.2　可行性研究

可行性研究报告一般由设计单位或者业主指定的咨询单位进行编制，是拟建项目最终决策的研究性文件，是项目决策的主要依据，主要是以市场供需为立足点，以资源投入为限度，通过科学的方法手段，以多项评价指标为结果，来论证项目是否可行，它主要关注两个方面，一是技术上能否实施，二是如何才能取得最佳效益，包括投资的必要性和财务的可行性。在无线网设计中编制可行性报告时，重点的内容就是依据当年的网络发展目标和建设要求，来确定当年的建设区域、建设规模以及相应的投资。同时，可行性研究报告也是后续勘察和设计工作的依据，除了规模和投资的两个重点问题外，也需要为后续的勘查确定初步的选址，为后续的设备采购确定初步的设备选型等。

### 3.2.2.1　无线网项目可行性研究报告编制流程(图 3-2)

**（1）签订委托协议**

可行性研究报告编制单位与建设单位，就项目可行性研究报告编制工作的范围、重

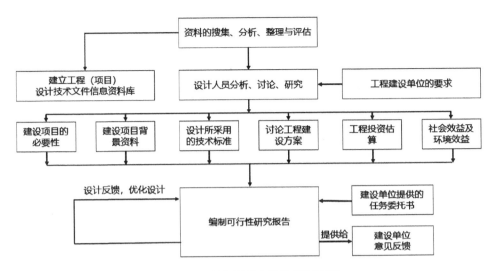

图 3-2　可行性研究报告编制流程

点、深度要求、完成时间、费用预算和质量要求交换意见，并签订委托协议，据以开展可行性研究各阶段的工作。

（2）组建工作小组

根据建设项目可行性研究的工作量、内容、范围、技术难度、时间要求等组建可行性研究报告编制小组。为使各专业组协调工作，保证可行性研究报告总体质量，一般应由总工程师或者总经济师负责统筹协调。

（3）制定工作计划

内容包括研究工作的范围、重点、深度、进度安排、人员配置、费用预算及可行性研究报告编制大纲，并与建设单位交换意见。

（4）调查研究收集资料

各专业组根据可行性研究报告编制大纲进行实地调查，收集整理有关资料，收集项目建设、生产运营等各方面所必需的信息资料和数据。对与项目有关的工程、技术、经济、市场等各方面条件和情况进行调查、研究、分析。

（5）方案设计与优选

在以上调查研究收集资料的基础上，对项目的建设规模与建设方案、技术方案、设备方案、工程方案、材料供应方案、环境保护方案、组织机构设置方案、实施进度方案以及项目投资与资金筹措方案等，提出备选方案，进行论证比选优化，构造项目的整体推荐方案。

（6）项目评价

对推荐的建设方案进行环境评价、财务评价、国民经济评价、社会评价及风险分析，以判别项目的环境可行性、经济可行性、社会可行性和抗风险能力。当有关评价指标结论不

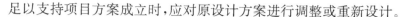

足以支持项目方案成立时,应对原设计方案进行调整或重新设计。

**（7）编写可行性研究报告**

项目可行性研究的各专业方案经过技术经济论证和优化之后,由各专业组分工编写。经项目负责人衔接协调综合汇总,提出可行性研究报告初稿。

**（8）与委托单位交换意见**

可行性研究报告初稿形成后,与建设单位交换意见,修改完善,形成正式可行性研究报告。

### 3.2.2.2　无线网项目可行性研究报告有以下特点

**（1）专业性**

可行性研究报告在论证项目的可行性时要涉及许多专业,通常要涉及基本建设、环境保护、市场预测、人员培训等方面内容,所以需要各方面专业人员分别开展深入研究,再进行科学的综合分析。

**（2）科学性**

内容要真实、完整、正确,研究目的要明确,研究过程要客观,要应用各种科学方法、科学推理,得出明确结论。可行性研究报告的结论要建立在定量分析基础上,这些定量化数据是根据科学技术和经济学原理,在调查研究基础上计算出来的,具有科学根据,是经得起时间考验的。

**（3）时效性**

科技调查报告反映科技领域中某一亟需认识的事物或某一亟需解决的问题,所以,要及时、迅速地写出调查报告,才能实现其价值,发挥其作用。

**（4）无线网项目可行性研究报告组成**

① 总论:包括工程建设背景及意义、编制依据及技术规范、研究范围及满足工期、简要结论等。

② 网络现状:包括网络总体规模、网络覆盖分析、网络容量分析、网络现状小结等。

③ 竞争情况分析:包括部署规模对比、竞争势态分析等。

④ 业务需求分析:包括 To C 业务分析、To B 业务分析等。

⑤ 建设思路与目标:包括总体思路、频率策略、组网策略、建设要求等。

⑥ 建设方案论证:包括室外站建设方案、室分系统建设方案、BBU 建设方案、配套建设方案等。

⑦ 建成后效果预测:包括本期建设后达到规模、建成后效果分析等。

⑧ 建设可行性条件:包括工程强制性要求、施工条件等。

⑨ 配套及协调建设项目的建议。

⑩ 项目实施进度安排的建议。

⑪ 维护组织、劳动定员与人员培训。

⑫ 主要工程量与投资估算。

⑬ 经济评价、财务评价、敏感性分析。

**（5）无线网项目可行性研究报告编制要求**

① 设计方案：可行性研究报告的主要任务是对预先设计的方案进行论证，所以必须先设计研究方案，才能明确研究对象。

② 内容真实：可行性研究报告涉及的内容以及反映情况的数据，必须绝对真实可靠，不允许有任何偏差及失误。其中所运用的资料、数据，都要经过反复核实，以确保内容的真实性。

③ 预测准确：可行性研究报告是投资决策前的活动。它是在事件没有发生之前的研究，是对事务未来发展的情况、可能遇到的问题和结果的估计，具有预测性。因此，必须进行深入的调查研究，充分地占有资料，运用切合实际的预测方法，科学地预测未来前景。

④ 论证严密：论证性是可行性研究报告的一个显著特点。要使其有论证性，必须做到运用系统的分析方法，围绕影响项目的各种因素进行全面、系统的分析，既要做宏观的分析，又要做微观的分析。

## 3.3　立项阶段

立项阶段的主要工作是编制项目建议书，依据此类文件，建设方将完成立项，也有部分建设单位会省略该环节，直接采用可行性研究报告的批复完成立项。

项目建议书是对于建设具体项目的建议文件，是基本建设程序中最初阶段的工作，是投资决策前对拟建项目的轮廓设想，论述项目建设的必要性、条件的可行性和获得的可能性。

项目建议书的主要内容包括如下（部分项目在可研基础上拆分单项，单项的项目建议书将相对简化，重点描述建设方案，对于必要性、效益分析等进行简化处理）：①项目名称；②建设项目提出的必要性和依据；③项目方案、市场预测、拟建规模和建设地点的初步设想；④资源情况、建设条件、协作关系和技术；⑤环境保护；⑥投资规模和资金筹措设想；⑦项目实施规划设想；⑧经济效果和社会效益的初步估算。

## 3.4　项目执行阶段

### 3.4.1　设计

对于通信工程建设项目，将设计过程划分为初步设计和施工图设计两个阶段的设计称为二阶段设计；对技术复杂而又缺乏经验的项目，增加技术设计阶段，称为三阶段设计。对一些规模不大、技术成熟或可以套用标准设计的项目，经建设主管部门同意，不分阶段一次完成的设计，称为一阶段设计。目前国内运营商多采用二阶段或一阶段设计，本书重点介绍二阶段设计内容，一阶段设计则将两个阶段的工作同时完成（表3-2）。

表3-2  三阶段设计/二阶段设计/一阶段设计对应内容

| 设计阶段 | 适用项目 | 内容 |
| --- | --- | --- |
| 三阶段设计 | 技术复杂而又缺乏经验的项目 | 初步设计、技术设计、施工图设计 |
| 二阶段设计 | 一般通信建设项目 | 初步设计、施工图设计 |
| 一阶段设计 | 技术简单、小型建设项目 | 施工图设计 |

初步设计是根据选定的方案设计（可行性研究）进行更具体深入的设计。经批准的初步设计一般不得随意修改、变更。如有重大变更时，须报原审批单位重新批准（图3-3）。

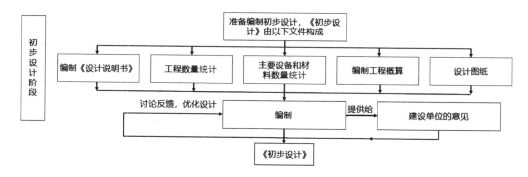

图3-3  初步设计流程

可行性研究报告批复后，设计单位可开始进行初步设计的编制，根据选定的方案，在可行性研究报告的基础上进行更具体深入的设计，并完成建设方案的多方案比选以及主要设备的选型。初步设计的深度应达到：①设计方案的评选和确定；②主要设备材料订货；③基建投资的控制；④施工图设计的控制；⑤技术设计（或施工图设计）和施工组织设计的编制；⑥施工准备和生产准备等。

初步设计经批准后，是编制技术设计和施工图设计的依据，也是确定建设项目总投资、编制建设计划和投资计划、控制工程拨款、组织主要设备材料订货、进行生产和施工准备等的依据。

施工图设计根据已批准的初步设计或技术设计进行设计（图3-4），具体要求：①绘制出正确、完整和尽可能详尽的安装施工图纸。②编制材料清单，使得各有关方面能据此安排设备和材料的订货，制作各种非标设备。③按施工图编制施工预算，经审定后，是建设工程施工和结算的依据。

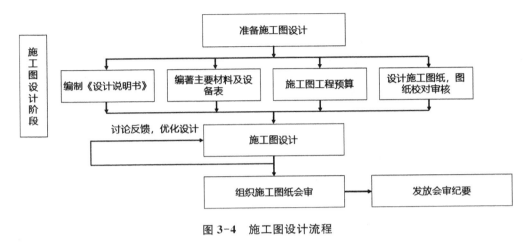

图 3-4 施工图设计流程

一个初步设计可根据工程进度,拆分为多个施工图设计。

## 3.4.2 施工

通信工程项目执行过程中,施工单位的工作内容主要有以下 7 项。

① 获取设计图纸,参与设计图纸会审,进行工程路由复测,提交开工报告。在工程路由复测中,如发现设计与施工现场有差距,应及时提出设计变更并取得建设单位及监理单位的认可。

② 配合设计单位完成技术交底,依据施工作业指导书确定关键质量控制点;对施工材料严格把关,进行必要的测试和监控,杜绝不合格材料在工程中使用;严格按照工程设计图纸和施工技术标准施工,不擅自修改工程设计,不偷工减料,施工过程中发现设计文件和图纸与施工现场有差异的,及时提出修改意见和建议,在得到建设单位、设计单位及监理单位同意后方可施工。

③ 抓好质量检验、落实检验方法。加强自检,以及建设、监理、设计单位及质量监督部门的检查;对发现的质量问题及时提出整改方案,及时整改,不遗漏到下一工序;抓好关键质量控制点,加强关键质量控制点的检查,包括自检和建设单位及监理的检查。

④ 对分部工程、隐蔽工程组织验收签证。对不同类型的分部工程及隐蔽工程,应及时组织有关部门进行验收并取得相关签证。不同类型的分部工程因工程内容不一,质量检验评定标准也不同,应严格按照国家标准、部颁标准及行业标准组织验收。

⑤ 审查质量问题(事故)报告,参与现场质量监理会议。分析问题原因,制定处理方案,防止诱发重大质量事故。

⑥ 召开经常性的质量分析会议，施工人员互相探讨、学习，杜绝质量问题的重复发生。

⑦ 注重质量记录的收集及整理存档。

### 3.4.3 监理

通信工程项目执行过程中，建设单位一般会委托具有资质的监理单位，代表建设方对工程进展进行监督，监理单位的工作内容通常包括：①协助建设单位与承建单位编写开工报告；②确认承建单位选择的分包单位；③审查承建单位提出的施工组织设计、施工技术方案和施工进度计划，并监督检查实施情况；④审查承建单位提出的材料和设备清单及其所列的规格和质量；⑤督促、检查承建单位严格执行工程承包合同要求和工程技术标准；⑥检查工程使用的材料、构件和设备的质量，检查安全防护设施；⑦检查工程进度和施工质量，验收分部分项工程，签署工程付款凭证；⑧督促整理合同文件和技术档案资料。

监理单位和建设单位对施工过程中的工程质量、进度、资金使用进行全过程管理控制。

## 3.5 项目竣工验收阶段

### 3.5.1 项目初验

项目初步验收由监理单位发起，初步验收以设计批复为参考，初步验收后应向该项目主管部门报送初步验收报告、初步决算，同时进行建设项目预转固。

工程初步验收程序主要有以下 7 项。

① 由竣工验收小组组长主持竣工初步验收。

② 建设、施工、监理、设计单位分别书面汇报工程项目建设质量状况、合同履约及执行国家法律、法规和工程建设强制性标准情况。

③ 初步验收组分为三部分分别进行检查验收：检查工程实体质量；检查工程建设参与各方提供的竣工资料；对工程的使用功能进行抽查、试验。

④ 对竣工初步验收情况进行汇总讨论，并听取质量监督机构对该工程的质量监督情况。

⑤ 形成竣工初步验收意见，填写《建设工程竣工验收备案表》和《建设工程竣工验收报告》，验收小组人员分别签字、建设单位盖章。

⑥ 对在验收过程中发现严重问题，达不到竣工初步验收标准的，验收小组应责成责任单位立即整改，并宣布本次验收无效，重新确定时间组织竣工验收。

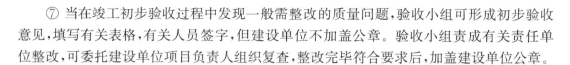

⑦ 当在竣工初步验收过程中发现一般需整改的质量问题,验收小组可形成初步验收意见,填写有关表格,有关人员签字,但建设单位不加盖公章。验收小组责成有关责任单位整改,可委托建设单位项目负责人组织复查,整改完毕符合要求后,加盖建设单位公章。

## 3.5.2 项目终验

竣工验收是工程建设过程的最后一个环节,是全面考核建设成果、检验设计和工程质量是否符合要求、审查投资使用是否合理的重要步骤。

竣工验收对保证工程质量,促进建设项目及时投产,发挥投资效益,总结经验教训有重要作用。

竣工项目验收前,施工单位向负责验收的单位提出竣工验收报告,并编制项目过程总决算,分析概(预)算执行情况,并整理出相关技术资料(包括竣工图纸、测试资料、重大障碍和事故处理记录等),清理所有财产和物资以及结余或应收回的资金等。

项目监理单位应参加由建设单位组织的工程终验,并提供相关监理资料。对验收中提出的问题,项目监理机构应要求施工单位整改。工程质量符合要求时,由总监理工程师会同参加验收的各方签署竣工验收报告。

竣工验收必须提供的资料文件:项目的审批文件、竣工验收申请报告、工程决算报告、工程质量检查报告、工程质量评估报告、工程质量监督报告、工程竣工财务决算批复、工程竣工审计报告、其他需要提供的资料。

按国家现行规定,竣工验收的依据是经过上级审批机关批准的可行性研究报告、初步设计、施工图纸和说明、设备技术说明书、招标投标文件和工程承包合同、施工过程中的设计修改签证、现行的施工技术验收标准及规范以及主管部门有关审批、修改、调整文件等。

竣工验收要根据工程的规模大小和复杂程度组成验收委员会或验收组。验收委员会或验收组负责审查工程建设的各个环节,听取各有关单位的工作总结汇报,审阅工程档案并实地查验建筑工程和设备安装,并对工程设计、施工和设备质量等方面做出全面评价。不合格的工程不予验收;对遗留问题提出具体解决意见,限期落实完成。最后经验收委员会或验收组一致通过,形成验收鉴定意见书。验收鉴定意见书由验收会议的组织单位印发各有关单位执行。

竣工项目经过验收交接后,应迅速办理固定资产交付使用的转移手续(竣工验收 3 个月内应办理固定资产交付使用的转移手续),技术档案移交维护单位统一保管。

# 4 无线网规划流程与方法

## 4.1 无线网规划流程

无线网规划是指通过链路预算、容量计算,得出网络规模和基站配置,以满足预期的网络性能指标。规划分准备期、预规划、详细规划 3 个阶段,具体流程如图 4-1 所示。

## 4.2 规划准备阶段

### 4.2.1 项目分工与计划

负责人根据项目目标制订计划。

**(1) 工作内容与分工界面**

与省/市级运营商规划负责人确定规划内容,明确哪些资料由运营商提供,哪些由运营商参与协调,落实到部门及人员为佳。

**(2) 安排工作进度计划**

与省/市级运营商规划负责人商定各关键节点时间,形成甘特图,明确汇报(周报/双周报等)制度。

**(3) 选择项目组成员**

建立一支结构合理、高效有能力的规划队伍,队伍中包括:①项目经理:与集团、省级运营商沟通,组织协调对质量及进度的控制。②地区责任人:与地市级运营商沟通,负责地市具体方案的确定。③CW 测试人员:测试点的选取、测试路线的选择、数据采集、数据处理、模型校正。④DT/CQT 测试人员:现网无线网络覆盖情况的测试。⑤仿真人员:对规划方案的初步仿真,方案调整后的仿真以及最后规划结果输出。⑥辅助人员:负责勘察、统计等工作。

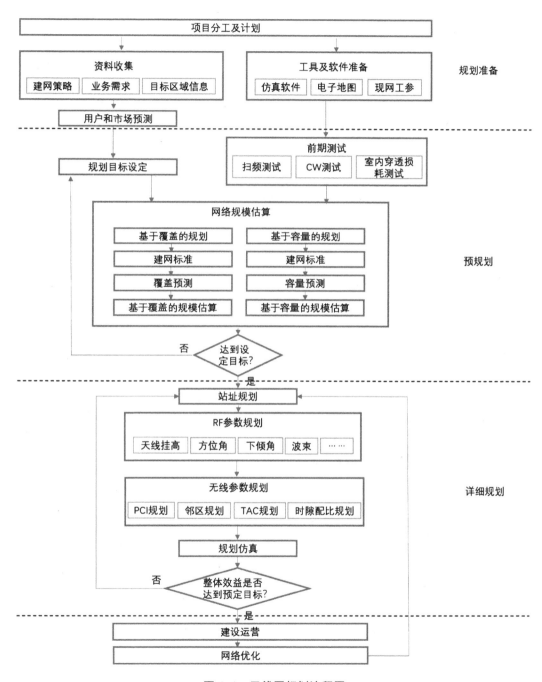

图 4-1　无线网规划流程图

根据项目涉及地/市多少、时间缓急,考虑人员复用。典型配置为:项目经理1名,地区负责人每地/市1名,CW测试、DT/CQT测试、仿真人员为同一人,每地/市设置1~2名规划人员,配备辅助人员(一般为入职新人或培养对象)1名。

## 4.2.2　资料收集

### 4.2.2.1　建网策略

建网策略方面,建议主要搜集或提供如下内容。

① 运营商期望的站点规模,与投资相关。

② 覆盖区域:连续组网、热点覆盖、特殊场景覆盖。

③ 共站建设:与现网站点共站比例为多少、与哪个网络共站建设。

④ 室内外覆盖:室内浅层、深度覆盖等。

### 4.2.2.2　业务需求

业务需求包括个人客户和政企客户两大类,不同的业务场景和应用对应不同的业务需求,目前2G/3G已经处于退网模式,预计各大运营商在2023年均将陆续完成退网,因此仅对基于4G/5G的业务需求进行分析,从现阶段来看,4G的业务需求应基于运营商实际运营需求进行归纳,5G的业务需求分析可基于中国信息通信研究院行业白皮书等行业发展情况进行预测分析,在进行具体的无线网络规划时,建议参考运营商的目标业务发展需求。

**（1）个人客户**

对于5G的eMBB业务,目前重点业务包括对流量速率需求比较高的高清视频、AR/VR业务。典型eMBB业务对网络的需求如表4-1所示。

表4-1　个人客户典型高速速率业务需求

| 业务等级 | 分辨率 | 分辨率(pixel/frame) | | 色深(bit/pixel) | 帧率(fps) | 视频编码 | | 速率要求(Mbps) | | 时延要求(ms) | 业务说明 |
| --- | --- | --- | --- | --- | --- | --- | --- | --- | --- | --- | --- |
| | | H | V | | | 编码压缩率 | 编码协议 | 典型值 | 建议范围 | | |
| 高清视频 | 1 080P | 1 920 | 1 080 | 8 | 30 | 165 | H.265 | 4 | [2.5, 6] | 50 | 目前常见高清视频 |
| | 4K | 3 840 | 2 160 | 8 | 30 | 165 | H.265 | 15 | [10, 25] | 40 | 未来超清视频 |
| | 8K | 7 680 | 4 320 | 8 | 30 | 165 | H.265 | 60 | [40, 90] | 30 | |
| | 12K | 11 520 | 5 760 | 8 | 30 | 215 | HEVC/VP9 | 100 | [50, 160] | 20 | |

| 业务等级 | 分辨率 | 分辨率（pixel/frame） | | 色深（bit/pixel） | 帧率（fps） | 视频编码 | | 速率要求（Mbps） | | 时延要求（ms） | 业务说明 |
|---|---|---|---|---|---|---|---|---|---|---|---|
| | | H | V | | | 编码压缩率 | 编码协议 | 典型值 | 建议范围 | | |
| AR/VR | 1 080P 2D | 1 920 | 1 080 | 10 | 30 | 165 | H.265 | 5 | [3，7] | 50 | 当前高清虚拟世界业务 |
| | 4K 2D | 3 840 | 2 160 | 10 | 30 | 165 | H.265 | 20 | [12.5，30] | 40 | 未来超清虚拟世界业务 |
| | 8K 2D | 7 680 | 4 320 | 10 | 30 | 165 | H.265 | 75 | [45，115] | 30 | |
| | 12K 2D | 11 520 | 5 760 | 10 | 30 | 215 | HEVC/VP9 | 120 | [80，180] | 20 | |
| 三维 AR/VR | 4K 3D | 3 840 | 2 160 | 16 | 30 | 165 | H.265 | 30 | [20，50] | 40 | 三维全景 |
| | 8K 3D | 7 680 | 4 320 | 18 | 30 | 165 | H.265 | 135 | [90，200] | 30 | |

**（2）政企客户**

在 5G 热点行业内，对于带宽、时延、可靠性等有响应要求，如表 4-2 所示。

表 4-2　政企客户典型业务通信需求参考

| 5G 场景 | 分类 | 通信需求 | | | |
|---|---|---|---|---|---|
| | | 速率（Mbps） | 时延（ms） | 可靠性 | 连接数（个/km²） |
| uRLLC | 无人机 | ＞200 | 毫秒级 | 99.99% | 2～100 |
| | 车联网（自动驾驶） | ＞100 | ＜10 | 99.999% | 2～50 |
| | 智慧医疗 | ＞12 | ＜10 | 99.999% | 局部 10～1 000 |
| | 工业互联网 | ＞10 | ＜3 | 99.999% | 局部百～万级 |
| mMTC | 智慧城市 | ＞50 | ＜20 | 99.99% | 百万～千万级 |
| | 智慧农业 | ＞12 | ＜10 | 99.99% | 千～百万级 |
| eMBB | VR/AR(CLOUD VR/MR) | 100～9 400 | ＜5 | 99.99% | 局部 2～100 |
| | 家庭娱乐 | ＞100 | ＜10 | 99.9% | 局部 2～50 |
| | 全景直播 | ＞100 | ＜10 | 99.9% | 2～100 |

### 4.2.2.3 目标区域信息

**1）确认规划区域,划分区域类型**

按无线传播环境和业务分布两方面特征进行区域分类。

**（1）无线传播环境分类**

无线传播特性主要受地形地貌、建筑物材料和分布、植被、车流、人流、自然和人为电磁噪声等多个因素影响。根据无线传播环境可分为密集市区、市区、郊区（乡镇）和农村 4 大类,具体标准参考表 4-3（根据地区、运营商不同,标准不同）。

表 4-3　按无线传播环境分类的典型区域描述

| 区域类型 | 建筑物楼层 | 楼间距 |
| --- | --- | --- |
| 密集市区 | 周围大多数建筑物平均高度 35～60 m（10～20 层）,四周主要以 10 层左右或以下的中低楼层为主,同时伴有 20～30 层以上的高层建筑 | 覆盖范围内的地形较为平坦；建筑物间距非常密集,平均楼间距 10～20 m |
| 一般市区 | 周围大多数建筑物平均高度 25～40 m（8～12 层）,四周主要以 9 层左右或以下的中低楼层为主,同时伴有少数十几层以上的高层建筑 | 周边地形较为平坦,高层建筑较少,周边道路也较宽,平均楼间距 10～20 m |
| 郊区（乡镇） | 城市边缘地区,以 8 层或以下低层建筑为主；离市区 2～3 km 左右有一定建筑物的小镇,或者经济普通,离市区较远的中小孤立行政镇区；镇区以较密集的 3～5 层建筑为主 | 楼宇比较稀疏,平均楼间距 30～50 m |
| 农村（开阔地） | 离镇区较远的孤立村庄或管理区,周围建筑较少,并且以平房为主,有部分 2、3 层楼房 | 建筑物之间主要是成片的田野或者开阔的平坦地,话务很少,建站目的主要是解决覆盖问题 |

除了上述 4 大类基本区域类型外,还包括山地、林区、湖泊、海面、岛屿等特殊地形。

**（2）按业务分布分类**

业务分布与当地的经济发展、人口分布及潜在用户的消费能力和习惯等因素有关,其中经济发展水平对业务发展具有决定性影响。因此,应充分考虑地区经济发展的差异性,根据当地的具体情况确定提供的业务类型和服务等级。5G 网络目前主要承载数据业务,而语音业务仍由 4G 承载。在 5G 初期,可以根据目前 4G 业务的发展情况,进行服务区域的划分。

表 4-4　按业务分布分类的典型区域描述

| 区域类型 | 特征描述 | 业务分布特点 |
| --- | --- | --- |
| A | 主要集中在区域经济中心的特大城市,面积较小。区域内高级写字楼密集,是所在经济区内商务活动集中地,用户对移动通信需求大,对数据业务要求较高 | ● 用户高度密集,业务热点地区<br>● 数据业务速率要求高<br>● 数据业务发展的重点区域<br>● 服务质量要求高 |

| 区域类型 | 特征描述 | 业务分布特点 |
|---|---|---|
| B | 工商业和贸易发达。交通和基础设施完善,有多条交通干道贯穿辖区。城市化水平较高,人口密集,经济发展快、人均收入高的地区 | ● 用户密集,业务量较高<br>● 提供中等速率的数据业务<br>● 服务质量要求较高 |
| C | 工商业发展和城镇建设具有相当规模,各类企业数量较多,交通便利,经济发展和人均收入处于中等水平 | ● 业务量较低,有少量数据业务接入需求 |
| D | 主要包括两种类型的区域:<br>● 一般交通干道<br>● 农村和山区,经济发展相对落后 | ● 业务稀疏<br>● 建站的目的是解决覆盖 |

对于重要的高铁线路,由于用户密集、品牌价值高等因素,可以参照 B 类业务区域。

**(3) 主要区域类型**

综合考虑服务区的无线传播环境和业务分布特性,无线网主要区域分类如表 4-5 所示。

表 4-5　主要区域类型

| 区域类型 | 按无线传播环境分类 | 按业务分布分类 | 典型区域 |
|---|---|---|---|
| 密集市区 A | 密集市区 | A | 特大城市的商务区 |
| 密集市区 B | 密集市区 | B | 商业中心区,高层住宅区<br>密集商住区 |
| 密集市区 C | 密集市区 | C | 话务较低的密集城中村 |
| 一般市区 B | 一般市区 | B | 普通住宅区<br>低矮楼房为主的老城区,经济发达地区的县城 |
| 一般市区 C | 一般市区 | C | 一般县城 |
| 郊区 C | 郊区(乡镇) | C | 城乡结合部,工业园区,乡镇 |
| 农村 C | 农村(开阔地) | C | 风景区 |
| 农村 D | 农村(开阔地) | D | 农村,山区、海洋 |
| 铁路客运专线、重要高速公路 | 根据车体穿透损耗、多普勒频移等确定 | B | — |
| 一般高速公路、国道 | 农村(开阔地) | C | — |
| 省道,一般公路,一般铁路,航道 | 农村(开阔地) | D | — |

根据地形地貌、经济和人口发展、数据吞吐量密度划分该地市的区域类型。

根据集团、省公司规划指引确定规划区域,一般从区域类型和特殊场景两方面考虑(特殊场景有中心商业区、居民区、校园、交通干道、隧道、地铁、交通枢纽、风景区等)。例如 5G 本次覆盖密集市区 A、密集市区 B、密集市区 C、一般市区 B、一般市区 C,特殊场景覆盖校园、4A 以上景区,交通干线等暂不覆盖。

将拟覆盖区域形成二维地图图层,可用不同颜色区分区域类型。

**2)基础数据收集**

**(1)地市概况**

从统计年鉴或政府官网上搜集关于该地市的人口、经济发展、地形地貌等最新数据资料。

**(2)相关业务市场情况**

尽可能多地了解该地市各运营商的业务发展情况,特别是无线网的数据。

**(3)现网资料**

收集运营商无线网络的现网资料。一方面通过网管获取基站数据、数据流量、天馈参数等;另一方面与运营商协商,是否需要设计人员至现场摸查现网资源,若需要则制定摸查台账模板,模板具体可参考以下 4 个方面(模板为表头部分)。

① 概况

| 序号 | 概况 | | | | | | | | | 勘察信息 | | | | |
|---|---|---|---|---|---|---|---|---|---|---|---|---|---|---|
| | 地市 | 行政区域 | 区域类型 | 站号 | 站名 | 详细地址 | 经度 | 纬度 | 是否可用 | 勘察日期 | 局方陪同人 | 无线勘察人 | 传输勘察人 | 土建勘察人 |

② 机房

| 序号 | 站名 | 地市 | 站号 | 是否有机房 | 产权归属 | 机房总面积 | 机房类型 | 可放置机架个数 | 综合架空余空间(U) | 初定站型 | 现有馈窗型号 | 现有馈窗空余孔数 |
|---|---|---|---|---|---|---|---|---|---|---|---|---|

③ 天面

| 序号 | 地市 | 站名 | 站号 | 现有塔型 | 现有塔高 | 产权归属 | 空余平台/现有平台 | 空余支架/现有支架 | 能否新增平台 | 能否新增支架 |
|---|---|---|---|---|---|---|---|---|---|---|

④ 电源

| 序号 | 地市 | 站名 | 站号 | 产权归属 | 现有开关电源型号 | 现有负载电流 | 现有模块数量(N/N) | 直流电源系统目前可用 16 A 及以上端子(个) | 交流电源系统目前可用 16 A 及以上端子(个) | 端子改造方案 | 现有蓄电池型号 | 现有蓄电池容量及数量 | 室内接地排是否满足连接条件 | 室外接地排是否满足连接条件 |
|---|---|---|---|---|---|---|---|---|---|---|---|---|---|---|

（4）**基础数据**

数据处理利用图表分析原始数据，删除无效数据。

### 4.2.3　用户与市场分析

业务预测包括用户数预测和业务量预测两部分工作。用户数预测需要根据现有移动网络的用户数、渗透率、市场发展情况及竞争对手等情况，合理预测移动用户数的发展趋势；业务量预测主要为数据业务预测，基于移动用户数的发展趋势、主要业务类型、业务模型等预测数据业务的总体需求。

## 4.3　预规划阶段

### 4.3.1　规划目标设定

在明确网络业务发展策略和建设策略后，需要将这些策略落实到具体的无线网指标之中。在规划目标取定时，需先确定本期工程预覆盖的总体区域，并针对总体区域内的不同区域类型，分别制定各自的覆盖、容量、质量及业务种类等方面的具体规划目标，如不同区域内提供的具体业务类型、边缘数据业务最低速率、室内外覆盖率、容量目标和业务等级等。

### 4.3.2　前期测试

前期要做的测试工作主要包括扫频测试、CW（连续波测试）测试及室内穿透损耗测试等。目的是获取较为准确的业务区的无线环境特征，作为后期规划工作的依据。

（1）**扫频测试**

对业务区的规划频段进行扫频测试，了解区域内的背景噪声情况，并对工作频点进行干扰排查，准确定位干扰源，并及时将干扰源、干扰区域等信息提交给建设方，以便于建设方与其他运营商或单位进行协调，保证网络建成后可以获得较好的覆盖效果。

（2）**CW测试**

对于新建工程，应该在区域分类的基础上，挑选各种典型的区域进行 CW 测试，校对出适合各种区域无线传播特性的传播模型，用于指导覆盖仿真规划。

（3）**室内穿透损耗测试**

由于移动网络的业务越来越集中发生在室内，因此在规划时室内覆盖也是一个重点问题。室内覆盖可通过建设室内分布系统或室外宏站信号穿透覆盖解决，在实际组网中往往需要将这两种方式有机地结合起来。

室内穿透损耗测试就是为了得出不同类型建筑物的穿透损耗值,用于链路预算,并计算出基站在能满足覆盖区域楼宇室内覆盖的情况下的覆盖半径。

### 4.3.3 网络规模估算

4G/5G 无线网络规模估算流程基本相同,具体如图 4-2 所示。

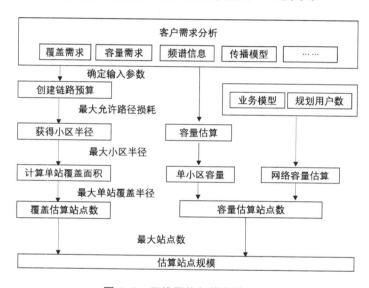

图 4-2  无线网络规模估算流程

#### 4.3.3.1  4G 覆盖与容量规划

**1)覆盖规划**

**(1)链路预算**

链路预算是对通信链路中的各种增益、余量与损耗进行核算。即在一个呼叫连接中,保持一定呼叫质量的前提下,计算链路所允许最大的传播损耗($L_{pmax}$),从而结合传播模型确定覆盖范围(图 4-3)。

链路预算主要有三个关键步骤:

① 计算小区边缘的路径损耗,即 DL/UL 最大允许的路径损耗;

② 计算小区覆盖半径,根据校正过的传播模型,小区覆盖半径(取 COST231-Hata 模型情况下):

$$R = \frac{L_{pmax} - 136.16}{34.8}, \quad 站间距 D = R \times 1.5;$$

③ 计算满足覆盖需求的基站数：该结果对应的是规则蜂窝结构的站点数，在后续阶段中还需要根据实际情况对站点规模进行调整。

**（2）参数取值**

① 系统参数

工作带宽：我国目前明确了 1.8 GHz 和 2.1 GHz 上 $2\times60$ MHz 的频段用于 LTE FDD，同时可灵活选择 1.4 MHz、3 MHz、5 MHz、10 MHz、15 MHz、20 MHz 共 6 种带宽。

RB 分配：20 MHz 带宽 RB 总数为 100 个，子载波数量 1 200 个；考虑同时调度 10 个用户，边缘用户分配 RB 数为 10 个。

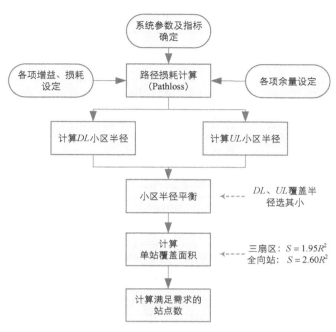

图 4-3　4G 覆盖规划流程

② 收发信机参数

发射功率：下行，每通道 20 W 即 43 dBm；上行，终端一般为 200 mW 即 23 dBm。

天线增益：18 dBi。

多天线分集增益：下行，天线发射分集增益 2.5 dB，UE 接收分集增益 2.5 dB；上行，接收分集增益 2.5 dB，UE 无发射分集增益。

接收机噪声系数：eNodeB 侧通常取 2.5 dB，UE 侧取 7 dB。

馈线及接头损耗：3 dB。

干扰余量：2 dB。

SINR 门限：在 LTE FDD 中，SINR 门限值与 MIMO、MCS、BLER 等因素有关，一般参考主设备厂家建议值。

③ 其他损耗

穿透损耗：密集市区、一般市区、郊区、农村分别取值为 20 dB、16 dB、12 dB、8 dB。

阴影衰落余量：密集市区、一般市区、郊区、农村分别取值为 11.7 dB、9.4 dB、7.2 dB、6.2 dB。

④ 参数设置汇总

表 4-6 中链路预算示例按 1.8 GHz 频段、20 MHz 带宽计算，规划目标为 95% 的室外区域，实现边缘室外 RSRP $\geqslant-105$ dBm 且 RS SINR $\geqslant-3$ dB：

表 4-6　4G 室外站链路预算参数表（示例）

| 项目 | | 下行 | 上行 | 备注 |
|---|---|---|---|---|
| 系统参数 | 频段（MHz） | 1 855 | 1 760 | — |
| | 小区边缘速率（Kpbs） | 4 096 | 256 | — |
| | BLER 目标值（%） | 10 | 10 | — |
| | MIMO 模式值 | 1 | 1 | — |
| | 需 RB 数（个） | 100 | 4 | — |
| | MCS 效率（%） | 34 | 49 | — |
| | SINR 门限（dB） | −3 | −2.9 | — |
| 发射设备参数 | 最大发射功率（dBm） | 43 | 23 | — |
| | 发射天线增益（dBi） | 18 | 0 | — |
| | 发射分集增益（dB） | 2.5 | 0 | — |
| | EIRP（不含馈损）（dBm） | 63.5 | 23 | — |
| 接收设备参数 | 接收天线增益（dBi） | 0 | 18 | — |
| | 噪声系数（dB） | 7 | 2.3 | — |
| | 热噪声（dBm） | −174.00 | −174.00 | — |
| | 接收机灵敏度（dBm） | −97.34 | −113.92 | 不同厂家设备取值不同 |
| | 分集接收增益（dB） | 2.5 | 2.5 | — |
| 附加损益 | 干扰余量（dB） | 3 | 2 | — |
| | 负荷因子（dB） | 0 | 0 | — |
| | 切换增益（dB） | 0 | 0 | — |
| 场景参数——密集市区 | 发射天线高度（m） | 30 | 30 | — |
| | 阴影衰落（95%）（dB） | 11.7 | 11.7 | 各地区取值不同 |
| | 馈线接头损耗（dB） | 3 | 3 | — |
| | 穿透损耗（dB） | 20 | 20 | 各地区取值不同 |
| 场景参数——一般市区 | 发射天线高度（m） | 30 | 30 | — |
| | 阴影衰落（95%）（dB） | 9.4 | 9.4 | — |
| | 馈线接头损耗（dB） | 3 | 3 | — |
| | 穿透损耗（dB） | 18 | 18 | — |

| 项目 | | 下行 | 上行 | 备注 |
|---|---|---|---|---|
| 场景参数——郊区 | 发射天线高度(m) | 30 | 30 | — |
| | 阴影衰落(90%)(dB) | 7.2 | 7.2 | — |
| | 馈线接头损耗(dB) | 4 | 4 | — |
| | 穿透损耗(dB) | 12 | 12 | — |
| 场景参数——农村 | 发射天线高度(m) | 45 | 45 | — |
| | 阴影衰落(90%)(dB) | 6.2 | 6.2 | — |
| | 馈线接头损耗(dB) | 5 | 5 | — |
| | 穿透损耗(dB) | 8 | 8 | — |

**（3）上下行链路预算**

参数设置完成后，得到前向链路预算表（表4-7）：

表 4-7　4G 上下行链路预算表（示例）

| 项目 | | 下行 | 上行 |
|---|---|---|---|
| MAPL | 密集市区(dB) | 125.64 | 120.72 |
| | 一般市区(dB) | 129.94 | 125.02 |
| | 郊区(dB) | 137.14 | 132.22 |
| | 农村(dB) | 141.14 | 136.22 |
| 传播模型 | 移动台高度(m) | 1.50 | 1.50 |
| | 密集市区：Cm | 3.00 | 3.00 |
| | 一般市区：Cm | 0.00 | 0.00 |
| 覆盖半径(m) | 密集市区(m) | 399 | 345 |
| | 一般市区(m) | 644 | 507 |
| 站间距(m) | 密集市区(m) | 599 | 518 |
| | 一般市区(m) | 966 | 761 |

**（4）站点规模计算**

① 根据前期确定的规划图层输出各区域类型的拟覆盖面积 $S_1$；

② 计算单站覆盖面积：三扇区 $S_2 = 1.95R^2$，全向站 $S_2 = 2.60R^2$（$R$ 为上、下行链路预算中覆盖半径取其小）

③ 站点规模 $= S_1/S_2$（向上取整）。

## 2）容量规划

### （1）规划步骤（图 4-4）

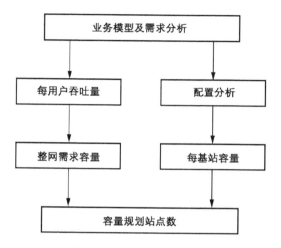

图 4-4 容量规划流程示例

① 确定空口用户模型参数（表 4-8）：

表 4-8 4G 用户模型（示例）

| 参数 | 单位 | 说明 |
|---|---|---|
| 用户数 | 个 | 出账用户数统计 |
| 寻呼次数 | 次 | 忙时每用户寻呼被叫次数 |
| RRC 连接建立成功次数 | 次 | 忙时每用户 RRC 连接建立完成次数 |
| RRC 连接状态下行平均速率 | Kbps | PDCP 层下行吞吐量 |
| RRC 连接状态上行平均速率 | Kbps | PDCP 层上行吞吐量 |
| 每次 RRC 连接持续平均时长 | s | RRC 连接总时长/RRC 连接数 |
| 上下行流量比例 | — | 忙时每用户上行吞吐量/忙时每用户下行吞吐量 |
| 忙时集中系数 | — | 忙时流量/全天流量 |
| 忙日集中系数 | — | 忙日流量/全月流量 |

② 每用户吞吐量：基于话务模型及一定假设进行计算得出。

③ 整网需求容量：等于每用户吞吐量×用户数。

④ 网络配置分析：考虑频率复用模式、带宽、站间距、MIMO 模式等因素。举例：在 2×20 MHz 带宽、2×2 空分复用条件下：

峰值速率：小区峰值吞吐率约 149.3 Mbps。

小区平均吞吐率：下行平均吞吐率约 34 Mbps，上行约 14.7 Mbps。

单小区同时在线 RRC-Connected 连接用户数：不低于 1 600 个用户同时在线。

单小区同时激活用户数（调度队列中）：设备能力达到激活用户数 533 个/小区。

⑤ 站点数目：站点数目等于整网需求容量/每基站容量。

**（2）单站容量分析**

① 基于一定的小区半径，得出站间距，进行 19×3 标准蜂窝拓扑结构布站，图 4-5 为中心 19×3 网络分别向 6 个方向折叠得到的网络拓扑结构。

② 通过系统仿真，得出 SINR 的分布情况。在系统仿真中随机撒用户，并引入调度、功控、ICIC 等算法机制，模拟用户在实际网络中某种业务行为下的吞吐量结果。

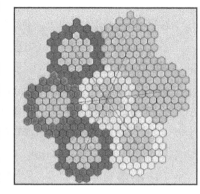

图 4-5　蜂窝网布局示例

**（3）小区平均吞吐量**

假设网络拓扑结构为 19×3 标准蜂窝拓扑结构，频率复用为 1×3×1，下行 MIMO 2×2 CL Switch(rank1/rank2)。在这种情况下，上下行小区平均吞吐量如表 4-9 所示：

表 4-9　上下行小区平均吞吐量(示例)

| 场景 | 上下行小区平均吞吐量(Mbps)@10 MHz 带宽 | | | |
| --- | --- | --- | --- | --- |
| | 2.6 GHz | 2.1 GHz | AWS | 700 MHz |
| 站间距 500 m | 16.92/9.76 | 18.39/10.61 | 17.62/10.87 | 17.35/12.17 |
| 站间距 1 700 m | 12.97/6.92 | 14.10/7.52 | 16.82/8.70 | 17.27/10.67 |

### 4.3.3.2　5G 覆盖与容量规划

**1）覆盖规划**

**（1）5G 覆盖规划的特点**

5G 宏基站覆盖规划具有以下特点：

① 确定边缘用户的数据速率等目标是 5G 网络覆盖规划的基础。ITU 定义了 5G 应用场景的三大方向：eMBB、mMTC、uRLLC。不同业务的上/下行数据速率需求不同，其解调门限不同，导致覆盖半径也不同。因此要确定小区的有效覆盖范围，在覆盖规划时首先需要确定小区边缘用户的最低保障速率等性能要求。由于 5G 采用时域/频域的两维调度，因此既需要确定满足既定小区边缘最低保障速率下的小区覆盖半径，还需要确定不同类型业务在小区边缘区域占用的 RB(resource block，资源块)数和 SINR 要求。

② 5G 资源调度更复杂,覆盖特性和资源分配紧密相关。5G 网络中,为应对不同的覆盖环境和规划需求,可以根据不同类型的业务需求灵活地选择 RB 和 MCS 进行组合。在进行覆盖规划时,实际网络很难模拟,因为在实际网络中,单用户占用的 RB 数量、用户速率、MCS、SINR 四者之间会相互影响,导致 5G 网络调度算法比较复杂。因此如何合理确定 RB 资源、调制编码方式,使其选择更符合实际网络需求是 5G 覆盖规划的一个难点。

③ 小区间干扰影响 5G 覆盖性能。由于在 5G 系统中引入了 F-OFDM 技术,使得不同用户间子载波频率正交,因此同一小区内不同用户间的干扰几乎可以忽略,但 5G 系统小区间的同频干扰依然存在。随着网络负荷增加,小区间干扰水平也会增加,使得用户 SINR 值下降,传输速率也会相应降低,呈现一定的呼吸效应。另外,不同的干扰消除技术会产生不同的小区间业务信道干扰抑制效果,这也会影响 5G 边缘覆盖效果。因此如何评估小区间干扰抬升水平,也是 5G 网络覆盖规划的一个难点。

**(2) 链路预算**

5G 的链路预算流程包括业务速率需求和系统带宽、天线型号、Massive MIMO 配置、DL/UL 公共开销负荷、发送端功率增益和损耗计算、接收端功率增益和损耗计算,最后得到链路总预算。

5G 链路预算过程中,对以下影响覆盖的因素要特别注意:

① 发送功率对覆盖的影响。由于 64T64R 等多端口天线存在,5G 的发射功率在 100 MHz 工作带宽时可达 200 W,在 160 MHz 工作带宽时可达 240 W、320 W,在 200 MHz 工作带宽时可达 320 W、400 W。在 5G 基站发射功率增大的同时,覆盖能力得到了增强,但其受到的干扰也会逐步增强,在一定功率值附近频谱效率达到平稳。对实际使用中设备的功率取值通常要在业务需求、覆盖能力、频谱效率、设备成本与体积方面进行平衡。不同信道的下行功率可以依据功率配置准则进行功率的配置和调整,这种配置方式会影响到覆盖性能。

② 天线配置对覆盖的影响。5G 主要采用 64T64R 等大规模阵子天线,可通过天线分集获得可观的分集收益,但是高配置天线的成本、体积、重量和功率均较高。实际工程中应根据业务需求、安装场景、建设成本等情况灵活选择天线配置。

③ 资源对覆盖的影响。在一定边缘业务速率性能的要求下,业务信道占用的 RB 资源、子帧数目越多,覆盖距离就越远。

**(3) 传播模型**

目前无线网络规划仿真中常用的模型,如 Okumura-Hata、COST231-Hata 和 SPM 模型等,其中 Okumura-Hata 适用于 100~1 500 MHz 宏蜂窝预测,因此广电 700 MHz 可以使用此模型进行覆盖预测;COST231-Hata 适用于 1 500~2 000 MHz 宏蜂窝预测,后校正扩展到 2 600 MHz,中国移动的 2.8 GHz 可以使用此模型进行覆盖预测。上述传播模型无法适用于 5G 新频段(如 3.5 GHz 和 4.9 GHz)。SPM 是从 COST231-Hata 模型演进而来,形式上可以针对不同频段进行校正,但是否适用于 3.5 GHz、4.9 GHz 等 5G 频段还未经实践检验。

3GPP 在 TR 38.901 中提出了 0.5~100 GHz 的信道模型,对于大尺度的衰落模型针对不同场景提出了一系列经验模型,包括密集市区微蜂窝 $UM_i$、密集市区宏蜂窝 $UM_a$、农村宏蜂窝 $RM_a$ 以及室外覆盖室内 InH 等,目前中国电信和中国联通获得的 3.5 GHz 频段,以及中国移动和中国广电的 4.9 GHz 频段,可以使用 3GPP 在 TR 38.901 中提出的 0.5~100 GHz 的系列信道模型,其中 5G 3D $UM_a$ 传播模型详见表 4-10。

表 4-10  5G 3D $UM_a$ 传播模型

| 场景 | 路径损耗/dB $f_c$/(GHz) $d$/(m) | 阴影衰落标准差(dB) | 参数说明 |
|---|---|---|---|
| 3D-UMa NLOS | $PL = \max(PL_{3D} - UM_a - N_{LOS}, PL_{3D} - UM_a - L_{OS}), PL_{3D} - UM_a - N_{LOS}$ $= 161.04 - 7.1\lg(W) + 7.5\lg(h) - [24.37 - 3.7(h/h_{BS})^2]\lg(h_{BS}) + [43.42 - 3.1\lg(h_{BS})][\lg(d_{3D}) - 3] + 20\lg(f_c) - \{3.2[(\lg(17.625)]^2 - 4.97\} - 0.6(h_{UT} - 1.5)$ | $\sigma_{SF} = 6$ | $10\text{ m} < d_{2D} < 5\,000\text{ m}$ $h_{BS} = 25\text{ m}, 1.5\text{ m} \leqslant h_{UT} \leqslant 22.5\text{ m}, W = 20\text{ m}, h = 20\text{ m}$ 应用范围: $5\text{ m} < h < 50\text{ m}$ $5\text{ m} < W < 50\text{ m}$ $10\text{ m} < h_{BS} < 150\text{ m}$ $1.5\text{ m} \leqslant h_{UT} \leqslant 22.5\text{ m}$ |

注:$W$ 为街道宽度;$h$ 为建筑物高度;$d$ 为距离;$f_c$ 为频率;2D、3D 为二维、三维。

$UM_a$ 模型主要依靠穿透损耗、街道宽度和建筑物高度来区分密集城区、城区、郊区等区域的。在 2.6 GHz 频率下,Cost231-Hata 模型的路径损耗与 $UM_a$ 模型(街道宽度 10 m,建筑物高度 30 m)相当,高于 $UM_a$ 模型(街道宽度 20 m,建筑物高度 20 m),详见图 4-6。

由于 5G 采用的频段较高,其穿透损耗也相应较大。3GPP 36.873 相关文献阐述了不同材料下的穿透损耗,详见表 4-12。

表 4-11  5G 传播模型的应用场景

| 传播类型 | 应用场景 |
|---|---|
| $UM_a$ | 城区宏站 |
| $RM_a$ | 农村宏站 |
| $UM_i$ | 城区微站 |

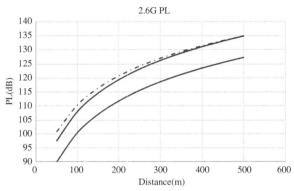

——2.6GHz $UM_a@h=30$, $W=10$ ——2.6GHz $UM_a@h=20$, $W=20$
— · — 2.6GHz Cost231-Hata@密集市区

**图 4-6 Cost231-Hata 模型与 UMa 模型的路径损耗对比示意图**

**表 4-12 不同材料对应的穿透损耗**

| 材料 | 穿透损耗（$L/\mathrm{dB}$、$f/\mathrm{GHz}$） |
|---|---|
| 标准多层玻璃 | $L_{\text{glass}} = 2 + 0.2f$ |
| IRR 玻璃 | $L_{\text{IRRglass}} = 23 + 0.3f$ |
| 混凝土墙 | $L_{\text{concrete}} = 5 + 4f$ |
| 木质结构墙 | $L_{\text{wood}} = 4.85 + 0.12f$ |

**表 4-13 O2I 建筑物穿透损耗标**

| 模型类型 | 穿透外墙的路径损耗<br>（dB） | 室内损耗<br>（dB） | 标准差<br>（dB） |
|---|---|---|---|
| 低损耗模型 | $5 - 10\lg(0.3 \times 10^{-\frac{L_{\text{glass}}}{10}} + 0.7 \times 10^{-\frac{L_{\text{concrete}}}{10}})$ | $0.5d_{\text{2D-in}}$ | 4.4 |
| 高损耗模型 | $5 - 10\lg(0.7 \times 10^{-\frac{L_{\text{IRRglass}}}{10}} + 0.3 \times 10^{-\frac{L_{\text{concrete}}}{10}})$ | $0.5d_{\text{2D-in}}$ | 6.5 |

而基于表 4-13 High loss 公式可以计算 3.5 GHz 穿透损耗为：

$$5 - 10 \times \lg\left[0.7 \times 10^{-\frac{23 + 0.3 \times 3.5}{10}} + 0.3 \times 10^{-\frac{5 + 4 \times 3.5}{10}}\right] = 26.85 \text{ dB}.$$

实际上，建筑组成的材质种类繁多，不同情况下穿透损耗差距较大，部分情况下穿透损耗值如下：

10～20 cm 厚混凝土板（concrete slab）：16～20 dB；

1 cm 镀膜玻璃（0 度入射角）：25 dB；

外墙＋单向透视镀膜玻璃：29 dB；

外墙＋1 堵内墙：44 dB；

外墙＋2 堵内墙：58 dB；

外墙＋电梯：47 dB。

不同区域的穿透损耗根据实际情况千差万别，这里给出了不同地域情况下综合的穿透损耗的参考值，详见表 4-14。

表 4-14　不同地域情况下综合的穿透损耗

| 频段（GHz） | 0.8 | 1.8 | 2.1 | 2.6 | 3.5 | 4.5 |
|---|---|---|---|---|---|---|
| 密集城区（dB） | 18 | 21 | 22 | 23 | 26 | 28 |
| 城镇（dB） | 14 | 17 | 18 | 19 | 22 | 24 |
| 郊区（dB） | 10 | 13 | 14 | 15 | 18 | 20 |
| 农村（dB） | 7 | 10 | 11 | 12 | 15 | 17 |

**（4）链路预算**

根据传播模型，即可通过链路预算计算无线的路径损耗和覆盖距离。链路预算流程见图 4-7。

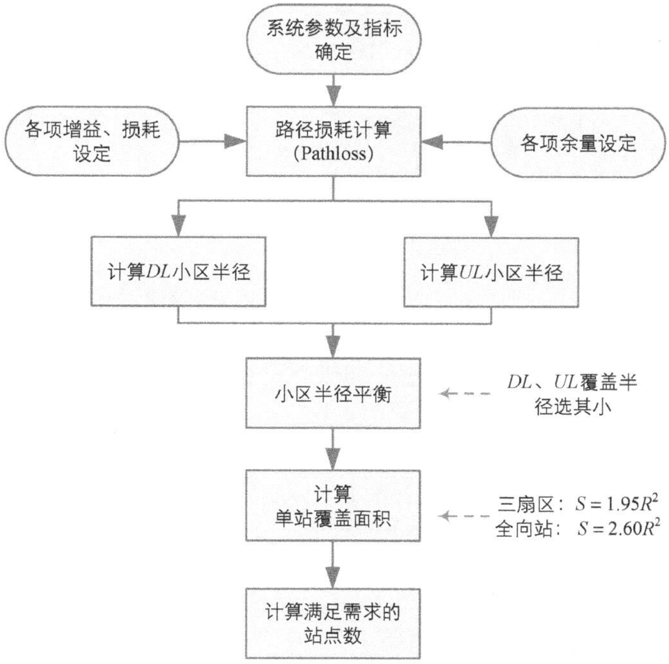

由图 4-7 可见，链路预算的关键是计算路径损耗，路径损耗公式为：MAPL（路径损耗）＝发射端 EIRP＋增益－损耗－工程余量－接收端接收灵敏度。详细的上/下行路径损耗计算过程见图 4-8、图 4-9。

根据协议规定，3GPP 在 TR 38.901 中提出 $UM_a$ 模型，适用于 0.5～100 GHz，因此在这里针对目前国内已经授权的 2.6 GHz、3.5 GHz 和 4.9 GHz 的 5G 频段（目前支

图 4-7　5G 链路预算示意图

持广电 700 MHz 频段的 5G 设备性能和产品参数还未确定，因此暂时不做考虑），统一采用 $UM_a$ 模型进行链路预算对比分析，设备参数暂按目前的设备情况设置，边缘速率目标暂按照目前业内推荐下行 10 Mbps/上行 1 Mbps 边缘速率进行估算（实际规划时，以运营商的要求为准），边缘覆盖率参考目前 4G 的边缘覆盖率要求，基站天线挂高根据场景不同分别取值，穿透损耗、街道宽度和建筑物高度根据不同地域给出典型参考值，详见表 4-15。

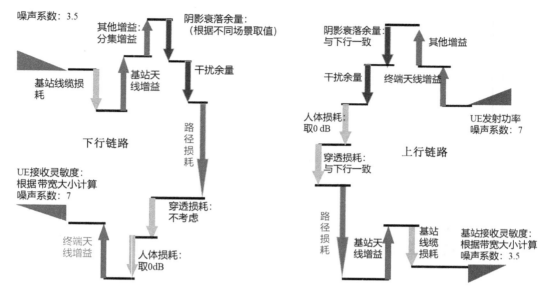

图 4-8 5G下行链路路径损耗分析计算示意图　　图 4-9 5G上行链路路径损耗分析计算示意图

表 4-15 5G 链路预算表 (示例)

| 项目 | | 下行 10M | 上行 1M | 下行 10M | 上行 1M | 下行 10M | 上行 1M |
|---|---|---|---|---|---|---|---|
| 系统参数 | 频段(GHz) | 4.9 | 4.9 | 3.5 | 3.5 | 2.6 | 2.6 |
| | 小区边缘速率(Mbps) | 10 | 1 | 10 | 1 | 10 | 1 |
| | 带宽(MHz) | 100 | 100 | 100 | 100 | 100 | 100 |
| | 上行比率(%) | 30% | 30% | 30% | 30% | 30% | 30% |
| | 基站天线 | 64T64R | 64T64R | 64T64R | 64T64R | 64T64R | 64T64R |
| | 终端天线 | 2T4R | 2T4R | 2T4R | 2T4R | 2T4R | 2T4R |
| | RB 总数(个) | 273 | 273 | 273 | 273 | 273 | 273 |
| | 需 RB 数(个) | 108 | 32 | 108 | 32 | 108 | 32 |
| | SINR 门限(dB) | −1 | −4 | −1 | −4 | −1 | −4 |
| 发射设备参数 | 最大发射功率(dBm) | 49 | 26 | 49 | 26 | 49 | 26 |
| | 发射天线增益(dBi) | 10 | 0 | 10 | 0 | 10 | 0 |
| | 赋形增益(dB) | 14.5 | 0 | 14.5 | 0 | 14.5 | 0 |
| | EIRP(不含馈损)(dBm) | 73.5 | 26 | 73.5 | 26 | 73.5 | 26 |

| 项目 | | 下行 10M | 上行 1M | 下行 10M | 上行 1M | 下行 10M | 上行 1M |
|---|---|---|---|---|---|---|---|
| 接收设备参数 | 接收天线增益(dBi) | 0 | 10 | 0 | 10 | 0 | 10 |
| | 噪声系数(dB) | 7 | 3.5 | 7 | 3.5 | 7 | 3.5 |
| | 热噪声(dBm) | −174.00 | −174.00 | −174.00 | −174.00 | −174.00 | −174.00 |
| | 接收机灵敏度(dBm) | −92.00 | −103.78 | −92.00 | −103.78 | −92.00 | −103.78 |
| | 分集接收增益(dB) | 4 | 14.5 | 4 | 14.5 | 4 | 14.5 |
| 附加损益 | 干扰余量(dB) | 0 | 0 | 0 | 0 | 0 | 0 |
| | 负荷因子(dB) | 6 | 3 | 6 | 3 | 6 | 3 |
| | 切换增益(dB) | 0 | 0 | 0 | 0 | 0 | 0 |
| 场景参数——密集市区 | 基站天线高度(m) | 30 | 30 | 30 | 30 | 30 | 30 |
| | UE 天线高度(m) | 1.5 | 1.5 | 1.5 | 1.5 | 1.5 | 1.5 |
| | 阴影衰落(95%)(dB) | 11.6 | 11.6 | 11.6 | 11.6 | 11.6 | 11.6 |
| | 馈线接头损耗(dB) | 0 | 0 | 0 | 0 | 0 | 0 |
| | 穿透损耗(dB) | 15 | 15 | 15 | 15 | 15 | 15 |
| MAPL | 密集市区(dB) | 136.90 | 124.68 | 136.90 | 124.68 | 136.90 | 124.68 |
| 街道宽度 | 密集市区(m) | 20.00 | 20.00 | 20.00 | 20.00 | 20.00 | 20.00 |
| 平均建筑物高度 | 密集市区(m) | 40.00 | 40.00 | 40.00 | 40.00 | 40.00 | 40.00 |
| 覆盖半径 | 密集市区(m) | 424.79 | 205.89 | 505.15 | 244.84 | 588.70 | 285.33 |
| 站间距 | 密集市区(m) | 637.19 | 308.83 | 757.73 | 367.25 | 883.05 | 428.00 |

上表仅为理论分析,实际情况还将根据具体的基站设备参数、基站天线高度、建筑物损耗等情况发生变化。

**2)容量规划**

**(1)5G 容量规划的特点**

决定 5G 系统容量的因素有很多,不仅与业务类型、信道配置、天线配置和参数配置有关,而且与小区间干扰协调算法、调度算法、链路质量和实际网络整体的信道环境等都有关系。

影响 5G 系统容量的主要因素有 5 点。

① 单频点带宽。现有 5G 单频点带宽已达 100 Mbps,带宽越大,网络可用资源越多,系统容量就会越大。后期采用更高频谱后单频点带宽可能会进一步提高。

② 5G 规划关注网络结构。5G 用户吞吐量取决于用户所处环境的无线信道质量,小区吞吐量取决于小区整体的信道环境,而小区整体信道环境关键影响因素是网络结构及小区覆盖半径,由于 5G 采用高密度组网,网络结构的合理性显得尤为重要。如果仿真模型采用合适站距以及接近理想蜂窝结构,用规划软件进行仿真分析的结果表明其小区吞吐量比其他方案有明显提升。因此要严格按照站距原则选择站址,避免选择高站及偏离蜂窝结构较大的站点。

③ 小区间干扰消除技术的效果将会影响系统整体容量及边缘用户速率。5G 系统由于采用 F-OFDM 技术,系统内的干扰主要来自于同频的其他小区。这些同频干扰将降低用户的信噪比,从而影响用户容量。

④ 5G 整体容量性能和资源调度算法的好坏密切相关。5G 采用的自适应调制编码方式使得网络能够根据信道质量的实时检测反馈,动态调整用户数据的编码方式以及占用的资源,从系统上做到性能最优。好的资源调度算法可以明显提升系统容量及用户速率。

⑤ 5G 整体容量性能和天线配置有关。5G 可采用 64T64R 等大规模阵子天线,可通过空间复用提高传输速率,但是高配置天线的成本、体积、重量和功率等均较高。实际工程中应根据业务需求、安装场景、建设成本等情况灵活选择天线配置。

5G 的业务信道均为共享信道,容量规划可通过系统仿真和实测统计数据相结合的方法,得到各种无线场景下网络和 UE 各种配置下的小区吞吐量以及小区边缘吞吐量。

**(2) 5G 主要应用场景**

ITU-R(国际电信联盟无线电通信组)发布的《IMT 愿景——2020 年及之后 IMT 未来发展的框架和总体目标》明确提出 5G 应用场景主要可分为 eMBB(增强移动宽带)、mMTC(海量物联网通信)和 uRLLC(低时延高可靠通信)三大类,如图 4-10 所示。

① eMBB。该应用场景包括有着不同要求的广域覆盖和热点覆盖。就热点而言,用户密度大的区域需要极高的通信能力,数据速率要求高,但对移动性的要求低;就广域覆盖而言,致力于无缝用户体验,用户数据速率也要远高于现有用户数据速率。

② mMTC。该应用场景的特点是连接设备数量庞大,这些设备通常传输相对少量的非延迟敏感数据,适合物联网应用。设备成本需要降低,电池续航时间需要大幅延长。

③ uRLLC。该应用场景对吞吐量、延迟时间和可用性等性能的要求十分严格,应用领域包括工业制造或生产流程的无线控制、远程手术、智能电网配电自动化以及运输安全等。

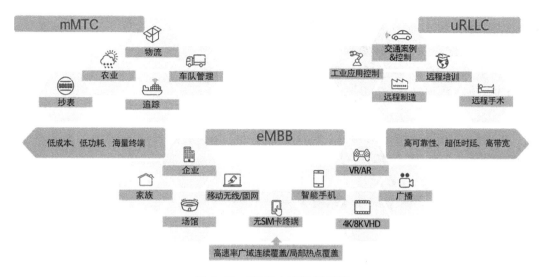

图 4-10　5G 三大应用场景图

**（3）业务需求分析**

5G 应用场景中主要的典型应用都有其对网络的独特需求，可以参见"4.2.2 章节"。多个业务并发时的性能指标测算方法见图 4-11。

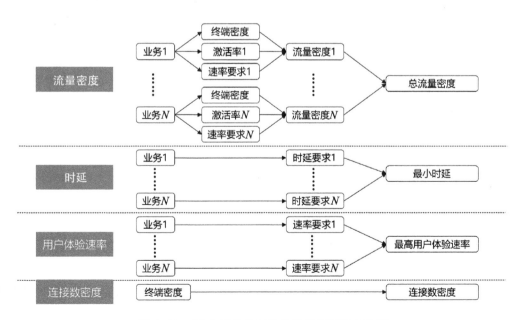

图 4-11　5G 业务并发时的性能指标测算方法图

### （4）用户数估算

详细分析各类业务的综合容量需求后，便可以根据容量模型计算单用户容量需求，由于国内 5G 网络还处于商用初期，还未明确边缘速率要求，因此暂时先取定单用户下行速率要求为 10 Mbps。

单用户容量需求确定后，再计算出单载波峰值速率，详见图 4-12，便可以得出单载波理论承载用户最大数量。

在这里，以 2.5 ms 双周期帧结构为例进行计算说明。

根据图 4-13 可知，在特殊子帧时隙配比为 10：2：2 的情况下，5 ms 内有（5 + 2×10/14）个下行 slot，则每毫秒的下行 slot 数目约为 1.29 个/ms。

下行理论峰值速率的粗略计算：

273RB×12 子载波×11 符号（扣除开销）×1.28/ms×8bit（256QAM）×4 流 = 1.44 Gbps。

因此，根据上文设定，单用户下行速率要求为 10 Mbps，可以计算得出单载波理论承载用户最大数量为 144 个（1 Gbps = 1 024 Mbps）。

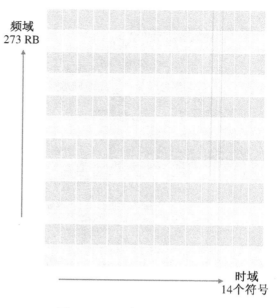

图 4-12　5G 容量计算示意图

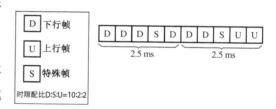

图 4-13　2.5 ms 双周期帧结构

## 4.4　详细规划阶段

### 4.4.1　站址规划

站址规划的任务就是对业务区进行实地勘查，进行站点的具体布置，找出适合作基站站址的位置，初步确定基站的高度、扇区方向角及下倾角等参数（图 4-14）。

在进行站址规划时，应结合链路预算结果和现网资源分析，明确站点分布和基本设置。

在进行站址规划时，要充分考虑到现有网络站址的利旧和新建站的站址共建共享问

题,需核实现有基站位置、高度是否
适合新建网络,机房、天面是否有足
够的位置布放新建系统的设备、天
线等。如果和现有的网络基站共址
建设还需考虑系统之间的干扰控制
问题,可通过空间隔离或者加装滤
波器等方式对不同系统的天线进行
隔离,使得系统间干扰降低到不影响双方正常运作的程度。

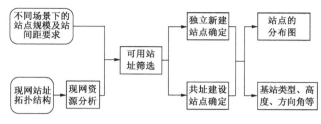

图 4-14　站址规划流程图

　　站点规划应基于现网站点拓扑结构,现网的拓扑结构已经固定,在此情况下,新建站点的规模需求和站址不仅仅取决于技术本身的特征,更取决于现网的拓扑结构。以某城市密集城区进行 5G 建设为例,该区域 4G 现网平均站间距为 370 m,其中部分站间距较大,站间距较大的两个站间需新建基站,以实现相应弱信号区域的覆盖。

　　在基站站址选择时,可以遵循以下原则:①按照站间距选取合适的站址,确保网络拓扑结构,小区方向应有效覆盖业务目标区域。②避免选择过高站址,以免越区覆盖造成干扰。③优先共享铁塔公司(或其他铁塔出租方)现有站址,最大限度提升铁塔共享率、节省铁塔租金。④考虑市政路灯杆、交通杆、监控杆等基础设施,弥补城市站址资源获取困难引起的弱覆盖。

## 4.4.2　射频参数规划

### 4.4.2.1　天线挂高

　　基站设置时既要避免过高站址产生的越区覆盖,也要避免过低站址产生的覆盖空洞,建议不同区域基站天线挂高如表 4-16 所示,工程中可根据具体情况进行调整。

表 4-16　天线挂高建议值

| 区域类型 | 天线挂高 | | | 建筑物高度要求 |
| --- | --- | --- | --- | --- |
| | 700/800/ 900(MHz) | 1 800/1 900/2 100/ 2 300/2 600(MHz) | 3 300~3 600/ 4 900(MHz) | |
| 市区/县城 | 30~40 m | 30~40 m | 25~35 m | 最佳高度为比周围建筑物平均高度高 2~3 层 |
| 郊区/乡镇 | 40~50 m | 30~50 m | 30~40 m | 可结合实际地形选取乡镇附近的小山丘,对乡镇镇区及附近道路实现良好覆盖 |
| 农村/开阔地 | 根据地形及覆盖区域而定,一般为 40~50 m | | | 可以选在覆盖区域附近的山上 |

#### 4.4.2.2 方位角

方位角定义：水平外包络，3 dB 水平波宽对应的中间指向，相对于正北方向的角度。

建网初期可能覆盖目标主要是拉网路测，拉网路测场景的目标是街道覆盖最优，建议调整方位角，瞄准目标街道进行覆盖。

在连续覆盖场景下，基于覆盖最优（一般基于参考信号强度），调整方位角，对于 5G 来说，SSB（广播信道）方位角与 CSI-RS（业务信道）方位角一致。

覆盖目标为连续覆盖时，基于如下准则进行方位角设置：①方位角指向目标覆盖区域。②异站相邻扇区交叉覆盖深度不宜过深，即：避免异站相邻扇区对打。③城区应避免天线主瓣正对较直的街道（易出现越区覆盖、干扰）。

#### 4.4.2.3 下倾角

**1）下倾角定义**

垂直法线：对于某一个波束，该波束的垂直法线，等于该波束天线图垂直刨面外包络 3 dB 垂直波宽对应的中间指向。

传统天线：下倾角是小区级的，不区分信道。倾角（机械下倾、或电下倾）的调整，会影响小区所有信道的覆盖。

5G Massive MIMO：下倾角是信道级的，且 SSB（广播信道）、业务信道（可间接通过 CSI-RS 表征）对应着不同的天线方向图，需要分别为 SSB、业务信道，进行下倾角规划。其中，涉及到机械下倾、SSB 可调电下倾、CSI-RS 波束下倾角。

① SSB 下倾角。SSB 的总下倾角 = 5G 小区机械下倾 + SSB 可调电下倾；SSB 的下倾角影响用户在网络中的驻留、NR 小区覆盖区域。

② CSI-RS 下倾角（业务信道下倾角）。业务信道为动态波束。业务信道的下倾角，影响用户的体验，例如：吞吐率、业务时延等。

**2）下倾角设置原则**

下倾角应符合设计要求：

$$\theta = \arctan(H/R) + \beta/2$$

其中：$\theta$ 为下倾角；$H$ 为天线高度；$R$ 为覆盖距离；$\beta$ 为天线垂直半功率角。

一般情况，机械下倾角不大于垂直波瓣角的一半，最大不超过 $10°$，机械下倾角最佳下倾角度为 $3\sim5°$；电下倾角需根据天线挂高以及覆盖场景进行调整，最佳调整范围为 $1\sim10°$。

下倾角设置原则：①下倾角的设置保证覆盖最优原则。② 新建 5G 站点时，以业务波束（可间接通过 CSI-RS 波束表征）最大增益方向覆盖小区边缘，垂直面有多层波束时，建议以最大增益覆盖小区边缘。③ 对于需控制小区间干扰的区域，下倾角设置建议以参考波束的上 3 dB 指向小区边缘底层，从而降低室外等区域的干扰。④ 对于广域覆盖、混合

覆盖、高层覆盖等不同覆盖场景,工程建设时需结合设备厂家场景化初始建议值进行下倾角合理设置,控制覆盖范围,确保 UE 驻留在质量最优小区。

### 4.4.3 无线参数规划

#### 4.4.3.1 PCI 规划

**1) PCI 概念**

4G 和 5G 的 PCI(物理小区标准,physical cell identification)有一定区别,5G 有 1 008 个 PCI,这些 PCI 被分为 336 个组,每组包括 3 个 PCI;4G 有 504 个 PCI,分为 168 组(表 4-17)。

PCI 是 4G/5G 小区的重要参数,每个小区对应一个 PCI,用于无线侧区分不同的小区,影响下行信号的同步、解调及切换。为小区分配合适的 PCI,对 4G/5G 无线网络的建设、维护有重要意义。

表 4-17　5G 与 4G PCI 差异对比

| 序列 | LTE(4G) | 5G NR | 区别及影响 |
|---|---|---|---|
| PCI 数量 | 504 | 1 008 | PCI 资源越多,则 PCI 的复用隔离度越大 |
| 同步信号 | 主同步信号与 PCI MOD3 相关,基于 ZC 序列,序列长度 62 | 主同步信号与 PCI MOD3 相关,基于 m 序列,序列长度 127 | ● LTE 为 ZC 序列,相关性相对较差,相邻小区间 PCI MOD3 应尽量错开<br>● 5G 为 m 序列,相关性相对较好,相邻小区间 PCI MOD3 错开与否,略微影响小区检测时间 |
| 上行参考信号 | DMRS for PUCCH/PUSCH,以及 SRS 基于 ZC 序列,ZC 序列有 30 组根,根与 PCI 关联 | DMRS for PUSCH/PUCCH 和 SRS 基于 ZC 序列,ZC 序列有 30 组根,根与 PCI 关联 | 5G 与 LTE 一样,相邻小区需要 PCI MOD30 错开 |
| 下行参考信号 | CRS 资源位置由 PCI MOD3 确定 | DMRS for SS BLOCK 资源位置由 PCI MOD4 取值确定 | ● 5G 没有 CRS<br>● 5G 有 DMRS for PBCH<br>● 邻近小区 PCI MOD4 不同,可错开邻近小区的 PBCH DMRS,但 PBCH DMRS 会被邻近小区的 SSB 干扰。所以,PCI MOD4 错开与否,不影响 PBCH DMRS 的性能 |

**2) PCI 规划原则**

**(1) 避免 PCI 冲突和混淆**

① Collision-free 原则:相邻小区不能分配相同的 PCI。若邻近小区分配相同的 PCI,

会导致 UE 在重叠覆盖区域无法检测到邻近小区,影响切换、驻留。

② Confusion-free 原则:服务小区的频率相同邻区不能分配相同的 PCI,若分配相同的 PCI,则当 UE 上报邻区 PCI 到源小区所在的基站时,源基站无法基于 PCI 判断目标切换小区,若 UE 不支持 CGI 上报,则不会发起切换。

**（2）提升网络性能**

基于 3GPP PUSCH DMRS ZC 序列组号与 PCI MOD30 相关;对于 PUCCH DMRS、SRS,算法使用 PCI MOD30 作为高层配置 ID,选择序列组。所以,邻近小区的 PCI MOD30 应尽量错开,保证上行信号的正确解调。

大部分干扰随机化算法,均与 PCI MOD3 有关,若邻近小区的 PCI MOD3 应尽量错开,则可以确保算法的增益。

### 4.4.3.2 邻区规划

**1）邻区规划类型**

邻区规划是建网初期必须进行的工作,其规划的好坏直接影响网络的性能(表 4-18)。

表 4-18　邻区规划原则

| 源小区 | 目标小区 | 邻区的作用及规划原则 |
|---|---|---|
| LTE | LTE(同频、异频) | LTE 系统内移动性<br>CA 的 PCC、SCC 为异频邻区关系 |
| LTE | NR | NSA DC 在 LTE 上添加 NR 辅载波<br>LTE 重定向到 NR |
| NR | NR(同频、异频) | NR 系统内移动性<br>CA 的 PCC、SCC 为异频邻区关系 |
| NR | LTE | SA 场景,当 NR 覆盖较差时,需要移动到邻近的 LTE 小区 |

**2）邻区规划原则**

有以下几项基本原则:

① 地理位置上直接相邻的小区一般要作为邻区。

② 邻区一般都要求互为邻区,即 A 扇区把 B 作为邻区,B 也要把 A 作为邻区。如果在某些场景下,如高速覆盖,需要设单向邻区,如 A 扇区可以切换到 B 扇区而不希望 B 扇区切换到 A 扇区,那么可以通过将 A 扇区加入到 B 扇区的 Black list 中实现。

③ 对于密集城区和普通城区,由于站间距比较小,邻区应该多做。

④ 对于市郊和郊县的基站,虽然站间距很大,但一定要把位置上相邻的作为邻区,保证能够及时切换。

### 4.4.3.3 跟踪区(TA)/跟踪区编码(TAC)规划

位置区不宜过大,也不宜过小。过大,则可能导致寻呼过载;过小,则会导致位置区频繁更新（TAU），信令开销较大、或导致信令风暴。

位置区规划的原则如下：

① 确保位置区能够容纳预期的寻呼容量

基于 MME 寻呼能力、gNB 处理能力、Paging 话务模型，确定位置区的大小（使用相同 TAC/TAL 的网元群体）。

② 尽量避免位置区频繁更新（TAU）。位置区，在地理上为一片连续的区域；避免不同位置区的基站插花组网。尽量利用低话务区域（例如山体、河流等）作为位置区的边界，降低 TAU。

③ NR 复用 LTE 站址建网时，NR 可以借鉴 LTE 的 TAC（例如：使用 LTE 的 TAC）。

#### 4.4.3.4 时隙配比规划（TDD 系统）

TDD 系统需要考虑上下行配比，主要由上下行业务覆盖决定，建议全网配比一致。

以 5G 目前使用较多的 2.5 ms 双周期配置为例进行说明：上/下行转换周期为 2.5 ms 双周期，10 个时隙典型配置为：DDDSUDDSUU，其中 S 符号级为 DDDDDDDDDDGGUU（其中 G 为保护间隔 GP，U 为上行符号，D 为下行符号），如图 4-15 所示。

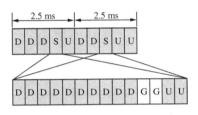

图 4-15　2.5 ms 双周期帧结构

### 4.4.4　网络仿真

仿真是使用项目模型将特定于某一具体层次的不确定性转化为它们对目标的影响评估，该影响是在项目整体的层次上表示的。项目仿真利用计算机模型和某一具体层次的风险估计，一般采用蒙特卡洛法进行仿真。

在网络规划中，利用无线网络仿真软件对网络性能进行模拟，根据预测得到的用户和业务量情况，以及获得的有关设备性能、业务量及需求等信息，模拟实际网络建成的情况，能够发现问题，同时起到指导网络规划及建设的作用（仿真相关的具体操作步骤及注意要点，详见"7.2"章节）。

## 4.5　规划文本编辑要点

完成以上的规划步骤后，形成 Word 或 PPT 形式的规划报告。报告内容包括且不限于：现网流量分析、区域分类、目标规划区域确定、覆盖和容量规划、站点规模确定、现网资源摸查、投资估算等。

# 5 无线网勘察与设计要点

## 5.1 勘察设计成果组成

无线网勘察设计的总目标是以合理的投资建成符合业务发展需求，满足相关设计规范要求，达到一定服务等级的移动通信网络。勘察设计的内容包括基站勘察、图纸绘制与审核、设计交底、全套设计文件、资料归档几方面的工作，具体工作内容如表5-1。

表 5-1　无线网项目流程节点及工作内容

| 流程节点 | 工作内容 |
|---|---|
| 基站勘察 | ● 制定勘察模板<br>● 进行基站勘察（可借助数字化工具）<br>● 绘制勘察草图<br>● 形成勘察报告 |
| 图纸绘制与审核 | ● 绘制图纸<br>● 审核审定（设计单位内部）<br>● 图纸会审（建设单位） |
| 设计交底 | 设计交底记录 |
| 全套设计文件 | ● 设计文本、预算、附表、图纸<br>● 审核审定（设计单位内部）<br>● 会审（建设单位） |
| 资料归档 | ● 设计归档<br>● 过程资料归档 |

基站勘察：设计单位以勘察设计指导手册为依据，按照既定的技术流程进行基站勘察（随着数字化发展，勘察也可借助一定的数字化手段），并完成草图绘制及勘察报告。

全套设计编制：根据工程阶段分为初步设计、施工图设计。

初步设计包括说明文本、公共图、概算汇总表、附表。设计人员完成全套初步设计编制后,通过设计单位内部审核审定环节,再由建设方组织会审。

施工图设计由设计人员根据立项规模及项目所包含的基站清单完成设计,包括说明、预算、图纸,并完成内部审核审定,最终成果上传至建设方建设管理系统。

## 5.2 勘察设计要点

### 5.2.1 室外站勘察设计

**1)室外站勘察设计流程**

室外站勘查设计流程是在规划的基础上明确最终站址、配置、天线等参数,并将勘察设计的结果反馈到规划中进行局部调整,其流程如图 5-1 所示:

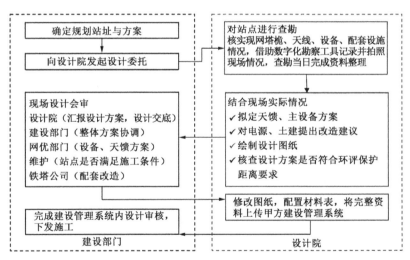

**图 5-1 室外站勘察及设计流程**

**2)分工界面**

明确设计单位与建设单位、设备供货商之间的分工界面以及设计单位内部各个专业之间的分工界面(图 5-2)。

**(1)建设单位之间的分工**

根据《工业和信息化部国务院国有资产监督管理委员会关于 2015 年推进电信基础设施共建共享的实施意见》工信部联通〔2014〕586 号文,中国铁塔公司与运营商的建设分工界面为：室外宏基站建设中，运营商负责无线系统的建设，包括无线主设备及其天馈线系统（含一体化美化天线、GPS 天线），以及无线主设备与电源设备之间的电源连接。铁塔公司负责铁塔、机房及附属设施的建设，包括铁塔（含增高架、桅杆、楼顶抱杆）、机房（含一体化机柜）、配套设备（交/直流配电箱、组合开关电源、蓄电池、空调、防雷地网、动

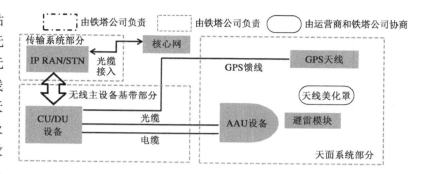

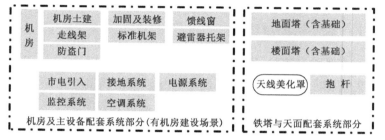

图 5-2　无线网分工界面图

环监控、为基础电信企业提供监控接口）、照明、消防等。市电引入由铁塔公司负责建设。天线美化罩则根据运营商实际需要由铁塔公司或运营商负责制作安装。

**（2）各专业之间的分工**

无线专业与电源专业分工：以基站机房内开关电源直流分路出线端为界，以内由电源专业负责，以外由无线专业负责。

无线专业与传输专业分工：基站内以 ODF 端口为界，无线专业负责基站至 ODF 之间线缆布放。

基站的土建、机房改造及机房接地系统均由结构专业负责设计，建设单位或者铁塔公司负责实施、解决。

### 5.2.1.1　勘察前准备

勘察前的准备工作包括：了解工程所在地无线网络的基本情况，掌握工程的建设方案，明确工程建设的理由及对质量和进度的要求。明确本期工程的设计内容，近、远期规划情况。熟悉工程的合同文本、设备配置等信息，并准备相关的设计资料。

**1）确认勘察内容**

核心内容是对勘察现场各方面信息的记录、核查。与建设单位沟通确定建设规模和范围，掌握各类建设场景的优先级别和建设模式等原则，了解属地的常规建设思路模式和相关个性化要求。

站点基本信息记录,了解建设基站实施方案:建设场景、设备型号、物理尺寸、设备功耗等。机房勘察和天面勘察,现场绘制草图及拍照,外电、接地、站址环境等其他内容的勘察。

初步设计方案的拟定。

**2)制定勘察计划**

项目负责人将工程概况、建设原则、分工、完成时限、勘察设计注意事项等传达到区域负责人;区域负责人再次确认总体建设目标、要求、规模等信息,并同各地区建设单位预约勘察时间,落实陪同人员及联系方式。

根据工程规模、人员分配、完成时限、预约时间等制定勘察计划。

**3)资料准备**

勘察资料包括:站点规划信息、勘察草图模版、CAD 图纸模版、信息表模版、勘察报告模版以及其他对勘察工作布置的质量和进度方面的要求。

现网站点的分布以及基本工参(规划扇区的方位角,现场核实覆盖方向是否有遮挡)。

联系人方式、身份证、工作证、出入许可证(机楼/设备间)等。

**4)车辆及工器具准备**

车辆:申请勘察用车。

工器具:GPS、卷尺、指北针、相机、双色笔、勘察用纸、笔记本等(图 5-3)。

其他勘察用品:安全头盔、反光衣、绝缘胶鞋、应急药品、手电筒等。

**5)落实勘察**

提前一天与建设单位勘察配合人员邀约,勘察当天按时报到。

图 5-3 勘察工器具

根据基站的情况,如需建设单位或其他专业配合,需提前 1～2 天预约相关部门,落实共同勘察计划。

**5.2.1.2 现场勘察**

勘察的核心内容是对勘察现场各方面信息的记录、核查(图 5-4)。主要包括:站点基本信息的记录;机房勘察;天面勘察;外电、接地、站址环境等其他内容的勘察;现场绘草图,拍照;初步设计方案的拟定;设计方案与规划方案的偏离度分析。

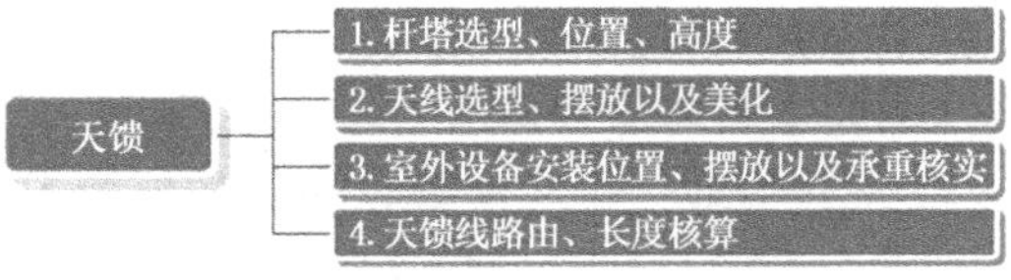

天馈
1.杆塔选型、位置、高度
2.天线选型、摆放以及美化
3.室外设备安装位置、摆放以及承重核实
4.天馈线路由、长度核算

图 5-4 天馈系统勘察要点

**1)天线覆盖需求确认**

① 根据周边地域情况与局方共同确认天线覆盖方向角,同时确保天线覆盖方向能打出楼面,覆盖区域内无遮挡。扇区角度间隔建议大于等于 90°,在扇区功分时夹角可小于 90°。

② 天线主瓣方向不正对狭长街道方向,尽量与街道方向成一定的夹角。

③ 天线应高于周围建筑物的平均高度,但也不宜过高,否则容易引起越区覆盖(天线高度过高会降低天线附近的覆盖电平,俗称"塔下黑",容易造成严重的越区覆盖、同/邻频干扰等问题,影响网络质量)。

④ 应根据网络的覆盖要求、容量、干扰和网络服务质量等实际情况来选择天线的增益、半功率角、极化方式。

⑤ 对附近"敏感点"进行记录,如其他运营商基站、学校、医院、居民区、高压线等(环评要求、干扰要求、安全要求)。

**2)天面塔桅确认**

塔桅选择原则:不同频率下信号的传播距离存在差异,应根据频率方案及区域场景合理选择天线挂高。

塔桅类型确认:在保证覆盖效果的前提下,根据局方及业主要求进行塔桅类型选择,确保站点存活率。

**3)设备位置确认**

确认设备大小及连线情况。分别确认地面站(落地塔、灯杆等)、楼顶站(抱杆、美化天线等)等不同类型站点室内及室外设备位置摆放。新增设备摆放位置不得影响现有设备及新增设备的维护与操作。

**4)动力配套确认**

① 确认设备功耗。

② 确认蓄电池后备时间是否满足放电要求。

③ 确认开关电源整流模块是否满足容量要求,开关电源端子是否满足接电需求。

④ 确认室外接地排 EGB、室内接地排 IGB 是否有足够空余端子。

⑤ 若设备放置于 IEF 架内,需确认架顶直流分配单元端子是否空余。

⑥ 确认空调是否工作正常。

**5)机房配套确认**

确认馈窗孔洞是否满足新增馈线,若不够需确认新开馈窗位置,以及确认设备摆放处走线架是否满足要求。

**6)土建承重确认**

土建专业人员核实确认机房位置及大小、电池摆放位置、选择的塔桅位置是否可建设以及挂装 AAU/RRU 设备的支撑物是否满足风荷要求与承重要求。

### 5.2.1.3 过程资料

**1)勘察报告**

勘察报告是通过对实地勘测和观察,获得无线传播环境情况、天线安装环境情况,以及其他共站系统情况，并对相应数据进行采集、记录及确认。勘察报告为后续方案设计及会审提供事实依据，是勘察过程中不可或缺的关键因素（图 5-5）。

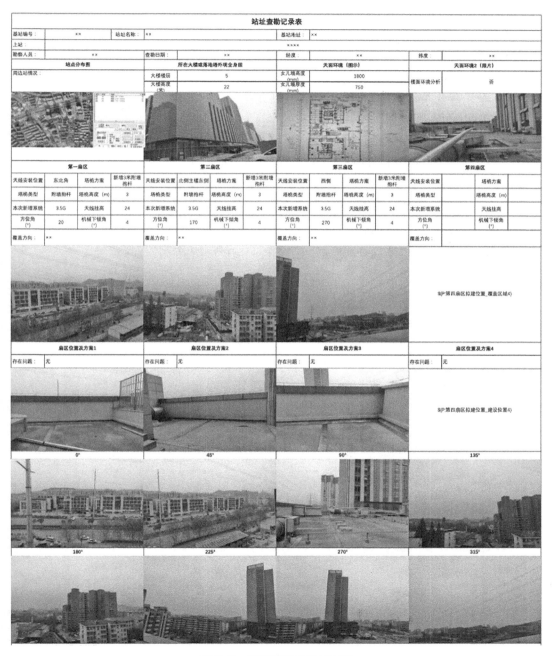

图 5-5　站址勘察记录（示例）

**（1）勘察报告应记录信息**

① 站址基本信息：包括基站编号、站址名称、地址、经纬度、勘察人员。

② 扇区级信息：记录每扇区安装平台、挂高、拟安装方位角。

③ 照片：包括所在大楼或落地塔外观全身照、天面环境照、每扇区照片等。

④ 存在问题及解决方案：应记录现场存在的问题如扇区遮挡、安装空间受限、物业协调等问题，并提供解决方案。

**（2）勘察照片拍摄原则**

① 拍摄楼宇远观整体照片，以便今后效果图制作等。

② 楼面站拍摄需在楼面原地360°拍摄，以便记录整体楼面情况。

③ 站点覆盖区域拍摄：将周边覆盖区域按360°方向（30°/张）进行拍摄。若楼面较大则需在楼面边缘处进行360°方向拍摄，以便了解记录站点覆盖区域。

④ 若安装带有美化外罩类天线，需拍摄其安装位置。

⑤ 其他根据需求进行拍照。

⑥ 照片整理按覆盖区域方向修改照片名，如0°/30°/60°等。

**2）草图绘制**

**（1）布局要求（图5-6）**

① 地市名、站名、站点地址、经纬度、勘查人、建设单位随行人员分别写于草图上、下方；

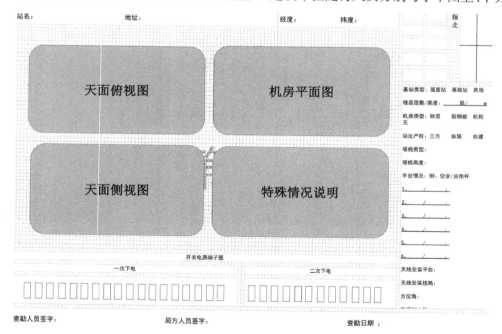

图5-6　标准化草图

② 指北标示于右上方,应选择夹角小于 90°的方向绘制,绘制机房、天面图保持方向一致性;

③ 根据现场绘制机房平面图、天面俯视图、天面侧视图。

**（2）尺寸标注要求**

① 尺寸标注以 mm 为单位,精确至 10 mm。

② 机房、楼面均标注内径,规则形状只需标注相对称的一侧尺寸,非规则形状需标注全部尺寸及非直角墙角的角度。

③ 机房高度需标出高度不同处的净高及梁下高度。

④ 门、窗等物体的定位采取就近原则,标出其与相距最近一侧墙体的距离。

⑤ 标注高度统一采用 ▽▔ 符号。

天面图的绘制应注意(图 5-7):天线所在大楼的整体情况、拟建塔桅类型和高度,塔桅所在楼层、具体定位及高度,楼顶机房与塔桅相对位置,女儿墙高度、馈线走线路由、馈线加固方式、地网拟建形状和位置,天线拟挂平台、天线方向角、GPS 固定最佳位置。并记录拟建基站位置四周的无线环境。

机房图的绘制应注意(图 5-8):①机房类型:机房类型应规范书写并标注于机房图正中间。②机房内部:门的定位和尺寸;机房内改造点的定位及改造内容;拟开馈窗定位和尺寸;非一层机房与土建专业设计人员确认蓄电池和设备拟摆放位置后反映至草图上。③机房外部:空调室外机适合摆放位置。

落地站图纸绘制应注意(图 5-9):拟建塔桅类型和高度,拟建围墙位置及大小、机房与塔桅相对位置,天线拟挂平台、方向角,GPS 固定最佳位置。

楼顶站图纸绘制应注意(图 5-10):记录拟建基站位置四周的无线环境,特别是天线拟覆盖区域第一菲涅尔半径内的建筑物;记录附近他网运营商塔桅情况。

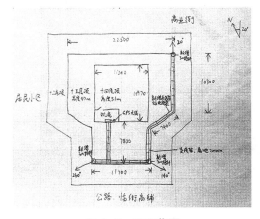

图 5-7 天面草图

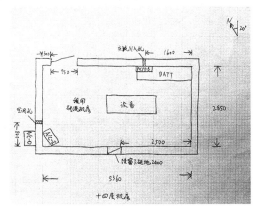

图 5-8 机房草图

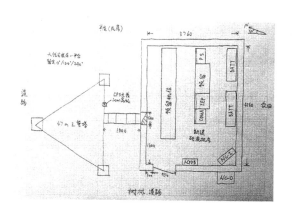

图 5-9　落地站草图

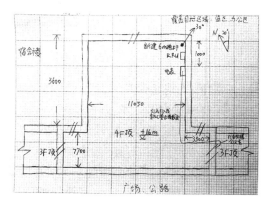

图 5-10　楼顶站草图

### 5.2.1.4　设计方案

**1) 设计要点**

勘察完成后,应根据勘察信息、覆盖目标等相关要求完成设计方案。室外站无线设计内容主要包括天面、塔桅、设备、电源、传输配套方案(图 5-11)。

天面:天线选型、安装位置、天面参数、馈线布放/长度核算。

塔桅:选型、位置、高度。

设备:选型、安装位置、安装方式。

电源:设备供电/备电方式、复核电源系统容量、用电分路、电源电缆线径及布放路由、防雷接地。

传输配套方案:前传方式、光模块选型、光纤布放/长度核算。

图 5-11　室外站无线设计内容

**(1) 天面设计**

① 天线选型。天线种类复杂多样,根据不同分类标准,天线种类见表 5-2。

表 5-2 天线分类

| 分类标准 | 详细类别 |
|---|---|
| 按辐射方向划分 | 全向天线、定向天线 |
| 按极化方式划分 | 单极化天线、双极化天线 |
| 按工作频段数量划分 | 单频天线、双频天线、多频天线 |
| 按下倾角方式划分 | 固定电下倾角天线、手动调节电下倾角天线、远程控制电下倾角天线 |

天面的选型应综合考虑天线的频段、极化方式、增益、水平面波束宽度、垂直面波束宽度等指标,以满足不同场景的覆盖需求(表 5-3)。

表 5-3 天线参数指标示例

| | 工作频段(MHz) | 820-960 | 820-960 | 1 710-2 170 | 1 710-2 170 | 1 710-2 170 |
|---|---|---|---|---|---|---|
| 电气指标 | 极化方式 | ±45°极化 | | | | |
| | 增益(dBi) | 16.5 | | 17.5 | | |
| | 水平面波束宽度(°) | 65±6 | | | | |
| | 垂直面波束宽度(°) | 9 | | 6 | | |
| | 电下倾角范围(°) | 0-10 | 0-10 | 0-10 | 0-10 | 0-10 |
| | 上旁瓣抑制(dB) | ≥15 | | | | |
| | 剪后比(dB) | ≥25 | | | | |
| | 交叉极化比(dB) | 轴向≥15;±60°以内≥10 | | | | |
| | 电压驻波比 | ≤1.5 | | | | |
| | 隔离度(dB) | ≥25 | | | | |
| | 三阶交调(dBm) | ≤-107 | | | | |
| | 功率容量(W) | 500 | | 300 | | |
| | 阻抗(Ω) | 50 | | | | |
| | 雷电保护 | 直接接地 | | | | |

② 天线位置(图 5-12)。落地或楼顶塔桅场景中,在考虑覆盖距离的基础上,应重点注意存在其他系统天线时,为了降低干扰,各异系统间天线安装应满足隔离度要求;抱杆或美化天线的场景中,应尽量选择覆盖方向的楼宇边缘区域,同时应保证天线高于所在楼面,覆盖方向没有明显遮挡;如天线距离楼边较远,应尽量提高抱杆或美化天线的高度,从而提高天线的相对高度,减少因天面自身阻挡产生的站下近

图 5-12 天线安装位置示意图

区弱覆盖。

在收发天线之间连一条线,以这条线为轴心,以 $R$ 为半径的一个类似于管道的区域,称为菲涅尔区(fresnel zone),收发天线之间的障碍物尽可能不超过其菲涅尔区的 20%,否则电磁波多径传播就会产生不良影响。在设计天面方案时,应避免第一菲涅尔区的阻挡(图 5-13)。

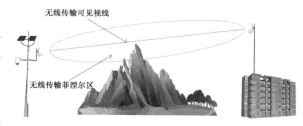

图 5-13　无线传输菲涅尔区

**(2)设备选型及安装**

5G 设备选型应考虑以下两个因素:① 通道选择。64T64R:适用高流量或高层建筑密集区(平均楼高超过 20 m)的区域;32T32R:平均楼高低于 20 m 且话务量相对较低的区域;8T8R:高铁沿线特殊场景。

② 功率选择。320 W:适用需浅层覆盖的密集城区以及站间距较大的一般区;240 W:适用站间距较小的一般城区。

4G 主要以 2T2R/2T4R 设备为主,其中 2T2R/2×40 W RRU 用于移动数据业务高流量区域、后期业务发展容量需求区域、站址资源相对重要的区域。具体场景为:密集城区、一般城区、高校。2T4R/2×60 W RRU 用于站间距较大、上行覆盖受限的区域。具体场景为:重要交通干线以及郊农区域。

AAU/RRU 应紧固在女儿墙或者支撑杆上,当 AAU/RRU 与天线同抱杆安装时,中间应保持不小于 300 mm 的间距,AAU/RRU 设备下沿距楼面最小距离宜大于 500 mm,以便于施工和维护;AAU/RRU 采用挂墙安装时,安装墙体应为水泥墙或砖(非空心砖)墙,且具有足够的强度方可进行安装(图 5-14)。

图 5-14　设备安装示意图

**(3)配套要求**

① 塔桅配套。塔桅的选型应综合考虑高度、造价、外观等因素,合理选型(表 5-4)。

表 5-4 塔桅类型表

| 塔　型 | 适用条件 | 常用塔身高度 | 优缺点 |
|---|---|---|---|
| 单管塔 | 场地受到限制、周围环境有美化要求 | 50 m、45 m、40 m、35 m、30 m | 相对比较美观,占地面积小,但对不良地基的适应性较差,对周围地形要求较高 |
| 落地角钢塔 | 乡村、城郊、对美化无要求,占用场地大 | 37 m、42 m、47 m、52 m、57 m | 造价低,占地面积大,适用性强,几乎对所有地质条件都能适用 |
| 楼顶角钢塔 | 框架房屋结构,塔基椎架处无障碍,柱距不小于 4.5 m,柱截面不小于 400 mm×400 mm | 20 m、25 m、30 m | 比相线塔相对美观,对房屋结构要求高 |
| 楼顶拉线塔 | 可用于多种房屋,塔脚需有可靠的承重结构,屋面开阔度要求高,拉线与屋面要有可靠连接点 | 12 m、15 m、18 m、21 m | 要求塔脚有可靠的承重结构,塔基施工时会破坏屋面和防水层 |
| 楼顶抱杆 | 房屋屋顶较高,基本达到无线挂高要求 | 3 m、6 m | 施工方便,适用性强,但高度受到限制,一般不超过 6 m |
| 美化天线 | 房屋屋顶较高,基本达到无线挂高要求 | 0 m | 隐蔽性好、造价高、无增高 |

对于落地塔,有空余平台的应充分利用,没有空余平台的需要通过改造新增抱杆,一般采用以下 3 种方式(表 5-5,图 5-15)。

表 5-5 塔桅改造方案

| 改造方式 | 具体需求 |
|---|---|
| ① 现有平台下方依次新增抱杆 | • 改造后挂高是否能够满足覆盖<br>• 考虑设备安装和维护的要求,新增爬梯或相应的辅助固定装置<br>• 考虑线缆走线要求,新增接地 |
| ② 原有平台之间新增抱杆 | • 预留足够的设备安装和走线空间<br>• 改造后是否满足系统隔离度要求 |
| ③ 拆除原平台的装饰外罩,新增抱杆 | • 考虑设备安装和维护的要求,新增爬梯或相应的辅助固定装置<br>• 新增位置应处于避雷针保护范围<br>• 若新增位置较高,应新增一处接地 |

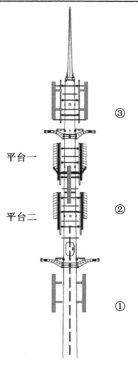

图 5-15 塔桅平台示意图

楼顶楼面站,塔桅配套一般分为附墙抱杆、配重抱杆、自立式抱杆、美化外罩 4 种方式(图 5-16,图 5-17),在方案设计时应根据设备、天馈形态,结合楼面情况综合判断选择塔桅配套方案。

图 5-16　附墙、配重、自立式抱杆

附墙抱杆。优点：工期短，安装方便，造价较低，施工技术难度较小。对于高度大于 800 mm，墙厚大于 200 mm 的混凝土女儿墙或实心砖墙，优选附墙方案。缺点：附墙抱杆对所附着女儿墙的高度、厚度有较高的要求，并且不同高度的附墙抱杆因所需抗拔力大小不同，对女儿墙的需求也不相同。大多数女儿墙内部结构组成材料无法用肉眼直接判断，若女儿墙内部材料为空心砖、多孔砖、蒸压粉煤灰砖、空心混凝土砌块，不应设计附墙抱杆方案。

图 5-17　美化外罩

配重抱杆。优点：工期短，安装方便，能满足业主不同意破坏原有屋面防水及保温隔热层的要求，基础所使用的预制水泥块具有通用性，能批量化生产，并且在结构无破坏的情况下可以重复使用，降低建设成本。缺点：相对于现浇基础需要占用较大楼面空间，适用于低于 30 m 的建筑，对于高度大于 30 m 的建筑，应考虑高度系数，需要重新复核配重基础大小，验算基础抗倾覆能力是否能满足安全使用要求。

自立式抱杆。对于楼栋高度较高，无法采用附墙和配重抱杆方案的情况下，通过现浇基础的方式固定抱杆。该方案需要破坏原屋面防水保温层，进行钢筋植筋施工，将现浇基础与建筑物可靠连接，最后修复楼面的保温和防水层。自立式抱杆的优点：基础抗倾覆能力强，可以挂载较多或较重的设备及天线。缺点：施工工期较长、工艺技术要求较高，施工时会产生一定的噪音和震动，产生一定的建筑垃圾。一般基础施工需要 1 天，基础养护需要 7～10 天。

美化外罩。对于存在天线隐蔽的场景,可采用美化天线外罩进行伪装。美化天线的选用和设计需综合考虑设备安装需求、周边的环境、业主的要求、施工的难度以及经济性等各种因素。

尺寸:美化天线外罩尺寸应满足设备安装及后期维护优化的操作需求。

散热:美化天线外罩应通过开窗实现设备快速散热,开窗位置可选择在外罩四个侧面或底部的镂空位置,但要处理好防水。

固定:美化天线外罩一般通过现浇基础进行固定,并根据楼面实际场景,采用适当增高支架,避免楼面边沿的遮挡,提升天面覆盖效果。

② 电源配套。基站电源配套方案根据有无机房、供电方式可分为三类场景,基站供电方案如表 5-6,图 5-18。

表 5-6　基站电源配套方案

| 场景 | 市电引入 | | 设备供电 | |
| --- | --- | --- | --- | --- |
| | 供电方式 | 改造内容 | 供电方式 | 改造内容 |
| 有机房 | 直供电 | 剩余容量＞新增设备功耗,直接利旧,否则需通过供电部门进行扩容 | 直流供电系统(交流配电箱＋开关电源＋蓄电池) | ● 电源容量:现有整流模块≥N(见开关电源容量计算),直接利旧,否则需进行新增<br>● 接电位置:接电端子≥设备数,直接利旧,否则需新增直流配电单元<br>● 备电保障:备电时长足够的情况下不新增配置,直接利旧原有蓄电池 |
| 无机房 | 直供电 | 剩余容量＞新增设备功耗,直接利旧,否则需通过供电部门进行扩容 | 室外机柜 | ● 电源容量与接电位置与上面相同<br>● 备电保障:测算新建设备接入后备电时长是否能够满足断电保护时长要求,对不符合站点,考虑 5G 设备单独接电 |
| | 转供电 | 剩余容量＞新增设备功耗,直接利旧,否则需通过业主进行扩容;若具备改造条件,直接改为直供电 | 交转直模块 | 新增交转直模块 |

③ 传输配套

基站传输配套建设原则(表 5-7)。应综合考虑建设成本、现网光缆资源、建设难度、维护管理难度等因素,根据各场景特点,因地制宜地选择前传方案;结合接入光缆综合规划,对资源丰富的场景考虑采用双芯双向光纤,资源紧张的场景,考虑无源波分或单芯双向方案;在无空闲光纤资源情况下,可考虑将 4G 前传改造为无源波分承载,腾出纤芯资源,用于新增基站设备开通。

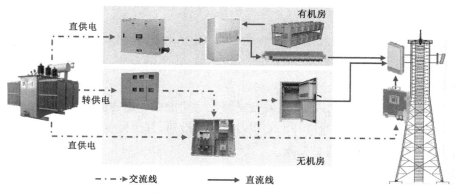

图 5-18　基站供电系统示意图

表 5-7　基站传输方案

| 信源数量 | 前传方案 |
| --- | --- |
| AAU/RRU 数＞3 | 优先采用无源波分方案 |
| AAU/RRU 数＝3 | 当拉远长度超过 1.2 km 时,优先采用无源波分方案<br>当拉远长度小于 1.2 km 时,可采用单芯双向方案 |
| AAU/RRU 数＜3 | 可采用单芯双向方案 |

无源波分设备选型应考虑模块速率、模块波长、最大传输距离等。

模块速率:光模块分为 10 Gbps、25 Gbps 彩光模块,10 Gbps 彩光模块主要用于 4G 前传与 5G 中 4T4R、2TR 前传;25 Gbps 彩光模块用于 5G 中 64T64R、32T32R、16T16R、8T8R 设备前传。

模块波长:6 波无源波分系统,考虑 25 Gbps 彩光模块的稳定性,前 3 个波长(1 271 nm、1 291 nm、1 311 nm)用于 AAU 侧(室外)发射波长,后 3 个波长(1 331 nm、1 351 nm、1 371 nm)用于 BBU 侧(室内)发射波长;12 波无源波分系统可以同时承载 4G/5G 前传,其中前 6 波采用 25 Gbps 彩光模块,用于承载 5G 前传,后 6 波采用 10 Gbps 彩光模块,用于承载 4G 前传。

最大传输距离:25 Gbps 彩光模块根据最大传输距离,主要有 10 km 光模块、15 km 光模块;10 Gbps 彩光模块根据最大传输距离,主要有 10 km 光模块、20 km 光模块、40 km 光模块,一般采用 10 km 光模块,个别偏远站点采用 20 km 光模块。

无源波分设计方案详见 BBU 机房勘察设计章节。

**(4) 天线隔离度要求**

当基站共址建设时,不同系统之间存在干扰,系统间干扰分为杂散干扰、阻塞干扰和互调干扰。来自干扰基站的杂散发射信号将导致接收机灵敏度降低;被干扰系统的接收机可能超载;同时互调干扰也将不可避免地产生。不同设备厂商生产的基站接收机和发射机的性能有所不同,导致所需要的系统间天线隔离度不同,以下以一般情况作简单推算。

系统间干扰分为杂散干扰、阻塞干扰和互调干扰,其中以杂散干扰和阻塞干扰为主。通常,计算隔离度要求时,只需满足其中最大的一项干扰限值即可。

水平隔离计算公式:

$$DH(\mathrm{dB}) = 22 + 20\lg(d/\lambda) - GT - GR$$

式中:$DH$ 为水平隔离度;$GT$ 为发射天线增益;$GR$ 为接收天线增益。

垂直隔离计算公式:

$$DV(\mathrm{dB}) = 28 + 40\lg(d/\lambda)$$

式中:$DV$ 为垂直隔离度;$d$ 为收发天线水平间隔;$\lambda$ 为天线工作波长。

以 5GNR 为例,3.5 GHz 隔离度如表 5-8 所示。

表 5-8　3.5GHz 隔离度要求

| 互干扰系统<br>(+30 dB 双工) | CDMA | GSM | DCS | LTE FDD | LTE FDD | LTE FDD | TD-LTE | 5GNR | 5GNR |
|---|---|---|---|---|---|---|---|---|---|
| | 800 MHz | 900 MHz | 1.8 GHz | 800 MHz | 1.8 GHz | 2.1 GHz | 2.6 GHz | 2.6 GHz | 700 MHz |
| 隔离度(dB) | 33 | 33 | 33 | 32 | 32 | 32 | 32 | 37 | 37 |
| 水平隔离距离(m) | 0.7 | 0.6 | 0.3 | 0.6 | 0.3 | 0.3 | 0.3 | 0.4 | 1.3 |
| 垂直隔离距离(m) | 0.5 | 0.4 | 0.2 | 0.4 | 0.2 | 0.2 | 0.2 | 0.2 | 0.7 |

需注意:在实际工程中,因为天线参数、天线方向、传播模型、各种损耗等与假设存在不一致性,设备指标与协议指标存在偏差等原因,上述计算结果还存在一定的不确定性,工程中应根据实际的指标针对各个共站址基站进行具体计算。

隔离度大小还取决于天线之间的相对位置,应尽量避免天线相对或接近面对的情况。背对背的两天线情况比其他情况下所需隔离度小很多。

(5)**基站环评要求**

① 电磁辐射标准。我国电磁辐射相关标准主要是参考 IEEE 和 ICNIRP 等机构的标准,总体上比国际标准趋严。在射频段,我国射频电磁辐射技术标准的现状见表 5-9。其中,《电磁环境控制限值》(GB 8702—2014)是我国电磁辐射领域最基础、最重要的标准。

国家评价标准《电磁环境控制限值》(GB 8702—2014),提出了射频电磁辐射的公众曝露控制限值要求(表 5-10)。

表 5-9　射频电磁辐射技术标准

| 标准类别 | 标准名称 | 标准编号 | 标准级别 |
|---|---|---|---|
| 质量标准 | 《电磁环境控制限值》 | GB 8702—2014 | 国家强制性标准 |
| 评价标准 | 《电磁辐射环境影响评价方法与标准》 | HJ/T 10.3—1996 | 生态环境部标准 |
| | 《通信工程建设环境保护技术暂行规定》 | YD 5039—2009 | 工信部强制性标准 |
| 监测标准 | 《辐射环境保护管理导则电磁辐射监测仪器和方法》 | HJ/T 10.2—1996 | 生态环境部标准 |
| | 《移动通信基站电磁辐射环境监测方法（试行）》 | HJ 972—2018 | 生态环境部强制性标准 |
| | 《5G 移动通信基站电磁辐射环境监测方法（试行）》 | HJ 1151—2020 | 环保部门＋工信部 |

表 5-10　公众曝露控制限值

| 频率范围 | 电场强度 $E$（V/m） | 磁场强度 $H$（A/m） | 功率密度 $S_{eq}$（W/m²）（等效平面波） |
|---|---|---|---|
| 0.1～3 MHz | 40 | 0.1 | 4 |
| 3～30 MHz | $67/f^{1/2}$ | $0.17/f^{1/2}$ | $12/f$ |
| 30 MHz～3 GMHz | 12 | 0.032 | 0.4 |
| 3～15 GHz | $0.22f^{1/2}$ | $0.00059f^{1/2}$ | $f/7\,500$ |
| 15～300 GHz | 27 | 0.073 | 2 |

以 5G 的频段为 3.5 GHz 为例，辐射限值为：电场强度：$\leqslant 13$ V/m；功率密度：$\leqslant 0.47$ W/m²。

② 基站水平及垂直保护距离计算。通过功率密度计算公式，计算轴向保护距离要求，移动通信远场区轴向功率密度 $S$（W/m²）计算公式如下：

$$S = \frac{1}{4\pi d^2}PG$$

式中：$S$ 为功率密度，W/m²；$P$ 为天线口功率，W；$G$ 为天线增益（倍数）；$d$ 为离天线轴向距离，m。

水平及垂直保护距离如图 5-19 所示。

水平保护距离计算：

$$d_p = d \times \cos\alpha$$

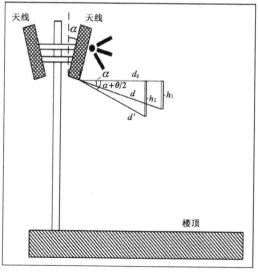

图 5-19　基站水平及垂直保护距离计算示意图

式中：$\alpha$ 为天线俯/仰角(°)。

$h_1$，$h_2$ 对应的是根据不同的天线俯角和垂直半功率角计算出的垂直保护距离：

$$h_1 = d_p \tan(\alpha); \quad h_2 = d' \sin(\alpha + \theta/2)$$

式中：$\theta$ 为垂直半功率张角(°)。

对于敏感点与基站距离较近站点，采用以下方式满足环评要求：控制发射功率；调整天线覆盖方向；调整天线下倾角度。

**2) 设计图纸要求**

室外站单站设计图纸包括基站位置与周围敏感点示意图、基站机房平面布置图、基站机房走线路由图、基站设备安装位置图、基站线缆走线路由图以及安全风险提示和疫情防控要求。具体要求如下：

**（1）基站位置与周围敏感点示意图**

图纸应体现基站周边敏感点信息，如高压电、加油站、学校、居民小区等，并标注与敏感点距离（图5-20）。

**（2）基站机房平面布置图**

图纸应体现机房原有设备、本期工程利旧设备、本期工程新增设备，馈孔、接地排位置，以及本期工程新增设备接电方案（图5-21）。

**（3）基站机房走线路由图**

图纸应体现机房原有走线架、直流电缆走线路由、工作接地缆走线路由、光缆走线路由（图5-22）。

**（4）基站设备安装位置图**

基站设备安装位置图应体现运营商原有天馈方案（含友商），以及本期工程天馈方案，应包含新增扇区参数信息，设备、天线安装位置，天线挂高、方位角、下倾角，设备材料表（信源、天线、馈线、电源线等主要设备材料数量）。

楼面站基站侧视图，应体现楼宇层高、天线挂高、扇区相对位置，以及光纤盒、配电箱安装位置（图5-23）。

落地塔应体现基站相对位置、塔桅平台数、现有抱杆占用情况、抱杆空余情况等信息（图5-24）。

**（5）基站线缆走线路由图**

基站线缆走线路由应体现直流、交流电源线走线路由，接地线走线路由，光缆走线路由（图5-25）。

**（6）安全风险提示**

针对单站实际情况提出安全风险评估点，并提出风险处置方案（图5-26）。

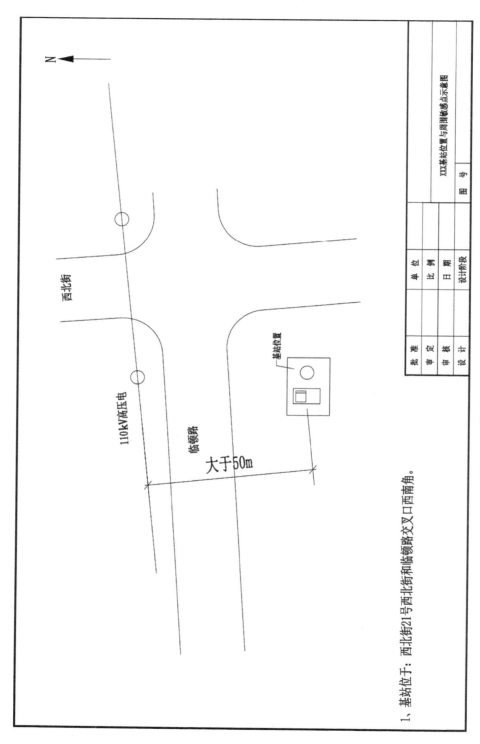

图 5-20 基站位置与周围敏感点示意图

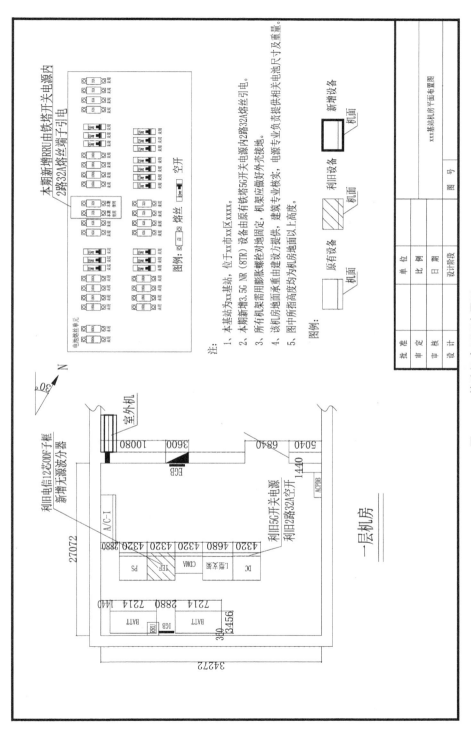

图 5-21 基站机房平面布置图

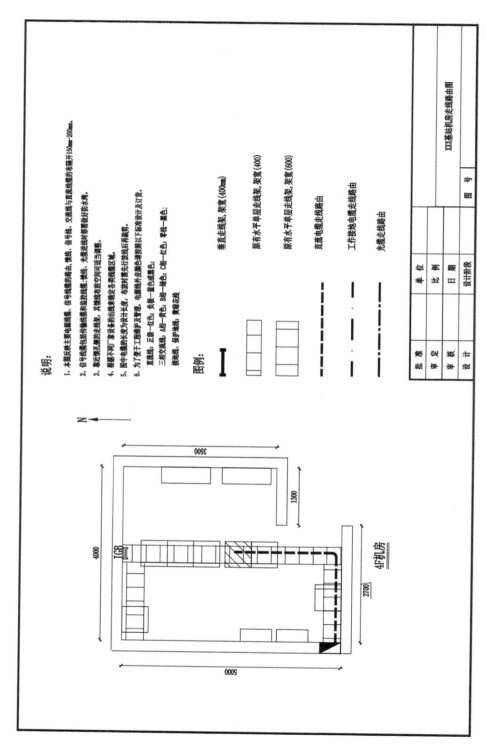

图 5-22 基站机房走线路由图

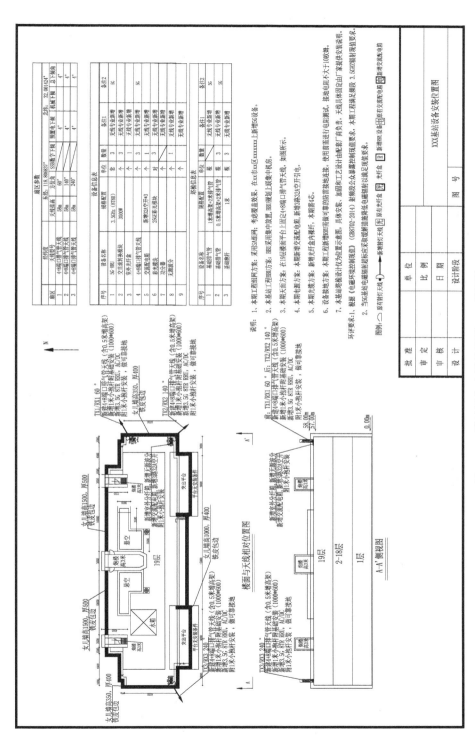

图 5-23 基站设备安装位置图——楼面站

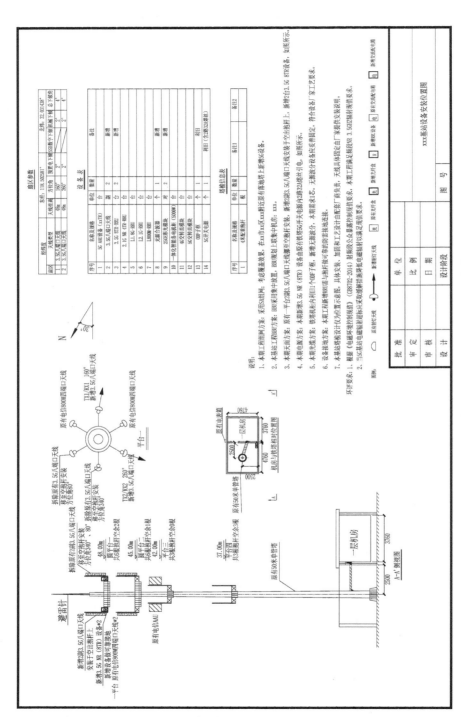

图 5-24 基站设备安装位置图——落地塔

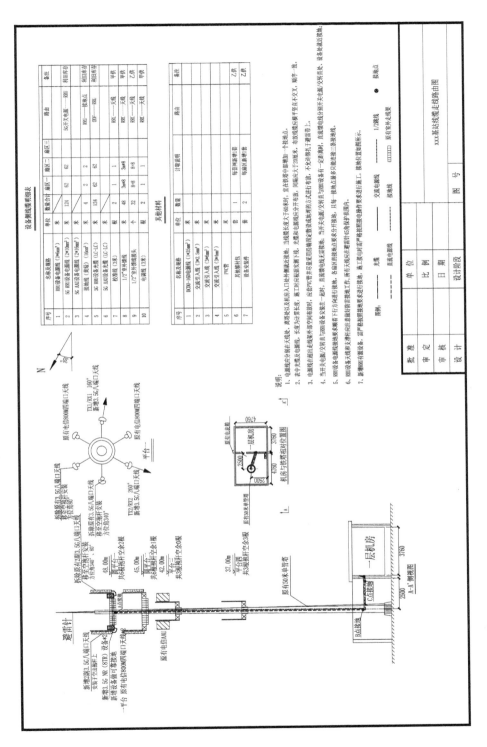

图 5-25　基站线缆走线路由图

## ******基站无线通信工程安全风险提示

| 序号 | 安全风险评估点 | 风险处置方案 |
|---|---|---|
| 1 | 施工人员无证上岗或造成通信中断 | 需核实施工人员资格证 |
| 2 | 施工误操作造成人身伤害或通信中断 | 施工人员认真学习工程施工安全规范,严格按规范操作。 |
| 3 | 设备搬运过程中操作不当造成设备损坏伤及人身伤害 | 1、组织设备搬运人员进行安全交底,明确指挥者及负责人及人员分工,安排合适人员引导搬运工;运达货物清点货物及外观逐项检查数量,确保货物完好无损;<br>2、搬运设备过程中遵循先重后轻的装卸,应盖、盖、箱,运达货物要登记入账,对材料内核、盒盖、零部件等牢固,不能承受重的部位。<br>3、手推、肩扛设备有包装的设备时,应戴防护,体力要均衡,负重均匀,为防坠物要慎重,前后的人应相互照应。<br>4、人工搬运设备上下楼梯时,应按照身检,体力要均衡,负重均匀,为防坠之要慎重,前后的人应相互照应。<br>5、使用电梯搬运设备上下楼时,宜使用货梯,电梯内的大小承重应满足要求。 |
| 4 | 特殊天气施工防护不当造成人身伤害 | 1、在炎热天气工作业时,应预防中暑,应备上携带防暑降温药品;<br>2、遇有强风、暴雨、大雾、雷电、冰雹、沙尘暴等多天气时,应停止室外作业。<br>南雨天气不得在电杆、铁塔、大树、广告牌下躲避,不得手持金属物品在野外行走并应关闭手机。 |
| 5 | 高空、暗夜作业无防护措施造成人身伤害 | 1、高处作业人员必须经过专业技术培训合格并持有(特种作业操作证)方可作业;<br>2、施工单位编制动应急施工安全技术措施后必须认真执行;<br>3、各工序的工作人员必须做好相应的防护措施,全面检查安全带等系挂牢固;硬底鞋等严禁上架作业。<br>4、各工序必须经过检查门防坠落防坠落方法落实,严格检查脚手、钢环、线缆必须牢固,用后必须按规定放置的地方,不料与其他杂物放在一块。施工人员的安全帽必须符合国家标准。<br>5、气候环境不符合施工要求时,设备加强保护关键工序必须执行劳务监理。<br>6、对于高空作业、带电操作,按操作规范。 |
| 6 | 施工车辆违规行驶造成交通事故成人身伤害 | 等驾驶车辆需严格遵守交通通规则。 |
| 7 | 建筑物楼顶作业违规操作或防护不当造成人身伤害 | 1、作业人员必须对细察顶大楼整及外墙固环境,确定安全等所吊挂物是否牢固,严禁将全等悬挂在不能承重及防坠网或系统水管上。翻越女儿墙和操作用力时,均需保持身体平稳,小心作业;设备放置位置要安全,防止高空坠物,同时墙面在安全隐患位置处理置安全标示。<br>2、对于楼顶物品较多的其他面,校实电源有否,按规范操作,对发生重要变配系统的事故过厉害查。 |
| 8 | 设备接地、接地错误接入人体通受电,造成人身伤害 | 加强员工安全知识培训,校实地女儿瓷砖钻孔后最好防漏渗水接地,施工要求静、设备注意愚隐蔽,切勿入水触时呼,施工人员认真学习工程施工安全规范,严格规范操作。 |
| 9 | XXXX(站名) | 本站为接顶面,楼顶女儿瓷砖钻孔后孔最好防漏渗水。 |

| 批准 | | 单位 | |
|---|---|---|---|
| 审定 | | 比例 | |
| 审核 | | 日期 | |
| 设计 | | 设计阶段 | |

xxx基站无线通信工程安全风险提示

图号

图5-26 安全风险提示和疫情防控

## 5.2.2 室分系统勘察设计

勘察是室内分布系统建设过程中的一项重要工作,勘察的目的是对目标站点的楼宇结构及整体无线环境进行了解后确定其覆盖目标和覆盖思路,为勘察工作的方案设计及今后实施奠定基础。勘察工作要做到细致、严谨,现场勘察必须有勘察记录报告。勘察过程主要分为3个阶段即勘察前准备工作、现场勘察、勘察后资料整理。勘察过程流程图如图5-27所示。

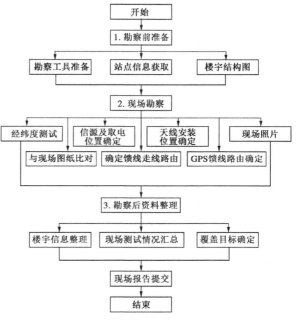

图 5-27 室分勘察过程流程图

### 5.2.2.1 勘察前准备

**1)向建设方了解目标站点周围网络的资料,对周围存在的信号情况了解清楚或者对需要覆盖的目标站点进行现网调查**

**(1)室外已有 4G/5G 基站覆盖室内的情况**

如果将要进行室内覆盖设计的建筑物周围存在 4G/5G 现网覆盖,则室外小区可能对今后的室内分布系统形成干扰,干扰主要体现为导频污染,一般情况下楼层越高导频污染越严重。因此,需要在室内环境下对室外基站的导频信号进行测试,记录导频的数量、强度以及导频信号在楼层内的分布,测试结果作为室内分布系统边缘场强设计的参考。实际工程中,室内主导小区的导频强度应该比来自室外小区的最强导频信号高一定的设计余量,一般室内小区信号边缘场强要比室外高 5 dB 左右。

测试可以在大楼内部有选择地进行,比如在大楼底部选择 1～2 个楼层、在大楼中部选择 1～2 个楼层、在大楼顶部选择 1～2 个楼层。测试工作需要通过 4G/5G 测试终端、4G/5G 路测软件的室内测量功能来实现。

**(2)室外没有 4G/5G 基站覆盖室内的情况**

对于室外没有 4G/5G 基站覆盖,而室内已有 2G/3G 分布系统覆盖的建筑物,在做调查时,应该注意已有 2G/3G 室内分布系统的覆盖电平情况,注意总结 2G/3G 室内覆盖不好的地方或者楼层,进行 2G/3G 系统的相关的切换测试,在 4G/5G 室内分布系统设计时可以参考 2G/3G 网络测试情况。

### 2）覆盖区域建筑图纸准备

向建设方、业主索取被测建筑详细的大楼建筑图纸，包括每个覆盖目标楼层的平面图、各个方向的立面图，例如图 5-28。尽可能获得 CAD 格式的电子文件，其次为工程晒图的扫描件。另外还需要获得大楼内部强电井、弱电井的施工图纸，并在上面标注物业允许走线穿孔的位置以及现有可利用的传输线路和物业允许安装信源（扩展单元）的位置（图 5-29）。

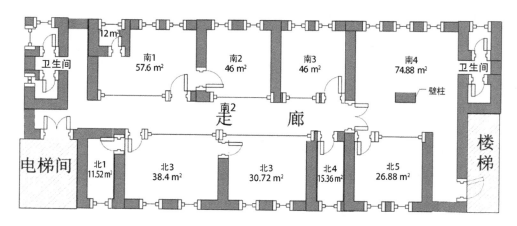

图 5-28  楼层平面图纸参考

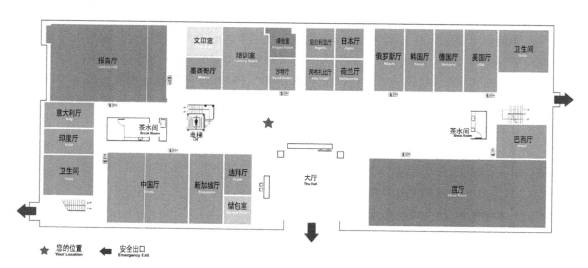

图 5-29  现场目标站点楼层平面图（内部结构详图）

### 3）勘察所需设备（表5-11）

表5-11　勘察准备工具

| 工具及文件 | 必选 | 可选 |
|---|---|---|
| | 测试手机或其他测试仪表<br>GPS<br>指北针<br>数码相机<br>勘察测试表格<br>测距仪或工程用卷尺 | 手提电脑（已安装测试分析软件）<br>频谱仪<br>模测信号源<br>室内全向天线（测试用）<br>手电筒<br>安全帽 |

### 4）勘察计划制定及相关勘察人员联系的准备

根据选址原则和设计规范要求，制定勘察站点列表，安排勘察计划；提前与勘察地点的业主取得联系，确定可以勘察的具体时间，然后再联系建设单位负责人人员、监理人员及其他需要参与勘察的人员。

#### 5.2.2.2　现场勘察

### 1）室内勘察的主要工作

室内勘察主要是为室内覆盖系统的规划设计做好信息搜集工作，通过室内勘察、与物业交流完成以下任务：①站点信息的完善、比对图纸与现场；②评估现场采用何种（无源/有源室分）方式进行覆盖，初步确定设备类型；③初步确定覆盖范围，明确建筑物内各楼层的覆盖要求与区别；④拍摄足够数量的数码照片，以体现大楼室内细节和外形轮廓；⑤确定内墙、楼板、天花板的建筑材料及厚度，以测算其传输损耗；⑥确定可获得的传输、电源和布线资源，物业对施工的要求；⑦确定设备安装位置，相关线缆走线路由与难度；⑧进行详细的模测、室内CQT测试或DT测试；⑨如果已有2G/3G室内分布系统，室内勘察时应检查其原来的设计方案，可作为4G/5G室内分布系统设计的参考。

针对上述的主要勘察任务的重点工作及注意事项有以下几点需说明。

#### （1）站点信息的完善、比对图纸与现场

① 覆盖站点名称：核实站点名称的准确性，注意同音字的错用；

② 确定地理位置：如×××区×××路×××号；

③ 测试经纬度：经纬度精确到小数点后5位；

④ 总楼层数：注意个别楼层忌讳的数字如4F、14F，特殊楼层要做详细记录；

⑤ 建筑面积：建筑面积和覆盖面积要区分开；

⑥ 建筑结构：要确定是玻璃幕墙还是砖混墙及其他结构；

⑦ 楼层情况：要注意楼层的格局及其功能用途，如商场、超市、办公、娱乐场所等；

⑧ 电梯：要确定是观光电梯还是封闭电梯，是共井道还是单井道；

⑨ 地下室：地下室的用途及封闭情况；

⑩ 比对图纸与现场：比对勘察图纸和现场是否有差异，如有差异应及时修改。

**（2）评估现场采用何种（无源/有源室分）方式进行覆盖，初步确定设备类型**

在高流量和业务密集场景采用有源分布系统进行覆盖，兼顾覆盖和容量需求。覆盖型低流量场景优先通过无源室分解决覆盖问题。

各场景根据其不同的特点采用适宜的建设方式，如表 5-12 所示（适用于 4G/5G 场景）：

**表 5-12  不同场景室分建设方案**

| 场景分类 | 主场景 | 子场景 | 场景类型 | 覆盖方式 |
|---|---|---|---|---|
| 高流量商务区 | 高档写字楼/政府办公楼 | 重要政企目标客户 | 容量型 | 有源室分 |
| | | 一般写字楼/办公楼 | 容量型 | 无源室分 |
| | 大型商业区 | 核心商业区 | 容量型 | 有源室分 |
| | | 一般商业区 | 容量型 | 无源室分 |
| | 宾馆酒店 | 会议/会展区 | 容量型 | 有源室分 |
| | | 客房部 | 容量型 | 无源室分 |
| | 大型场馆 | 重要场馆 | 容量型 | 有源室分 |
| | | 一般场馆 | 容量型 | 无源室分 |
| 高流量商务区 | 交通枢纽 | 机场、高铁站、综合枢纽站 | 容量型 | 有源室分 |
| | | 中小型车站 | 容量型 | 无源室分 |
| | 医院 | 挂号/诊疗区 | 容量型 | 有源室分 |
| | | 住院部 | 容量型 | 无源室分 |
| | 娱乐场所 | 大型场所 | 容量型 | 有源室分 |
| | | 一般场所 | 容量型 | 无源室分 |
| | 聚类市场 | 大型市场 | 容量型 | 无源室分 |
| | | 中小型市场 | 覆盖型 | 无源室分 |
| | 地下停车场 | | 覆盖型 | 无源室分 |
| 高密度居民区 | 电梯/地下室 | | 覆盖型 | 无源室分 |
| 高校 | 有竞对需求 | | 容量型 | 有源室分 |
| | 一般高校 | | 容量型 | 无源室分 |
| 地铁 | 主城区换乘地铁站台(厅) | | 容量型 | 有源室分 |
| | 普通站台(厅) | | 容量型 | 无源室分 |
| | 轨行区 | | 容量型 | 无源室分 |

续表

| 场景分类 | 主场景 | 子场景 | 场景类型 | 覆盖方式 |
|---|---|---|---|---|
| 其他 | 高新产创园 | 会议/会展区 | 容量型 | 有源室分 |
| | | 办公区 | 容量型 | 无源室分 |
| | | 厂房 | 覆盖型 | 无源室分 |
| | 旅游热点 | 游客集散区域 | 容量型 | 有源室分 |

针对已有 4G 室分系统场景,建设 5G 有源分布系统的场景,分为单模和双模两种形态,应根据不同的建设场景,选择不同的设备方案(表 5-13)。

表 5-13 已有 4G 室分场景下 5G 室分建设方案

| 场景 | 5G 室分方案 |
|---|---|
| 原来有 4G 无源室分 | 新增独立的 5G 单模有源室分 |
| 原来有 4G 有源室分 | ● 物业允许继续布线的情况下,新增独立的 5G 单模有源室分<br>● 物业不允许,则更换现有 4G 有源室分为 5G 多模有源室分 |
| 无室分 | 新建独立的 5G 单模有源室分 |

**(3)拍摄足够数量的数码照片,以体现大楼室内细节和外形轮廓**

在室内拍摄照片时应该注意,拍照之前首先要选择特征楼层,这样能够保证以较高的效率完成照片拍摄工作,并且可以提供足够的建筑物特征信息(图 5-30)。假设目标大楼共有 25 层,按照建筑结构和楼层布局分类:其中第 1 层为一个特征楼层;第 2~5 层结构和布局相同,可从中任选一个楼层作为特征楼层;第 6~25 层结构和布局相同,可从中任选一个楼层作为特征楼层。选定了特征楼层以后,开始进行室内拍摄,每个特征楼层内需要拍摄的照片数量满足以下要求:①体现楼层平面布局,2~4 张照片;②体现天花板结构特征 1~2 张照片;③候选的天线架设位置,1~2 张照片;④体现外墙与窗户的特征,1~2 张照片;⑤体现走廊与电梯间特征,1~2 张照片;⑥异常的结构(如大的金属物体)和设备房间(可能的干扰源),1~2 张照片;⑦最后到室外拍摄大楼的全景以体现全楼的外形轮廓,1~2 张照片。

**(4)确定设备安装位置,相关线缆走线路由与难度**

设备安装位置选择:原则上选取通风好、散热好,有助于设备稳定工作的位置,确保无强电、强磁和强腐蚀性设备的干扰。

设备的位置选取应便于维护:设备安装满足投产运行后可管、可控、可维,不宜安装在天花板、电梯井内。

确定接地端子:用于设备接地防雷,采用 16 mm$^2$ 的接地线与建筑物的主地线连接。

图 5-30  照片拍摄要求示例

设备取电位置确定：需设置独立的开关，设备取电尽量选在物业的配电内，便于管理及日后维护(图 5-31)。

① 线缆走线路由

走线路由确定：根据楼宇的情况，确定合理走线路由。

线缆选用依据：有源室分的扩展单元与远端单元之间的线缆建议选择五类线、超六类线或光电混合缆。线缆走线要求牢固、美观，不得有交叉、扭曲、裂损等情况。线缆弯曲布放时，要求弯曲段保持平滑，弯曲曲率半

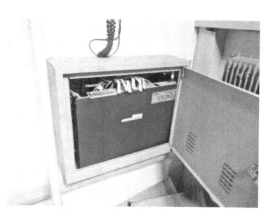

图 5-31  扩展单元安装示例

径不超过规定值；远端拉远距离在 100 m 以内的，采用五类线或超六类网线；远端拉远距离超过 100 m 的，采用光电复合缆。

线缆布放原则：线缆的布放、连接线的路由走向必须符合规定，且应整齐、美观，不得有交叉、扭曲、空中飞线等情况。

② 有源室分远端单元、无源室分天线安装位置（图5-32）

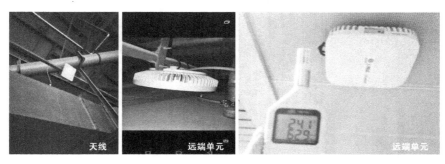

图 5-32　远端单元、天线安装示意

位置确定：一般情况下需要根据模测点位来确定远端单元、天线的最佳安装位置；对于未进行模测或不具备模测条件的，需要用测试手机测试现场信号场强来确定安装位置。

高度选择：吸顶式天线单元安装在天花板下时，应不破坏室内整体环境；安装在天花板吊顶内时，应预留维护口；如遇排风、消防管道等设施，天线单元应安装在排风、消防管道设备的下方，防止天线单元被阻挡。

无线环境确定：无线环境好，设备工作稳定，无干扰。

安装注意事项：挂墙式天线单元安装必须牢固、可靠，并保证天线垂直美观，不破坏室内原有布局；吸顶式天线单元安装必须牢固、可靠，并保证天线单元水平；设备安装必须满足投产运行后可管、可控、可维。

**2）室内CQT测试**

CQT测试是在特定地点使用测试设备进行一定规模的拨测，记录测试数据、统计网络测试指标，在室分系统勘察中最常用的摸底测试方法就是采用CQT拨打测试，目的是了解目标覆盖区域的电磁环境及信号情况，从而初步确定工程的覆盖需求和覆盖方式（图5-33）。

**（1）准备工作**

① 勘察人员应收集目标站点周围网络的资料，对周围存在的信号情况了解清楚，同时应了解目标站点附近主网的未来规划，估计主网站点对室内覆盖产生的影响；

② 勘察人员需使用目标站点的建筑物平面图（或现场手绘），在图上标清网络信号的情况；

③ 在现场需对所测建筑物相关信息详细了解；

④ 测试工具的完备。

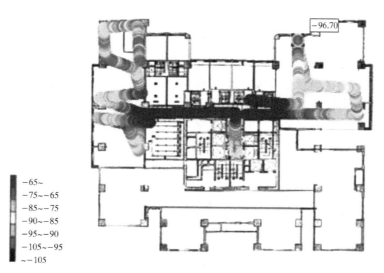

图 5-33　CQT 测试效果图

**（2）选点要求**

① 测试选点应符合 CQT 测试位置选取的相关规定；

② 在测试点位选取时，应根据建筑物设计平面图和室内分布系统设计平面图设计测试点位，尽可能遍布建筑物每一层的主要区域，包括楼宇的地下楼层、一层大厅、中层、高层房间、走廊、电梯等区域；

③ 对于办公室、会议室，应注意对门窗附近的信号进行测量；对于走廊、楼梯，应注意对拐角等区域的测量。

**（3）测试的主要指标**

① SS-RSRP 或 CSI-RSRP（广播信道接收功率或信道参考信号接收功率）；

② SS-SINR 或 CSI-SINR（广播信号信噪比或信道参考信号信噪比）；

③ 下行 PDCP 平均速率和上行 PDCP 平均速率；

④ 终端发射功率和连接建立成功率。

**（4）测试条件**

① 验收测试区内所有小区正常工作，测试区外信号最强的前三个小区正常工作（可选，建网初期用户过少，可以考虑加载 50% 进行速率测试）；

② 室内路测系统 1 套以及测试终端 1 部；

③ 测试服务器工作正常，并配置足够大的文件以满足测试期间的连续 FTP 下载需求。

**（5）测试步骤**

① 根据室内环境，选择合适的测试点位；

② 使用测试终端发起下行数据业务 FTP 下载测试并保持 1 分钟,实时记录连接建立成功率、RANK、下行 PDCP 层平均速率、RSRP、SINR 等指标;

③ 使用测试终端发起上行数据业务 FTP 上载测试并保持 1 分钟,实时记录连接建立成功率、上行 PDCP 层平均速率、RSRP、SINR、终端发射功率等指标;

④ 将测试记录填入 CQT 测试报告(表 5-14)。

**表 5-14  CQT 测试报告**

| 测试具体位置 | PCI | | RSRP(dBm) | | SINR(dB) | | UL(Mbps) | | DL(Mbps) | |
|---|---|---|---|---|---|---|---|---|---|---|
| | LTE | 5G NR | LTE | 5G NR | LTE | 5G NR | LTE | 5G NR | LTE | 5G NR |
| 1F | 45 | — | −96 | — | 16.08 | — | 18.21 | — | 45.31 | — |
| 2F | 45 | — | −87 | — | 25.01 | — | 20.85 | — | 42.16 | — |
| 3F | 45 | — | −89 | — | 21.81 | — | 23.80 | — | 24.24 | — |
| 4F | 146 | — | −110 | — | 6.99 | — | 3.08 | — | 12.07 | — |
| 5F | 45 | — | −115 | — | −0.83 | — | 1.36 | — | 4.37 | — |
| 6F | 45 | — | −102 | — | 14.12 | — | 7.43 | — | 21.44 | — |
| 7F | 45 | — | −97 | — | 19.95 | — | 8.35 | — | 27.56 | — |

**3)勘察后资料整理**

对现场勘察记录数据进行统计汇总,完善测试记录表。根据测试数据结合现场实际勘察情况最终确定覆盖范围和覆盖思路。

对于勘察记录表尽快进行电子化,以便保管和使用,勘察记录表按照"勘察地点 + 勘察时间"的命名方式进行命名。

对相机拍摄的勘察站点照片,应建立电子文档,并且按照"勘察站点(也可省略)+ 拍摄场景"的命名方式,例如:"××大楼二层会议室"。

如有 CAD 格式的电子版建筑图纸,则在平面图上标记确定的扩展单元、远端单元、电源位置以及走线位置。

对于每次勘察,建立专门的电子文档文件夹保管所有资料,文件夹命名规则跟勘察记录表一致,文件夹包含的内容有:勘察记录表、勘察照片和建筑图纸。

分阶段对站点勘察成果进行汇总,并建立专门的勘察数据库对阶段性资料进行存储。

**5.2.2.3  过程资料**

勘察完成后准确填写室分系统勘察表格并保存归档(表 5-15)。

表 5-15 室分勘察记录样表

| 唯一标识 | 列表框取值/拍照内容 | 现场提示 | 唯一标识 | 列表框取值/拍照内容 | 现场提示 |
|---|---|---|---|---|---|
| 勘察是否成功 | 是 | — | 覆盖区域 | 平层覆盖,地下室覆盖,电梯覆盖 | — |
| 第几次勘察 | 填写第几次勘察 | — | 覆盖方式 | 有源室分+无源室分 | — |
| 站点信息 | 填写站点相关信息 | — | 覆盖范围 | 全覆盖 | — |
| 需求运营商 | 电信,移动,联通 | — | 楼顶天线 | 无 | — |
| 地市名称 | ××市 | — | 平层隔断情况 | 石膏板,砖墙,玻璃 | — |
| 区县名称 | ××县 | — | 楼层用途 | 办公室 | — |
| 经度 | ×× | — | 是否建筑群 | 是 | — |
| 纬度 | ×× | — | 平层天花板材质 | 无吊顶,石膏板 | — |
| 地址 | 具体地址,精确至门牌号,楼面站应填写楼层数 | — | 室内房间门材质 | 木门,玻璃门 | — |
| 勘察人员 | ×× | — | 弱电间空间是否可安装设备 | 是 | — |
| 勘察日期 | ××年×月×日 | — | | | |
| 站点类型 | 商务楼 | — | 市电情况 | 利旧/新增 | — |
| 建设制式 | LTE2.1 GHz,NR2.1GHz | — | 光缆情况 | 利旧/新增 | — |
| 楼高 | 20 m | — | 电梯数量 | 4 | — |

### 5.2.2.4 设计方案

**1)设计要点**

室分方案设计流程如图 5-34 所示。

室分建设类型主要分为有源室分、无源室分、其他(扩展型皮基站,5G 增加移频 MIMO)。需要根据不同场景、不同业务、建维成本等多个维度合理选择。

无源室分系统和有源室分系统优缺点如表 5-16 所示。

移频 MIMO 室分系统基于存量 4G 无源室分(5 年以内为佳)进行改造,可在用户速率、容量要求不高的场景中用低成本快速实现 5G 覆盖。

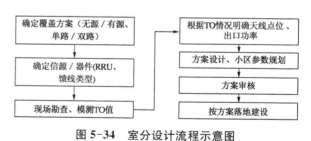

图 5-34 室分设计流程示意图

表 5-16 无源、有源室分优缺点比较

| 对比项目 | 无源室分 | 有源室分 |
|---|---|---|
| 系统容量 | 中 | 高 |
| 后期扩容便利性 | 不便捷 | 便捷 |
| 部署成本 | 低 | 高 |
| 电费成本 | 中 | 高 |
| 覆盖效果监控 | 受限 | 便捷 |
| 合路 2G | 便捷 | 受限 |

**（1）无源室分设计要点**

① 新建无源分布系统

业务负荷处于中低水平的非高价值场景，例如商务写字楼等多隔断场景，适合部署无源室分，可以根据多隔断场景的容量预估，合理选择室分建设类型（以 5G 为例，如图 5-35 所示）。

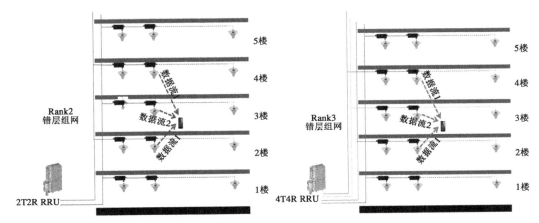

图 5-35 新建无源室分建设示意图

NR3.5 GHz 无源室分：适用于多隔断、4G 高容量场景。普通场景选用 2T2R 主设备，重点场景选用 4T4R 主设备。无源室分部署优先建议通过错层覆盖。

NR2.1 GHz 无源室分：适用于多隔断、非高价值场景。

② 改造存量无源室分

对于存量室分场景，已有 4G 分布系统的，主要通过叠加 5G 信源或替换支持 4G/5G 信源的方案进行室分改造（图 5-36）。

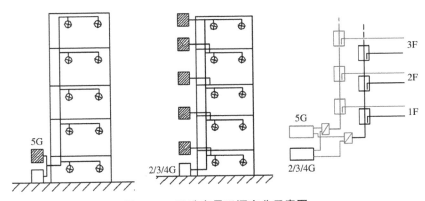

图 5-36 改造存量无源室分示意图

存量分布系统改造在物业协调、原分布系统评估、改造工程实施等方面存在诸多复杂因素,在工程实施前,需要施工人员对现有分布系统概况、器件天线类型、接头制作工艺、识别馈线等技术有较好的了解,防止系统改造后分布系统整体质量下降,产生难以排查的隐性故障。

**(2)有源室分设计要点**

有源分布系统适用于高数据流量、高ARPU(average revenue per user)值用户聚集、潮汐效应显著,以及重点业务保障等场景。同时由于有源分布系统设备相对美观,也适用于物业协调难、无源分布系统建设困难或对美观性和隐蔽性要求较高的场景(图5-37)。

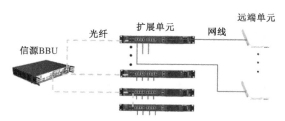

图5-37 有源室分系统示意图

有源室分远端单元的输出功率如表5-17所示。

表5-17 有源室分远端输出功率

| 参数 | 4G<br>(2.1 GHz) | 5G<br>(2.6 GHz) | 5G<br>(3.5 GHz) |
|---|---|---|---|
| 频谱带宽(MHz) | 20 | 100 | 100 |
| RB数(个) | 100 | 100 | 273 |
| 远端单元总发射功率(mW) | 2×100 | 2×250/4×250 | 4×250 |

结合模型测算和现场实际应用,提供设计建议值,供设计图纸制定、设计方案审核参考使用。不同地市的室内建筑结构可能存在差异,可根据各场景的现场实际情况,针对设计建议值进行适当调整,确定能满足覆盖要求的设计值。

对于高峰期人流量较大的场景(如机场、高铁车站、地铁站台/站厅、展览馆、体育馆),需要结合容量规划远端单元的布放间距,在表5-18所示的设计建议值基础上,合理减小远端单元的布放间距,使其满足高峰期大容量的需求。

表5-18 典型有源室分部署场景

| 类型 | 典型有源室分部署场景 | 覆盖面积(m²) | 覆盖半径(m) | pRRU间距(m) |
|---|---|---|---|---|
| 开阔 | 交通枢纽大厅、大型商场等 | 900~1 200 | 20~30 | 30~50 |
| 较开阔 | 大型会议室、办公室等 | 500~600 | 15~20 | 25~35 |
| 隔断少 | 高价值区域、办公室等 | 400~500 | 12~15 | 18~25 |
| 隔断多 | 高价值区域、宾馆酒店等 | 单边2~3房间<br>双边4~6房间 | 7~10 | 8~12 |

有源室分建设方式分为内置天线、外接天线两种方式。

① 新建有源室分（内置天线）

适用于高价值区域或室内开阔场景（发挥 4 通道瓦级高功率覆盖优势），如交通枢纽、大型场馆、大型商超、校园等（图 5-38）。

② 新建有源室分（外接天线）

适用于有隔断的酒店宿舍或

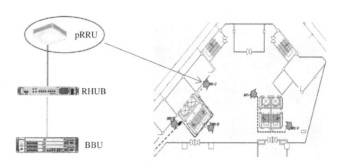

图 5-38　有源室分设备连接及点位布放示意图

办公室等。可降低穿透损耗的影响，使信号分布更均匀，显著延伸扩展每个 pRRU 的覆盖范围，减少单位面积的 pRRU 数量，有效降低室内覆盖成本（图 5-39）。

综合考虑天线功率分配与 pRRU 末端 1/2″馈线拉远的路径损耗，pRRU 末端拉远距离不超过 10 m。

点位布放结合具体场景决定覆盖面积和范围，实际天线间距根据不同通道/发射功率、室内间隔、墙体类型等进行调整。

③ HUB 及远端单元布放原则

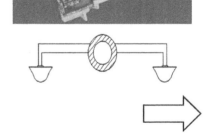

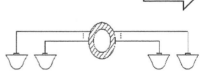

远端单元安装布放原则：石膏板材质的吊顶，远端单元可外露吸顶安装，也可藏于吊顶上方隐蔽安装；金属材质的天花，由于信号损耗大，建议远端单元外露安装；同层错位布放，上下层对齐布放；尽可能在走廊/通道交叉位置布放，使远端单元能够兼顾多个方向覆盖，合理减少远端单元数量；重点区域如领导办公室需要重点覆盖，建议专门放一个远端单元保证覆盖效果。

图 5-39　有源室分外接天线示意图

HUB 安装布放原则：HUB 与远端单元之间的网线最大距离为 100 m，使用网线延长器可将远端单元与 HUB 之间的最大距离增加至 200 m；HUB 一般安装在弱电间，没有弱电间或弱电间到远端单元的距离超过 200 m 的情况下，HUB 可选择安装在便于取电的机房。

**（3）扩展型皮基站**

扩展型皮基站是基于光纤或网线扩展多个远端单元，延伸覆盖范围的基站系统，覆盖端射频与天线一体化，支持 4×4 MIMO。使用光纤和网线作为传输介质，便于施工（图 5-40）。

**（4）移频 MIMO**

移频 MIMO 把 5G NR 的 3.5 GHz 频段两通道 MIMO 信号下变频后与 3G/4G 信号

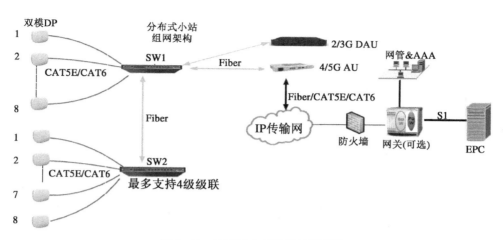

图 5-40　扩展型皮基站系统原理图

合路,接入现有无源室分系统,同时远端天线有源化,上变频为 3.5 GHz 射频信号发射,实现 5G 两通道室内覆盖(图 5-41)。

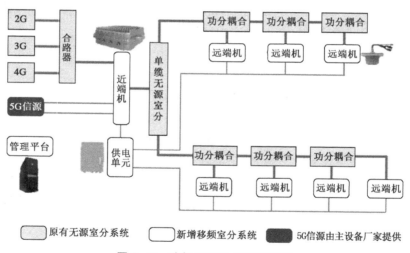

图 5-41　移频 MIMO 系统原理图

通过改变同轴电缆中传输的射频信号的频率,确保 5G 信号能正常在分布系统中传播,达到预期覆盖效果。

（5）一般设计要点

① 天线选型

无源室分系统设计时应注意合理选择天线类型,注意天线的发射范围与天线的目标覆盖范围最大限度吻合(表 5-19)。

表 5-19　天线参数及适用范围

| 天线名称 | | 频段 | 垂直波瓣(°) | 水平波瓣(°) | 增益(dBi) | 适用范围 |
|---|---|---|---|---|---|---|
| 吸顶天线 | 全向 | 单频,全频 | 180 | 360 | 2.15 | 普通楼层,吊顶内安装 |
| | 定向 | 单频,全频 | 180 | 110~160 | 3~4 | 窗边,走廊两端,吊顶 |
| 对数周期天线 | | 单频,全频 | 45~60 | 70~90 | 8~12 | 电梯,施主天线,隧道 |
| 八木天线 | | 单频 | 50~70 | 50~80 | 8~12 | 施主天线,隧道 |
| 定向板状天线 | | 单频,全频 | 30~90 | 60~120 | 6~14 | 展厅、厂房、大型会议室 |

② 分布系统器件及馈线损耗

无源分布系统中信号源、天线口输入功率的设计标准在不同制式中按照各自统一的标准进行设计。

无源器件[功分器(图 5-42)、耦合器(图 5-43)]的端口插损计算应包括两方面:功率分配损耗和接头损耗(接头损耗应包含器件的接头损耗和馈线的接头损耗)。

功分器是将射频信号功率进行均匀分配/合成的元器件,功分器类型及插损如表 5-20所示。

图 5-42　功分器

图 5-43　耦合器

表 5-20　功分器类型及插损

| 功分器 | 二功分器 | 三功分器 | 四功分器 |
|---|---|---|---|
| 微带电路式 | − 3.5 dB | − 5.2 dB | − 6.5 dB |
| 腔体式 | − 3.3 dB | − 5.1 dB | − 6.3 dB |

耦合器是将射频信号功率按一定的耦合度分配/合成的元器件(图 5-44,表 5-21)。

耦合端插损值 = − 耦合度 − 自然损耗值(dB)

直通端插损值 = $10\lg[1 - 10(-耦合度/10)]$ −

自然损耗值(dB)

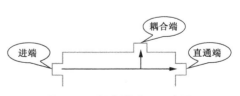

图 5-44　耦合器端口示意图

135

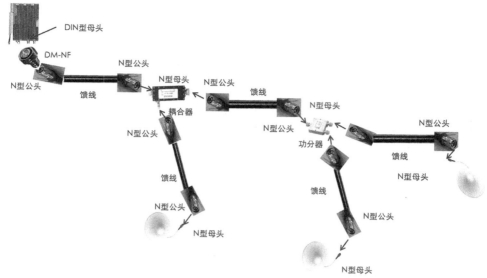

图 5-45　无源分布系统器件连接示意图

表 5-21　耦合器类型及插损

| 直通端插损 | 5 dB | 6 dB | 7 dB | 10 dB | 15 dB | 20 dB |
|---|---|---|---|---|---|---|
| 微带电路式 | −2.2 dB | −1.8 dB | −1.5 dB | −1.0 dB | −0.6 dB | −0.5 dB |
| 腔体式 | −2.0 dB | −1.6 dB | −1.3 dB | −0.8 dB | −0.4 dB | −0.3 dB |

环境温度为 20℃，各种馈线在不同频段 100 m 传输损耗值如表 5-22 所示。

表 5-22　馈线传输损耗

| 传输损耗<br>（dB/100 m） | 800 MHz | 1 900 MHz | 2 100 MHz | 2 400 MHz | 3.5 GHz | 4.9 GHz |
|---|---|---|---|---|---|---|
| 8D 馈线 | 13.1 | 22.2 | 23.8 | 26.0 | — | — |
| 10D 馈线 | 10.2 | 17.7 | 18.5 | 21.0 | — | — |
| 1/2″馈线 | 6.5 | 10.7 | 11.0 | 12.1 | 15.2 | 18.7 |
| 7/8″馈线 | 3.6 | 6.0 | 6.2 | 6.9 | 8.4 | 10.5 |

③ 天线口功率测算

首先，需了解室内覆盖链路预算公式，以 5G 为例：

$$PL_{\mathrm{InH-NLOS}} = 32.4 + 20\lg(f_c) + 31.9\lg(d_{3D}) + FAF$$

式中：$PL_{\mathrm{InH-NLOS}}$ 为穿透损耗，空间传播损耗＋阻挡介质的穿损；$f_c$ 为频率，单位 GHz；$d_{3D}$ 为用户终端与发射天线的距离，单位 m；$FAF$ 为各类阻挡介质的穿损；阴影衰落余量取值 9 dB，人体损耗取值 3 dB。

不同材质的 3.5 GHz 穿透损耗如图 5-46，表 5-23 所示。

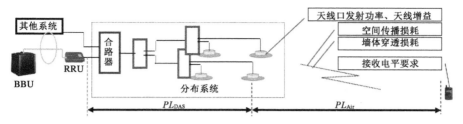

图 5-46　传播损耗示意图

表 5-23　不同材质穿透损耗

| 场景 | 材质说明 | 3.5 GHz 穿透损耗/dB |
|---|---|---|
| 天线放置走廊 | 25 cm 厚混凝土墙 | 32 |
| | 12 cm 石膏板墙 | 12 |
| | 15 cm 砖墙 | 15 |
| 天线放置走廊 | 20 cm 砖墙 | 20 |
| | 25 cm 砖墙 | 25 |
| | 2 层节能玻璃带金属框架 | 26 |
| | 2 层玻璃(夹层) | 12 |
| | 普通玻璃 | 4～5 |
| | 普通木墙 | 6～8 |
| | 电梯金属厢体 | 35 |

根据 5G 边缘场强计算公式:

$$边缘场强 = 天线出口功率 + 天线增益 + 联合发送增益 - L_{total}$$

按照边缘场强 -110 dBm,天线增益 3 dBi,空间损耗 75 dB,介质损耗 25 dB 计算,天线出口功率≥-13 dBm。

④ 天线隔离度设置

以 5G NR(3.5 GHz)为例,NR 3.5 GHz 与其他系统、不同频段的工程设计中的干扰隔离距离建议如表 5-24 所示。

表 5-24　天线隔离度要求

| 5G NR 3.5 GHz 与其他系统互干扰(+30 dB 双工) | | 隔离度/dB |
|---|---|---|
| CDMA | 800M | 33 |
| GSM | 900M | 33 |
| DCS | 1.8G | 33 |
| LTE FDD | 800M | 32 |
| LTE FDD | 1.8G | 32 |
| LTE FDD | 2.1G | 32 |
| TD-LTE | 2.6G | 32 |

续表

| 5G NR 3.5 GHz 与其他系统互干扰（+30 dB 双工） | | 隔离度/dB |
|---|---|---|
| 5G NR | 2.6G | 37 |
| 5G NR | 700M | 37 |

天线尽量安装在房间内,增加室内天线的有效覆盖区域,抑制窗边切换。走廊、电梯厅等公共区域安装天线,能够完成建筑内部深度覆盖,但无法根本解决对外围房间的有效覆盖。天线周边应避免金属隔离物。

应避免与其他运营商天线产生互干扰,保持一定的水平隔离距离(图 5-47)。

⑤ 切换分区设置

大型楼宇中若设计多台信源设备,需要设置切换分区。楼宇内原则采用垂直方式进行分区,尽量避免水平分区方式(图 5-48)。

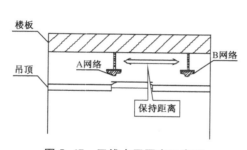

图 5-47　天线水平隔离示意图

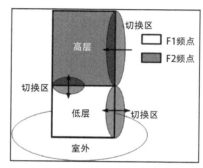

图 5-48　室内小区切换设置

**2）设计图纸要求**

室分设计图纸包括站点位置图、信源设备平面布置图、天线点位及电缆路由图、系统原理图。

① 站点位置图

图纸应体现目标站点的地理位置、经纬度等信息(图 5-49)。

② 信源设备平面布置图

图纸应体现设备安装位置、设备接电、接地方案,以及需安装的设备、材料的规格型号及数量(图 5-50)。

③ 天线点位及电缆路由图

图纸应体现信源安装位置、天线安装位置以及线缆走线路由,并将分布系统中的功分器、耦合器、天线按楼层顺序编号(图 5-51)。

④ 系统原理图

图纸应体现信源输出功率、天线口功率,以及器件、馈线的规格型号及传输损耗(图 5-52)。

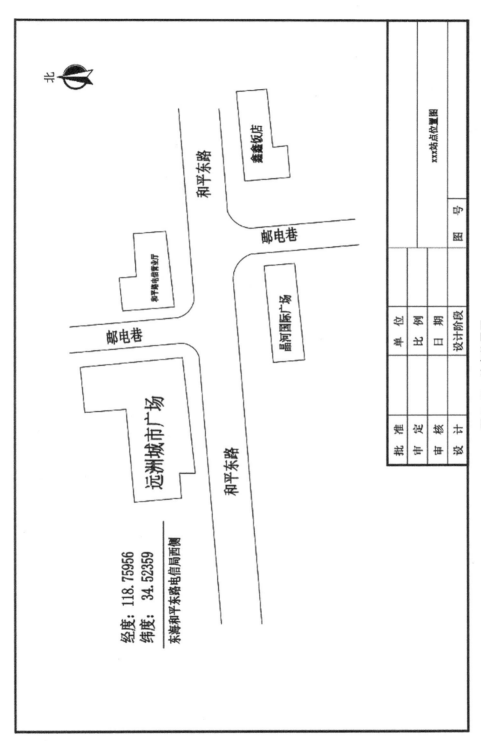

图 5-49 站点位置图

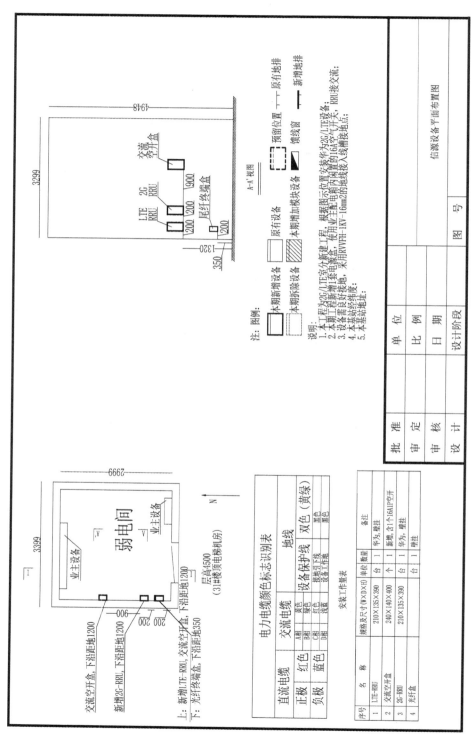

图 5-50 信源设备平面布置图

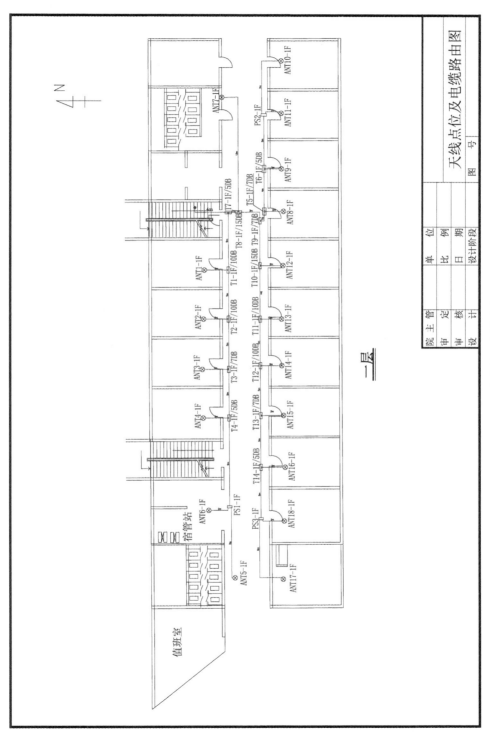

图 5-51 天线点位及电缆路由图

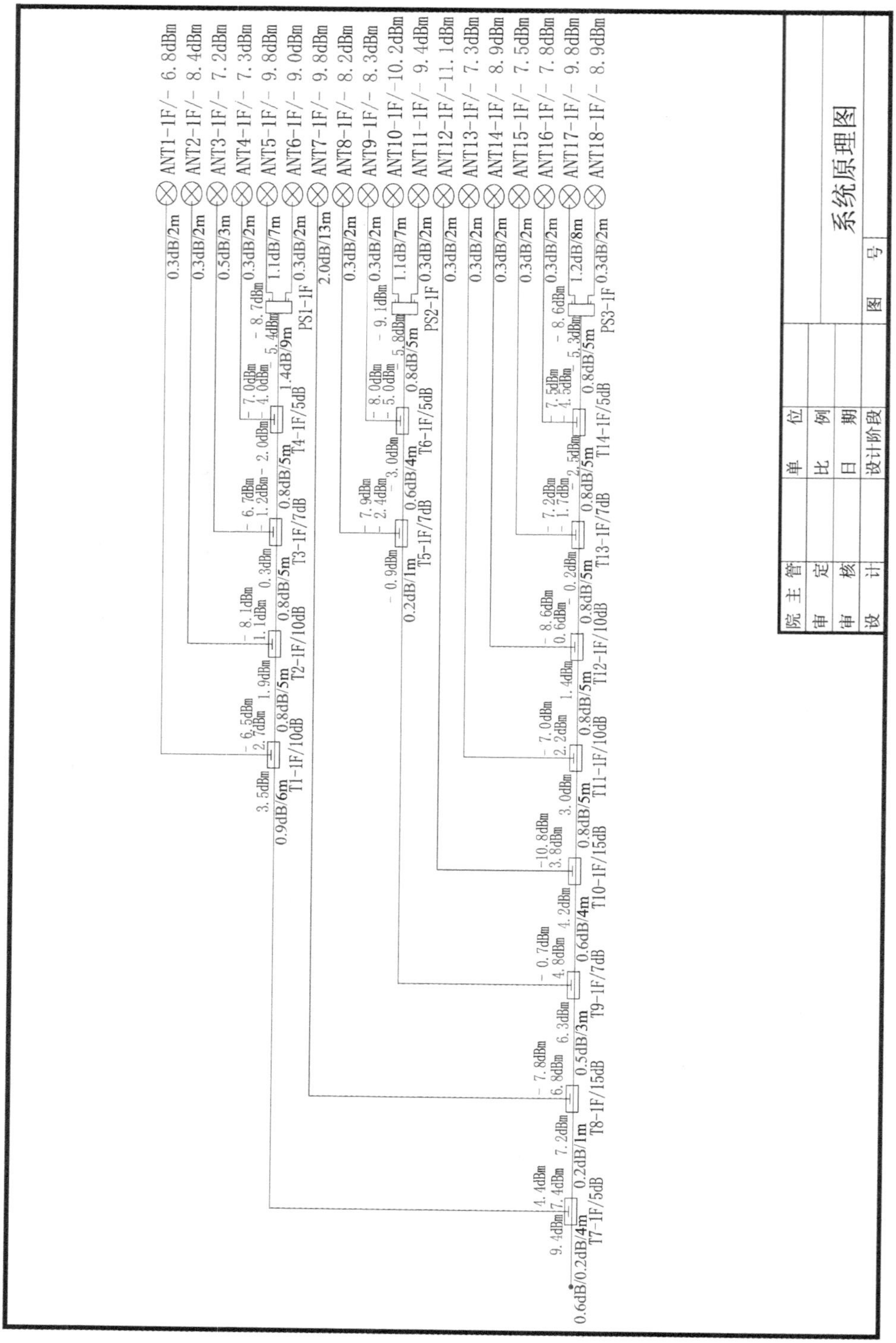

ANT1-1F/-6.8dBm
ANT2-1F/-8.4dBm
ANT3-1F/-7.2dBm
ANT4-1F/-7.3dBm
ANT5-1F/-9.8dBm
ANT6-1F/-9.0dBm
ANT7-1F/-9.8dBm
ANT8-1F/-8.2dBm
ANT9-1F/-8.3dBm
ANT10-1F/-10.2dBm
ANT11-1F/-9.4dBm
ANT12-1F/-11.1dBm
ANT13-1F/-7.3dBm
ANT14-1F/-8.9dBm
ANT15-1F/-7.5dBm
ANT16-1F/-7.8dBm
ANT17-1F/-9.8dBm
ANT18-1F/-8.9dBm
PS1-1F
PS2-1F
PS3-1F
T1-1F/10dB
T2-1F/10dB
T3-1F/7dB
T4-1F/5dB
T5-1F/7dB
T6-1F/5dB
T7-1F/5dB
T8-1F/15dB
T9-1F/7dB
T10-1F/15dB
T11-1F/10dB
T12-1F/10dB
T13-1F/7dB
T14-1F/5dB
院主管
审定
审核
设计
单位
比例
日期
设计阶段
系统原理图
图号


图 5-52 系统原理图

### 5.2.3 BBU 机房勘察设计

目前各大运营商普遍采用 C-RAN 建设方式,将分散的 BBU 集中设置为 BBU 基带池。集中化的方式,可以极大减少基站机房数量,减少配套设备(特别是空调)的能耗。另外,AAU/RRU 拉远,安装在离用户更近距离的位置,发射功率降低,低的发射功率带来用户终端电池寿命的延长和无线接入网络功耗的降低(图 5-53)。

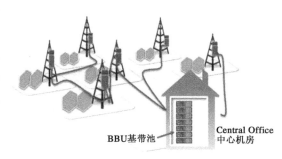

图 5-53 C-RAN 集中示意图

根据区域内 BBU 部署的数量及机房的容量,可以将 BBU 机房分为以下 4 种类型:

① 基站机房:BBU 直接部署在基站机房或大型室内分布系统专用机房内,BBU 集中部署数量通常为 2~5 台,最少可安装 1 个 19 英寸标准的机柜。

② 小型 C-RAN 机房:结合 4G 集中机房、原模块局、接入点的设置,BBU 集中部署在接入机房内,一般位于接入光缆主干层与配线层交界处;BBU 集中部署数量通常为 5~10 台,通常可安装 1~2 个 19 英寸标准的机柜。

③ 中型 C-RAN 机房:BBU 集中部署在一般机楼内,一般位于中继光缆汇聚层与接入主干的交界处(通常对应县区级业务局站或条件较好的分支局);BBU 集中部署数量通常为 10~30 台,通常可安装 2~6 个 19 英寸标准的机柜。

④ 大型 C-RAN 机房:结合综合业务接入区的设置,BBU 集中部署在一般机楼或核心机楼内,BBU 集中部署数量通常为 30~80 台,通常可安装 6~16 个 19 英寸标准的机柜。

传统 4G BBU 的单个机柜功耗通常在 100~300 W,甚至更低,发热量不大,BBU 集中度相对较低,对集中安装时的机柜工艺、空调配置等要求均不高,故 4G BBU 机房相关基础设施也比较容易获取和得到满足。

而 5G BBU 相对于 4G,不论是其设备部署集中度还是设备功率密度均大幅提高,单个机柜功率也随之阶跃性上升,对机柜内设备的通风散热和机房的电源保障均带来了明显的压力,对设备安装工艺、机柜规格及布线工艺、机房空调配置与气流组织、电源设备配置等均提出了更高的要求。

考虑到设备散热问题,5G BBU 机房单个机柜功率不超过 4.5 kW。对于条件较困难的小型 C-RAN 机房及基站机房,单个机柜功率宜控制在 3 kW 以内;对于条件较好的中、大型 C-RAN 机房,单个机柜功率可根据该机房直流电源的设置或空调制冷能力的要求,适当作进一步提升。

### 5.2.3.1 勘察前准备

机房勘察前,应提前了解本期工程建设规模、设备厂家、设备功耗等参数信息。如果是利旧机房,应调用最新图纸,掌握目标机房相关信息,并根据图纸信息了解机房等级信息。

提前在网管核实 BBU 设备信息,记录 BBU 设备板面的槽位占用信息、设备单板的端口占用信息及空闲端口信息。

与甲方沟通明确工程进度、机房管理人员等相关信息;准备勘察工具(笔记本、笔、卷尺、相机)。

### 5.2.3.2 现场勘察

勘察机房时,注意事项如下:

① 记录下局址、楼层(有无地下室)、朝向、层高、梁下净高、地板下表面距地高度、地板高度、走线和送风方式。

② 记录相关机房布置情况、功能分区(图 5-54)。核对机房现场情况与图纸是否一致,如有出入必须做好记录并更新图纸(机房的总体照片,每个角落均需要拍摄,确保能够看到天花板和地面)。

③ 测量记录机房内走线架(槽)的距地高度(如机房安装有走线槽钢,则是测量走线架/槽至槽钢上表面的距离),记录机房内走线架层数(多层走线架分层画草图)、规格(宽),走线槽规格(宽、深),爬梯规格(宽)。新增设备处如需新扩走线架(槽)则标识安装位置、确定规格(新建走线架的规格需与机房原走线架保持一致),例图 5-55。

④ 机房层高的测量和记录(注意槽钢);横梁的走向测量和记录;横梁的宽度、相对位置的测量和记录;横梁下沿(最低处)对地高度的测量和记录。

⑤ 核对机房内原有设备布置情况,标识设备的正面。

⑥ 确定新增设备的安装位置,并做记录。机房内新增设备一般情况:新增机柜、原机柜内设备安装情况。如机房有防静电地板,测量新增设备所在位置的地板上沿与地面之间的距离。

⑦ 记录直流屏(列头柜)使用情况(共有几路熔丝、使用情况、空闲情况、各熔丝或空气开关的型号规格及容量等),确定空闲熔丝是否满足要求(图 5-56)。若不满足,应对现有熔丝或空开进行更换;绘制直流屏(列头柜)设备面板图(记录输入和输出端子位置、连接方式、规格型号、目前使用情况、本次计划使用情况)。以上如不满足,应考虑新增直流屏(列头柜)。

⑧ 记录开关电源厂家、型号、电压、设备实际电流,开关电源整流模块最大数量、实际使用数量、型号,开关电源熔丝信息,标明电源熔丝的具体占用情况、空闲熔丝信息、熔丝型号(分一次下电和二次下电),记录蓄电池厂家、规格型号(图 5-57)。

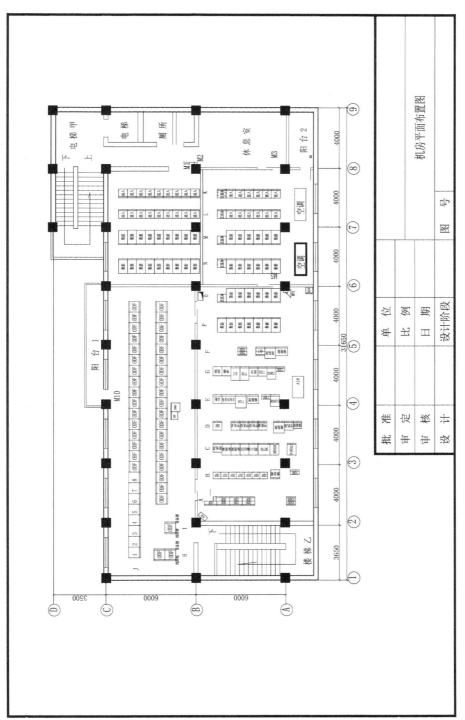

**图5-54 机房平面布置图**

145

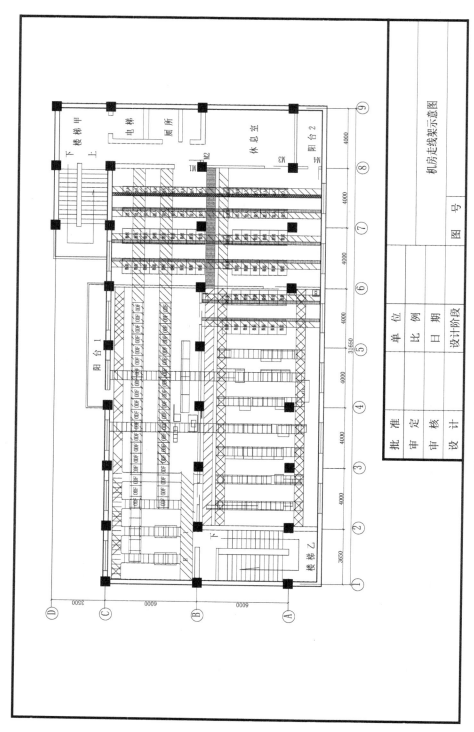

图 5-55　机房走线架示意图(单位:mm)

图 5-56　直流屏(列头柜)示意图　　　　　　图 5-57　开关电源示意图

对于大的局点,电力机房和综合机房一般不在一个房间。查勘时应摸清走线路由,记录穿墙洞编号。不在同一楼层的,要找到下线洞位置。

⑨ 选择空余的设备侧 ODF 机架作为尾缆成端位置,如现场没有空余的设备侧 ODF 机架,则需新增(图 5-58)。机架的型号、尺寸、颜色参考现有 ODF 机架(对于 ODF 机架,首先应确认是设备侧使用,前后面板都没有插尾纤才算空余,才能使用)。

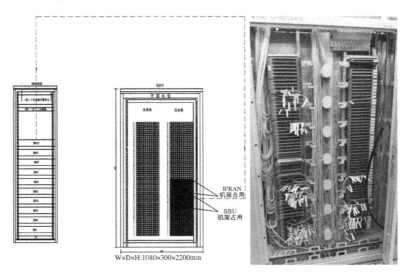

图 5-58　ODF 机架示意图

⑩ 记录熔纤柜、OMDF 架空余端子情况（图 5-59）。OMDF 空余端子无联络缆到熔纤柜，应及时向机房管理员报需求。

图 5-59　OMDF 架示意图

⑪ 标明光缆进出局孔洞位置、馈线孔洞位置、规格（宽×高）、距地高度（走线架上方或下方），例如图 5-60。

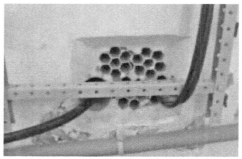

图 5-60　馈线孔示意图

⑫ 记录室内接地铜排位置、距地高度、铜排空闲孔洞数量。记录室外接地铜排位置、铜排空闲孔洞数量（图 5-61）。

⑬ 确认机房所在楼层位置及 GPS 的相对位置，GPS 馈线长度建议不超过 80 m。GPS 天线应安装在朝南且无高层建筑物遮挡的位置（图 5-62）。

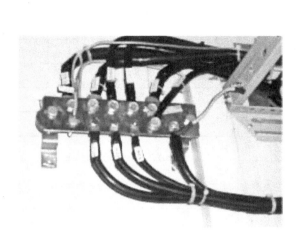

图 5-61　接地铜排示意图

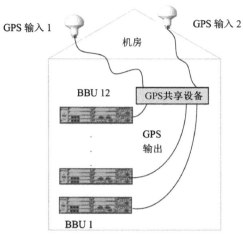

图 5-62　GPS 连接示意图

### 5.2.3.3　勘察资料

勘察完成后准确填写 BBU 勘察表格并保存归档（表 5-25，表 5-26）。

表 5-25　机房勘察记录表 1

| 唯一标识 | 元素名称 | 列表框取值/拍照内容 | 现场提示 |
| --- | --- | --- | --- |
| 站点信息 | 站点信息 | ×× | — |
| 标题 | 站名 | ×× | — |
| 机房编号 | 机房编号 | ×× | — |
| 地市名称 | 地市名称 | ×× | — |
| 区县名称 | 区县名称 | ×× | — |
| 经度 | 经度 | ×× | — |
| 纬度 | 纬度 | ×× | — |
| 地址 | 地址 | ×× | — |
| BBU 设备厂家 | BBU 设备厂家 | 华为,中兴,诺基亚,其他 | — |
| BBU 设备数量 | BBU 设备数量 | ×× | — |
| 建设制式 | 建设制式 | 5G,4G | — |

续表

| 唯一标识 | 元素名称 | 列表框取值/拍照内容 | 现场提示 |
|---|---|---|---|
| 勘察人员 | 勘察人员 | ×× | — |
| 勘察日期 | 勘察日期 | ×× | — |
| 电源配套 | 电源配套 | ×× | — |
| 开关电源型号 | 开关电源型号 | ×× | — |
| 开关电源负载(A) | 开关电源负载(A) | ×× | — |
| 整流模块型号 | 整流模块型号 | ×× | — |
| 蓄电池组数 | 蓄电池组数 | ×× | — |
| 单组蓄电池容量 | 单组蓄电池容量 | ×× | — |
| 是否需新增列头柜 | 是否需新增列头柜 | 是,否 | — |
| 列头柜单根电源线长度 | 列头柜单根电源线长度 | ×× | — |
| 利旧头柜输入端熔丝大小 | 利旧头柜输入端熔丝大小 | 630 A,500 A,400 A, 250 A,200 A,125 A, 100 A | 开关电源/头柜两侧最小值 |
| 是否新增集装架 | 是否新增集装架 | 是,否 | — |
| 集装架类型 | 集装架类型 | 竖装,横装 | — |
| 新增集装架数量 | 新增集装架数量 | ×× | — |
| 集装架底座高度 | 集装架底座高度 | ×× | — |
| ODF利旧或新增 | ODF利旧或新增 | 利旧,新增 | — |
| ODF类型 | ODF类型 | 2.2 m ODF,2.2 m MODF, 2.4 m ODF,2.4 m MDF, 2.6 m ODF,2.6 m MDF,其他 | — |
| 本期ODF位置 | 本期ODF位置 | ×列×架 | — |
| 本期ODF子框 | 本期ODF子框 | ×框×-×××芯 | — |
| 走线架利旧或新增 | 走线架利旧或新增 | 利旧,新增600 mm宽, 新增400 mm宽, 新增200 mm宽 | — |
| 新增走线架数量(m) | 新增走线架数量(m) | 新增走线架米 | — |
| 馈线窗情况 | 馈线窗情况 | 利旧,新增 | — |
| 单根尾缆长度 | 单根尾缆长度 | ×× | — |

表 5-26    机房勘察记录表 2

| 机房外观 | 机房内部照片 | 开关电源照片 |
|---|---|---|
|  |  | 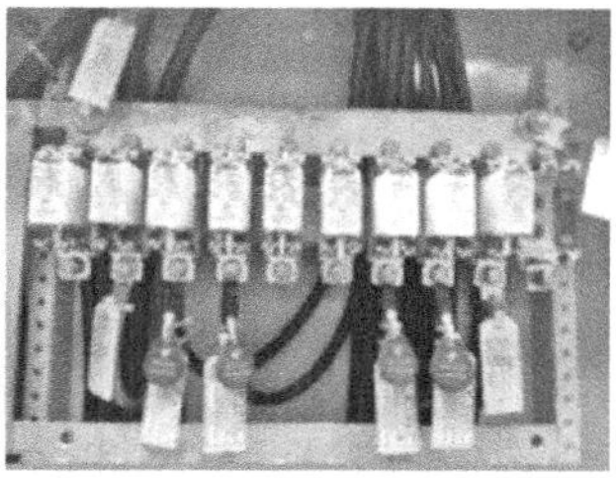 |
| 蓄电池照片 | 机柜照片 | ODF 照片 |
|  |  |  |
| 走线架照片 | GPS 天线照片 | 照片 |
|  |  | 无 |

#### 5.2.3.4    设计方案

**1）设计要点**

BBU 采用 C-RAN 集中方式建设，结合后续演进及工程复杂度因素，BBU 设备进行独立设置，4G BBU 与 5G BBU 设备不共框。

电源配套应提前具备条件。机房市电引入应按照中长期需求一次增容到位；开关电源根据设备部署进度适度超前。主干光缆建设应统筹考虑 4G/5G 业务的纤芯需求。

新增 BBU 设备应考虑新增机架安装位置、设备接电、传输配套、机房制冷等因素。

**（1）BBU 机柜布局**

BBU 设备一般使用标准 19 英寸机柜 600 mm（宽）×600 mm（深）×2 000 mm（高），单个机柜最多可安装 10 台 BBU。除机柜空间外，还需考虑机柜的最大散热能力，空间与散热共同构成 BBU 集中数的限制条件（图 5-63）。

随着 5G 规模建设，5G BBU 设备功耗大幅增长，由 4G 时的 150～300 W 增长到 5G 时的 500～1 200 W，而设备气流设计工艺并未改进。

当 BBU 设备集中部署时，单机柜功率可达 4.5 kW，甚至更高。这带来了电力容量及空调制冷能力方面的新问题；尤其是后者，通常的基站、接入机房及现有机柜条件均无法满足该要求。

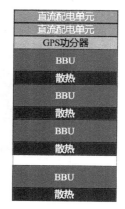

图 5-63　BBU 机柜布局图

现网由于机柜侧板与 BBU 之间的间距偏小，造成设备左右两侧进风和出风风量不足，无法形成有效的气流组织，导致热气回流（短路），严重影响散热效率，进而导致设备故障率增加（图 5-64）。

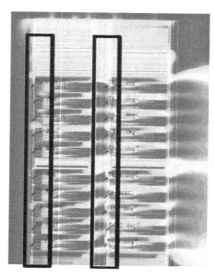

图 5-64　传统安装方式散热效果　　图 5-65　5G BBU 竖装机柜

采用 5G BBU 竖装机柜散热效果好，无局部热点（图 5-65）。机柜内冷热风隔离，机柜内温度在 40℃ 以下。并且机柜内配有横向、纵向扎线条，强弱分离，可以在 C-RAN 机房推广使用。

（2）**BBU 机架纤芯需求**

在计算 BBU 机架至上联 ODF 纤芯需求时，应充分考虑单个机架内 BBU 与 AAU/RRU、传输设备的纤芯需求（图 5-66）。

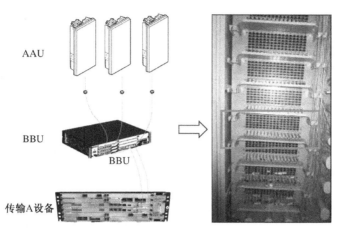

**图 5-66　BBU 纤芯需求示意图**

（3）**开关电源容量计算**

开关电源容量计算公式如下：

$$所需整流模块数量 = \frac{开关电源现有负载 + 本次新增负载 + 蓄电池充电电流}{整流模块规格}$$

若：(开关电源现有负载 + 本次新增负载) ≥ (电源系统容量 − 蓄电池充电电流)，则切勿从该直流屏引电。可选择由现有负载较小的开关电源系统引接的直流屏引电。

（4）**传输配套需求**

综合考虑建设成本、现网光缆资源、建设难度、维护管理难度等因素，因地制宜地选择传输配套方案。根据成本测算，当采用 C-RAN 组网时，选用无源波分方案节约主干纤芯资源。

① 彩光模块选择

应根据速率、波长、传输距离的要求，合理选择彩光模块类型。

彩光模块速率。用于 4/5G 前传承载的光模块分为 10 Gbps 彩光模块与 25 Gbps 彩光模块。10 Gbps 彩光模块主要用于 4G 前传与 5G 中 4T4R、2T2R 前传；25 Gbps 彩光模块用于 5G 中 64T64R、32T32R、16T16R、8T8R 前传。

彩光模块波长。对于 6 波无源波分系统，考虑 25 Gbps 彩光模块的稳定性，前 3 个波长（1 271 nm、1 291 nm、1 311 nm）用于 AAU 侧（室外）发射波长、后 3 个波长（1 331 nm、1 351 nm、1 371 nm）用于 BBU 侧（室内）发射波长。对于 12 波无源波分系统可以同时承载 4G/5G 前传，其中前 6 波采用 25 Gbps 彩光模块，用于承载 5G 前传；后 6 波采用 10 Gbps 彩光模块，用于承载 4G 前传，具体如表 5-27 所示：

表 5-27    12 波无源波分系统承载方案

| 序号 | 标称中心波长（nm） | 速率选择 | |
|---|---|---|---|
| | | 10 Gbps | 25 Gbps |
| 1 | 1 271 | — | √ |
| 2 | 1 291 | — | √ |
| 3 | 1 311 | — | √ |
| 4 | 1 331 | — | √ |
| 5 | 1 351 | — | √ |
| 6 | 1 371 | — | √ |
| 7 | 1 471 | √ | — |
| 8 | 1 491 | √ | — |
| 9 | 1 511 | √ | — |
| 10 | 1 531 | √ | — |
| 11 | 1 551 | √ | — |
| 12 | 1 571 | √ | — |

彩光模块最大传输距离（图 5-67）。25 Gbps 彩光模块根据最大传输距离，主要有 10 km 光模块、15 km 光模块。根据综合业务接入区规划，综合业务局站覆盖半径一般都小于 10 km，因此一般采用 10 km 光模块，个别偏远站点采用 15 km 光模块。10 Gbps 彩光模块根据最大传输距离，主要有 10 km 光模块、20 km 光模块、40 km 光模块。一般采用 10 km 光模块，个别偏远站点采用 20 km 光模块。

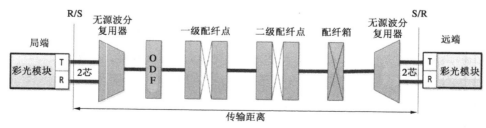

图 5-67    无源波分复用系统光链路示意图

② CWDM 合分波器

CWDM 合分波器可分为 6 波合分波器(图 5-68,图 5-69)和 12 波合分波器两类(图 5-70,图 5-71)。

6 波合分波器可用于开通 100 M 带宽的 5G 站点,满足单站 3 台 AAU 设备的前传。对于开 2×100M 带宽的 5G 站点,需要 2 套 6 波无源波分系统。

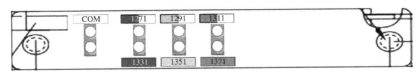

图 5-68　6 波 CWDM 合分波器(AAU/RRU 侧)

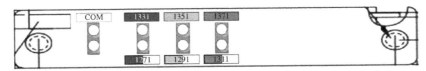

图 5-69　6 波 CWDM 合分波器(BBU 侧)

12 波合分波器可以满足单站 3 台 AAU 设备及 3 台 RRU 设备的前传,同时承载 4G/5G 前传。

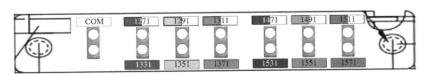

图 5-70　12 波 CWDM 合分波器(AAU/RRU 侧)

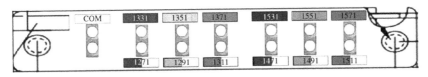

图 5-71　12 波 CWDM 合分波器(BBU 侧)

**(5)GPS 位置安装要求**

GPS 天线应安装在较开阔的位置上,保证周围较大的遮挡物(如树木、铁塔、楼房等)对天线的遮挡不超过 30°,天线竖直向上的视角应大于 120°(图 5-72)。

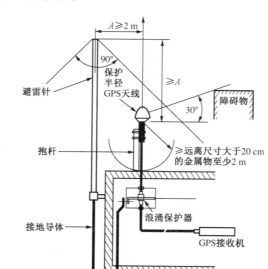

图 5-72　GPS 安装示意图

由于卫星出现在赤道的概率大于其他地点，对于北半球，应尽量将 GPS 天线安装在设备位置的南边。

GPS 天线应该在避雷针 90°的保护范围之内。

**2）设计图纸要求**

BBU 机房设计图纸包括设备平面布局图、机房走线路由图、机架面板图、机架接电端子示意图、ODF 面板图。

① 设备平面布局图。图纸应体现原有机架位置，本次新增机架位置以及预留机架位置信息。在图纸右侧区域的设备配置表中，应标注本次工程需要使用的设备清单及规格型号（图 5-73）。

② 机房走线路由图。图纸应体现直流、交流电源走线路由、接地电缆走线路由、光缆走线路由，以及各类线缆规格型号及数量。如需新增走线架，应与机房原走线架保持一致（图 5-74）。

③ 机架面板图。图纸应体现机架内设备安装的位置、设备至机架内电源分配单元（DCDU）的接电方案（图 5-75）。

④ 机架接电端子示意图。图纸应体现机架至上联列头柜或开关电源内熔丝的使用情况，包括已用熔丝、预留熔丝、本期工程使用熔丝，需标注熔丝规格。应标注工作地排、保护地排使用情况（图 5-76）。

⑤ ODF 面板图。图纸应体现 ODF 规格型号，ODF 内子框的占用、空余情况，标注本期工程需占用的子框（图 5-77）。

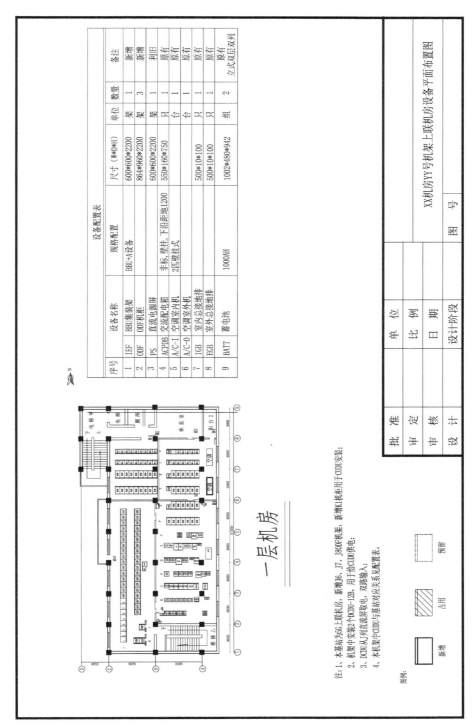

**设备配置表**

| 序号 | | 设备名称 | 规格配置 | 尺寸（宽\*深\*高） | 单位 | 数量 | 备注 |
|---|---|---|---|---|---|---|---|
| 1 | IEF | BBU/集装架 | BBU+A设备 | 600\*600\*2200 | 架 | 1 | 新增 |
| 2 | ODF | ODF机柜 | | 864\*960\*2200 | 架 | 3 | 新增 |
| 3 | PS | 直流电源屏 | | 600\*600\*2200 | 架 | 1 | 利旧 |
| 4 | ACPDB | 交流配电箱 | 非标，壁挂，下沿距地1200 | 550\*160\*750 | 只 | 1 | 原有 |
| 5 | A/C-I | 空调室内机 | 2匹壁挂式 | | 台 | 1 | 原有 |
| 6 | A/C-O | 空调室外机 | | | 台 | 1 | 原有 |
| 7 | IGB | 室内总接地排 | | 500\*10\*100 | 只 | 1 | 原有 |
| 8 | EGB | 室外总接地排 | | 500\*10\*100 | 只 | 1 | 原有 |
| 9 | BATT | 蓄电池 | 1000AH | 1002\*480\*942 | 组 | 2 | 立式双层双列 |

一层机房

注：1. 本基站为5G上联机房，新增I6，J7，J800F机架。新增K1机柜用于CUDU安装；
2. 机架中安装2个DCDU-12B，用于给CUDU供电；
3. DCDU从J列直流屏取电，双路输入；
4. 本机架中CUDU与基站对应关系见配置表。

图例：

新增　　占用　　预留

| 批 准 | | | XX机房YY号机架上联机房设备平面布置图 |
|---|---|---|---|
| 审 定 | | 单 位 | |
| 审 核 | | 比 例 | |
| 设 计 | | 日 期 | |
| | | 设计阶段 | 图 号 |

**图5-73 设备平面布局图**

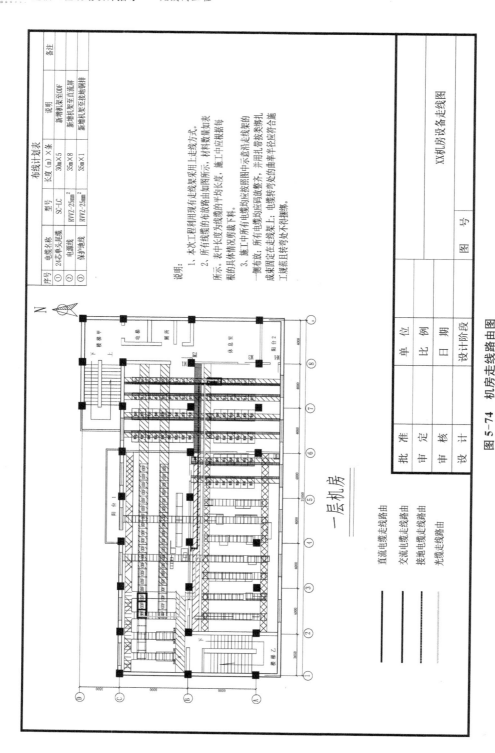

图 5-74 机房走线路由图

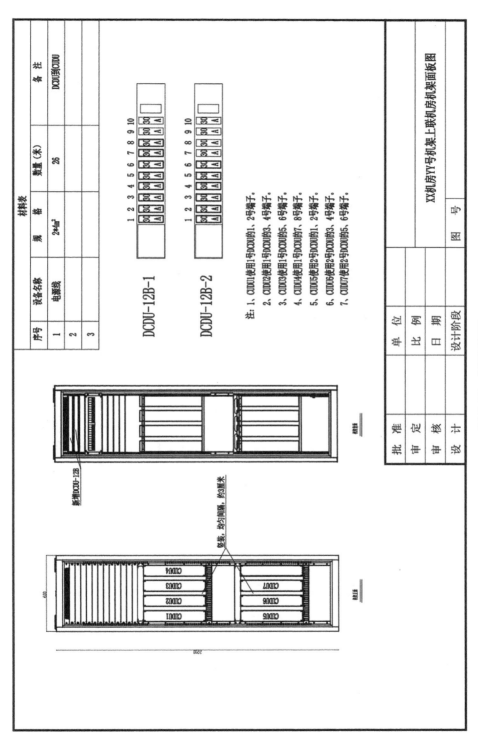

图 5-75　机架面板图

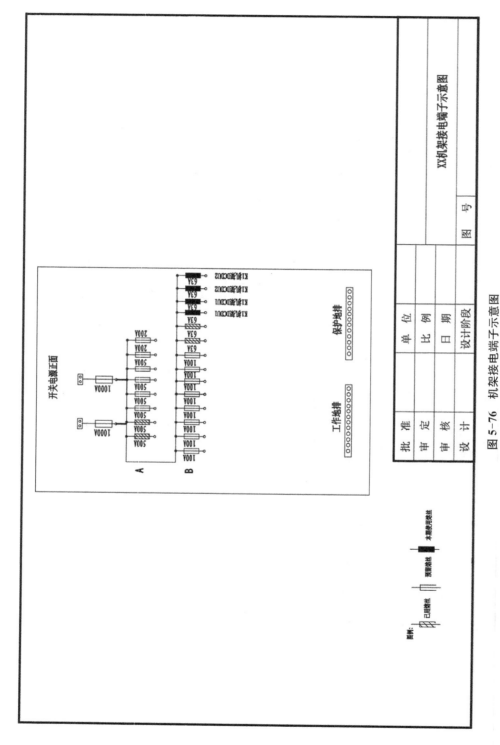

图 5-76　机架接电端子示意图

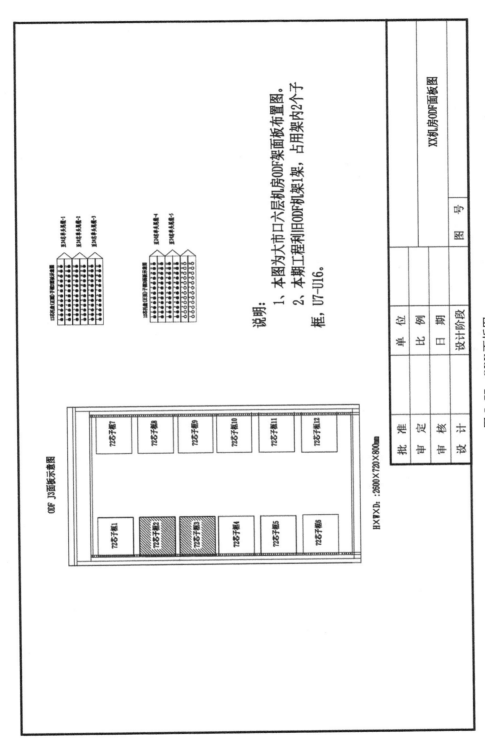

图 5-77 ODF 面板图

説明:
1、本图为大市口六层机房ODF架面板布置图。
2、本期工程利旧ODF机架1架，占用架内2个子框，U7-U16。

ODF J3面板示意图

H×W×D: 2600×720×800mm

| | XX机房ODF面板图 |
|---|---|
| 单 位 | |
| 比 例 | |
| 日 期 | |
| 设计阶段 | 图 号 |
| 批 准 | |
| 审 定 | |
| 审 核 | |
| 设 计 | |

## 5.3 设计文本深度要求

设计文件一般按初步设计和施工图设计两阶段编制。规模较小、技术成熟或套用标准设计的可编制一阶段设计。不同设计阶段的设计文本深度要求不同(本章节将以目前4G、5G 无线网建设为例进行阐述)。

### 5.3.1 初步设计深度要求

#### 5.3.1.1 设计说明

设计文件应符合《通信工程设计文件编制规定》YD/T 5211—2014 规定的设计深度要求,业务预测、业务需求(含工程满足期限、工程合理使用年限)、安全生产、环境保护、节能减排、抗震加固、防雷接地、消防、信息安全等章节独立完整。

**1) 概述**

简要说明工程的背景、建设目标、工程总体建设情况。

① 设计依据

依次列出作为设计依据的相关文件,应包括建设单位提供的资料,国家和行业相关规范,其他专业配合资料,现场勘查、会议纪要,可行性研究报告批复文件,其他相关资料。

引用的标准规范应为最新且有效,应要求设计说明工程相关的强制性标准的名称和条文。

引用的技术规范与标准需要根据标准颁布和废止情况进行更新。

② 地区概况

简述本工程涉及地区的综合概况,包括地理、行政区划分、面积、人口、交通、自然资源、旅游、国民经济发展状况及通信发展情况等。

③ 工程背景

简述工程的项目背景,应引用可行性研究报告(批复)的结论。

④ 工程规模及主要工作量

简述本工程及工程完成后的规模容量,包括室外基站的规模、室内分布系统的规模(包括有源室分系统规模、无源室分系统规模)、BBU 的数量、AAU(RRU)的数量,配套建设量(塔桅、电源/空调系统等),网络设计承载的数据流量、设计用户数量等。

⑤ 工程概算

简述本工程的概算总投资和各单项(室外站主设备、室分系统、基础配套、电源配套等)的投资情况。

⑥ 工程满足期和合理使用年限

本工程的业务满足期为××年,工程合理使用年限为××年。

⑦ 与可行性研究报告的比较

初步设计的规模和投资应与可行性研究报告进行对比,说明规模和投资变化的原因。

⑧ 设计范围及分工

说明本设计包括的内容,分别描述相关专业的设计范围和各专业间的设计分工界面,描述设计院与设备商、集成商和建设单位以及各设计院间的分工界面。

⑨ 设计文件组成

简述文件分册的办法和要求,列示本工程的全部分册情况,交代本文件在全部文件分册中的位置。

**2)业务预测结果**

根据可研结论,叙述 4G/5G 用户数预测结果、业务预测结果。

**3)无线网络设计基础**

① 无线网络设计流程

根据不同项目的特点,给出无线网络工程的总体设计流程图,并配以文字说明。

② 无线网络结构

简述无线网络整体架构,辅以必要的图表。

③ 无线网络频段使用范围

说明本工程无线网络室内外频率使用情况(包括共建共享双方)以及本工程设备硬件的频率支持情况。

④ 无线网基本指标取定

叙述本工程无线网要求的基本指标,包括覆盖区内无线覆盖率、无线接通率、边缘上下行速率、DT/CQT 达标率等。

⑤ 链路预算

说明室内外链路预算传播模型、计算方法、取值及计算结果,说明不同场景下的基站估算覆盖半径。

**4)无线网络现状分析**

从语音和数据业务方面,分析无线网络现状(包括覆盖、容量、质量等方面)及用户投诉情况,总结存在的问题。

① 现网结构与规模

简要说明现有 2G/3G/4G 网络基站数量与频点使用情况(可选)。

说明现有 4G/5G 网络基站数量及用户分布情况(公众用户、政企用户)。

② 无线网络覆盖分析

简要说明 2G/3G 网络的覆盖区域,覆盖性能(可选)。

说明 4G/5G 网络覆盖情况(包括覆盖区域、有效面积覆盖率、DT/CQT 分析等)。

③ 无线网络容量分析

简要说明 2G/3G 网络业务量情况、网络利用率和忙闲情况(可选)。

说明 4/5G 网络流量变化、PRB 利用率等。

④ 无线网络质量分析

简要说明 2G/3G 网络中掉话率、接通率和呼损达到等指标(可选)。

说明 4G/5G 网络中掉话率、接通率和用户综合感知优良率等指标。

⑤ 用户投诉分析

简要说明用户投诉的重点问题和投诉主要集中地区。

⑥ 现状分析结论

给出无线网络现状分析的结论,重点总结无线网存在的各项问题。

**5) 总体设计原则和目标**

详细阐述本期无线网络建设的建设思路、建设原则、建设重点等。说明本期的容量目标、覆盖目标(含数据业务)等。

结合各运营商及各省的实际情况制定具体的目标、原则和思路。

① 设计目标

说明设计目标,包括覆盖目标、容量目标、质量目标等。

② 设计原则

说明设计原则。

③ 设计思路

说明设计思路。

**6) 大数据分析**

① 大数据模型及标准

通过精准大数据分析,结合现网基站数据、MR、网管数据、用户投诉、用户感知、市(县)城区场景区域多边形、重点覆盖场景区域(高铁、高速公路、地铁等)、市场需求等方面分析成果更好地以用户体验为中心展开网络规划,更高效精确地规划建站。

应说明大数据规划使用的系统及工具手段,MR 大数据规划的模型标准,DT/CQT 辅助规划的模型标准以及射频仿真的模型标准。

② 精准规划方案

将海量数据进行栅格化分析,全面反映网络存在的问题,精准定位需求,实现网络精准规划,并确定建设方案。

通过大数据分析精准建网,按目标客户类别差异化制定建设方案。目标客户类别应包括高铁、高速公路、地铁、高流量商务区、高密度居民区、高校、产创园、专业市场、行政村/自然村等(根据实际覆盖需求增减)。

**7）无线网络建设方案概述**

① 无线网络建设规模与投资

说明新增 4/5G 网络规模与投资。

② 建设方案与可研比较

建设方案与可研相比如发生变化，应以表格的形式对比描述设计阶段与可研阶段的建设规模及投资之间的差异。

**8）基站建设方案**

**（1）覆盖问题解决手段**

说明各种无线网络覆盖技术手段，说明其技术特点、适用范围、应用原则等。

**（2）容量问题解决手段**

说明各种无线网络解决容量的技术手段，说明其技术特点、适用范围、应用原则等。

**（3）基站设置原则**

说明基站的设置原则，包括基站类型选择、基站站型选择、新建基站配置等设置原则。

**（4）4G/5G 覆盖建设方案**

针对工程建设目标，明确 4G/5G 覆盖区域、用户分布情况（公众用户/政企用户），宜采用图表形式。

说明 4G/5G 室内覆盖方案，以及应分区域、分类型说明运用多种覆盖技术手段的覆盖设计方案。

**（5）4G/5G 共建共享建设方案**

中国电信与中国联通、中国移动与中国广电目前均已开展了共建共享建设。应说明本期工程双方共建共享工作机构的职责与工作机制、建设区域划分、规划期内部署节奏、共建共享技术方案等。

① 共建共享工作机构职责与工作机制。说明各级（集团—省—市）共建共享工作机构职责分工与网络建设各阶段的工作机制。

② 共建共享区域划分方案。说明共建共享区域划分原则、划分结果。

③ 规划期内部署节奏。说明规划期内 4G/5G 共建共享方式的变化与演进路线。

④ 共建共享技术方案。说明本期工程 5G 网络共建共享下 NSA/SA 网络架构选择、各自网络联接方式（终端—基站—核心网）、5G 基站载波选择（独立/共享载波）、NSA 架构下锚点站方案（单锚点/双锚点）等。

**（6）室外站天面建设方案**

① AAU（可选）。说明本期工程 AAU 设备厂家及参数；本期工程各种类型 AAU 使用场景；AAU 挂高、下倾角、方位角等设置原则。

② RRU（可选）。说明本期工程 RRU 设备厂家及参数；本期工程各种类型 RRU 使用场景。

③ 基站天馈线（可选）。说明本期工程选型、天线厂家、天线参数；本期工程各种天线使用范围；天线挂高、倾角、方位等设置原则；基站馈线类型选择原则，说明馈线建设规模。

④ 室外单元电源线选择原则。说明室外单元电源线选择范围和原则。

### 9）室内覆盖系统建设方案

室内覆盖系统的设计方案既可以与无线设计册合册，也可以单独成册，具体安排视建设单位的要求而定。

室内覆盖系统与无线设计册合册时，该部分的设计需满足本书"5.3.1.1"章节的要求，当室内覆盖系统单独成册时，设计要求另行规定。

当小区覆盖系统被纳入室内覆盖系统的建设管理范畴时，本部分内容应包括小区覆盖系统的建设方案。

**（1）设计技术指标及参数取定**

说明本期工程中对室内覆盖系统的主要设计技术指标及参数取定。

**（2）室内覆盖系统建设方案**

说明本期工程室内覆盖系统的建设规模和建设方案，包括室内信号源类型的选取、4G、5G 和 2G、3G、WLAN 的协同设置、分布系统的新建与改造/升级等。

① 设计技术指标及参数取定。说明本期室内覆盖工程中主要技术指标及参数取定。

② 室内覆盖系统现状。描述本地区室内覆盖系统建设现状。

③ 室内覆盖系统建设思路和目标。说明本期工程室内分布系统建设遵循的原则、思路和建设目标。

④ 室内覆盖系统建设方案。说明本期工程室内分布系统的建设情况，包括信号源的选取情况、网管监控建设、设置效果分析等。

### 10）BBU 集中建设方案

① BBU 集中设置原则。说明 BBU 集中设置原则，包括 BBU 局点光缆接入能力要求、BBU 局点机房要求、BBU 集中数量要求。

② BBU 集中放置规模。描述本期工程 BBU 集中放置规模，包含 BBU 集中局址类型、各类 C-RAN 机房数量统计等。

### 11）前传建设方案

① 前传建设原则。说明前传对光缆的需求及不同前传方案（光纤直连、无源波分、有源波分）的选择原则，室外站按照地面站、楼面站；室分按照楼宇、地铁等场景逐一描述。

② 彩光模块选择。说明各种彩光模块对应波长、速率、传输距离及相应选择依据。

③ 合分波器选择。说明无源波分建设场景下合分波器选择原则。

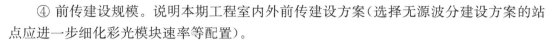

④ 前传建设规模。说明本期工程室内外前传建设方案(选择无源波分建设方案的站点应进一步细化彩光模块速率等配置)。

**12) 直放站建设方案(可选)**

说明直放站(包括直放站网管系统)的建设思路、建设规模和主要建设内容。

**13) 设备替换搬迁、调配利旧方案(可选)**

说明本期工程中异厂商/同厂商设备替换搬迁方案,说明设备调配、利旧方案。应说明原因、类型、数量、割接方案等。

**14) 无线网络设备选型**

① 无线网络设备遵循的技术标准和规范。说明本工程无线网络设备选型需满足的技术标准和技术规范。

② 无线网络设备组成。分类型说明无线网络设备的设备组成。

③ 无线网络设备性能指标。说明本工程选用的无线网络设备的主要技术性能。

**15) 频率计划与干扰协调**

① 频率计划。说明本工程的频率方案,包括共建共享双方可用频率资源、频率间隔、频率分配方案等。

② 干扰协调。说明各个通信系统间的干扰协调要求以及工程中解决各个系统之间干扰的手段和方法,描述 3.5 GHz 频段与卫星系统之间的干扰、2.6 GHz 频段与北斗系统之间的干扰及解决措施。

**16) 5G 和 4G 互操作方案(可选)**

① 说明 5G 和 4G 互操作原理和原则。

② 说明 5G 和 4G 互操作参数。

**17) 建设效果分析**

① 分区域、分类型说明本期工程建设后基站分布情况。

② 分区域说明本期工程建设后无线网络容量分布情况。

③ 建设效果分析。通过预测和仿真分析,对面、线、点覆盖的覆盖效果进行分析,对覆盖、容量等进行分析。根据附表和图纸的要求,提供覆盖效果统计表和覆盖预测图(可选)。

**18) 无线网络组网参数规划方案(可选)**

① PCI 规划。说明本工程的 PCI 规划原则,包括 PCI ID 分配时的可用性、扩展性等。

② 邻区规划。说明本工程的邻区规划原则,包括不同空间位置、地域类型基站配置邻区关系的原则等。

③ 编号方案。说明本工程中无线网络编码的用途、组成及编码计划。包括移动网络识别码(PLMN ID)、基站标示(gNB ID)、小区标示(CELL ID)、跟踪区标识符(TAI)与跟

踪区号码(TAC)。

**19）无线网络同步**

说明网络同步、基站同步的同步要求和同步方式。

**20）电源系统建设方案**

① 说明无线网电源设备及电源线的配置原则。

② 说明无线网交流供电系统组成、设备配置及运行方式。

③ 说明无线网直流供电系统组成、设备配置及运行方式。

④ 说明室外单元供电的方式(直流直供和 UPS 交流供给)和配置原则。

⑤ 说明本期工程电源系统建设规模。

**21）基础配套建设方案**

对于利用铁塔公司站址资源建设的站点,应说明铁塔公司相应配套建设的需求。

① 机房建设。说明对机房建设、改造的设计要求(包括建筑、结构、照明和防火等设计要求)和分类建设规模。

② 铁塔建设。说明对铁塔(含通信杆、增高架、高桅杆等)、天线支撑杆(抱杆)的设计要求和分类建设规模。

③ 外市电引入。说明对外市电引入的设计要求和建设规模。

④ 空调。说明对空调的设计要求和建设规模。

⑤ 说明对动力环境监控系统的设计要求和建设规模。

⑥ 说明对消防系统的设计要求和建设规模。

**22）信令及中继传输需求**

说明本期工程无线网络对信令和中继传输的需求情况。

**23）设备布置安装及电缆布放要求**

① 设备平面布置及安装要求。说明对 gNodeB、电源等无线网设备的平面布置及安装要求。

② 说明对走线架的布置及安装要求。

③ 说明对基站天线、GPS 天线的布置及安装要求。

④ 说明对基站天线馈线、GPS 天线馈线的布放要求。

⑤ 说明对电力电缆、设备电缆、信号线缆的布放要求。

**24）防雷接地要求与措施**

说明项目所在地的雷暴日以及基站建设网络防雷及接地系统设计要求和建设规模。明确交、直流电源线、保护地线各个线芯的色别。

应独立成章节且内容完整,应符合《通信局(站)防雷与接地工程设计规范》(GB

50689—2011）的要求。

**25）抗震设防要求与措施**

应成独立章节且内容完整，同时说明当地抗震设防烈度，主设备、配套开关电源、蓄电池、线缆的抗震加固措施。应符合《通信建筑抗震设防分类标准》（YD/T 5054—2019）、《电信设备安装抗震设计规范》（YD 5059—2005）、《建筑抗震设计规范》（GB50011—2010）的要求。

**26）机房工艺要求**

描述环境温/湿度要求、机房地面要求、防尘要求、抗电磁干扰的能力、抗震措施、运输和仓储要求、噪声要求、承重要求、设备安装工艺要求等。

明确工程防火要求，明确交直流电源线、保护地线防火性能要求。

说明机柜内保护地线布线方案与工艺要求，要求设备子架接地线应与机架接地端子可靠连接。

**27）安全生产要求与措施**

应当考虑施工安全操作和防护需要，对涉及施工安全的重点部位和环节在设计文件中注明，并在防范生产安全事故方面提出指导意见。安全说明部分不能套用通用模版，必须具备针对性，并且符合该项目实际情况，必须要有针对工程安全的风险分析及相关安全保障的措施，应符合《通信建设工程安全生产操作规范》（YD 5201—2014）等相关标准规范的要求。

应包含抗震救灾要求、设备能耗要求、废气/废水/噪声及防治要求、环境保护要求、电磁防护要求、安全生产要求等。

设计图纸要注明安全风险点注意事项、对重难点风险有强调说明。5G项目的设计图纸需明确配改工程、新建工程承载物极限荷载（承载量）。

**28）相关政策要求**

① 环境保护。说明本期工程选址，电磁辐射、废水、废气排放，采砂、取土，采用的蓄电池，噪声控制，废旧物品回收及处置等是否满足环境保护要求。

② 节能减排。说明本期工程主设备节能特点、配套设备采取的节能减排措施。

③ 消防及安全要求。说明在本期工程设备安装过程中，消防安全环节可能出现的隐患及必要的防护措施，各级通信机房建筑的消防安全要求必须符合《建筑设计防火规范》（GB 50016—2014）和《通信机房防火封堵安全技术要求》（YD/T 2199—2010）的有关规定。

**29）工程实施建议**

根据工程实际情况，提出工程实施建议，叙述工程进度计划。

**30）网络和信息安全要求**

建立全程的、长期的、合理的和有重点的安全措施体系。

**31）其他需要说明的问题**

说明工程中必须说明而又无法列入设计章节中的问题。

#### 5.3.1.2 概算

**1）概算表编制说明**

**（1）概述**

叙述本工程概算总额和概算分项，室外站主设备、室分系统、基础配套、电源配套等分专业概算构成。

说明与可行性研究报告（批复）的差异以及产生差异的原因，并提供费用对比表。

**（2）编制依据**

列出作为概算编制依据的相关文件，要求每一项依据均须列出文件号、日期、文件全名、发文单位等。

说明编制依据时，请注意已颁布实施的定额。其他的常规性依据据实说明，甲方提供的各类单价、费率等文档一并说明清楚。

编制依据需要增加：中华人民共和国工业和信息化部（以下简称：工信部）通信工程定额质监中心—中心造〔2016〕08 号《关于营业税改增值税后通信工程定额相关内容调整的说明》。

**（3）有关费用、单价及费率的取定**

列出本期工程各专业有关费用、费率及设备单价的取定结果及取定依据。

概（预）算应以工信部通信〔2016〕451 号《工业和信息化部关于印发信息通信建设工程预算定额、工程费用定额及工程概（预）算编制规程的通知》、《信息通信建设工程预算定额无线通信设备安装（第五代移动通信工程专用）》及相关定额为编制依据。

需特别注意：安全生产费应按照相关规定足额计列，不得以打折后的建安费作为计算基础。

**（4）工程技术经济指标分析（可选）**

应分析工程技术经济指标，分析各专业所占投资比例。

应说明单位造价分析。

（5）需要说明的问题

应列出需要特别交代的问题。

**2）概算表**

① 概算汇总表。

② 建筑安装工程费用概算表。

③ 建筑安装工程量概算表。

④ 器材概算表（需要安装的设备表）。

⑤ 工程建设其他费用概算表。

根据建设单位的工程管理要求,可对以上表格进行增减,并按建设单位的要求进行各种维度的汇总。

#### 5.3.1.3 附表

相关附表,至少应包括以下几种,但根据需要,可增列其他附表。

① 本期工程规模及网络容量表。

② 本期工程新增基站技术情况表。

③ 本期工程基站天线配置表。

④ 本期工程设备安装工作量表。

⑤ 本期工程基站频率资源规划表(可选)。

⑥ 无线网络覆盖效果预测表(可选)。

#### 5.3.1.4 图纸

设计要求规定图纸目录为强制性要求。根据工程特点、施工需要以及建设单位其他要求,应按照分工要求以切实指导和规范施工为目的绘制其他图纸。

设计图纸要注明安全风险点注意事项,对重难点风险有强调说明。设计图纸需明确配改工程、新建工程承载物极限荷载(承载量)。

设计图纸中应标识地线安装,并标明电缆程式、色别与截面积。应说明机柜内保护地线布线方案与工艺要求,要求设备子架接地线与机架接地端子可靠连接。机架加固图应符合《通信建筑抗震设防分类标准》(YD/T 5054—2019)、《电信设备安装抗震设计规范》(YD 5059—2005)的要求,并具备可实施性。

**1) 公共图纸**

① 无线网络通信系统图。

② 铁塔分工界面示意图。

③ 4G/5G 无线网络结构图。

④ 基站位置分布图。

⑤ 无源室内分布系统结构图。

⑥ 有源室内分布系统结构图。

⑦ 室分天线典型安装通用图。

⑧ 基站电源系统图。

⑨ 接地方式图。

⑩ 铁件加固图。

⑪ 机柜内设备接地示意图。

⑫ 机架顶部连接加固示意图。

⑬ 机架底部连接加固示意图。

⑭ 各类设备安装场景示意图。

⑮ 覆盖预测图。

⑯ 安全风险提示。

⑰ 基站施工安全提示。

其中，"基站位置分布图"需用不同的标识区分室外站和室内覆盖站点、区分新建站和已建站。"覆盖预测图"应包括：最佳覆盖小区预测图、SS-RSRP覆盖预测图、SS-SINR覆盖预测图、话务分布图（可选）、业务信道下行速率预测图、业务信道上行速率预测图。

根据建设单位的要求，可对以上图纸进行增减，"覆盖预测图"宜单独装订成册。

**2) 基站图纸**

① 设备平面布置图。包括机房内各类设备的布置要求、机柜面板和子框位置示意图。区分体现已有设备和新增设备，并明确新增设备的安装位置及尺寸。

② 走线架平面图。提供走线架的布置、安装要求。区分体现已有走线架和新增走线架，明确体现各走线架的高度、尺寸，并体现各走线架的用途；对于需要拆除的走线架也要进行体现与标识。

③ 机房工艺图。提供机房的工艺要求。应符合《通信建筑抗震设防分类标准》（YD/T 5054—2019）、《电信设备安装抗震设计规范》（YD 5059—2005）的要求，并具备可实施性。说明机房内保护地线布线方案与工艺要求，要求设备子架接地线与机架接地端子可靠连接。

④ 线缆走向路由图。提供线缆路由、布放的要求。区分体现直流电源电缆、交流电源电缆、接地电缆、中继电缆、光纤的走线路由，交/直流电源线、信号线应分层进行布放，不能同层布放。

⑤ 提供天线（AAU/RRU）位置、馈线路由和安装要求。

## 5.3.2 施工图设计深度要求

### 5.3.2.1 设计说明

设计文件应符合《通信工程设计文件编制规定》（YD/T 5211—2014）规定的设计深度要求，业务预测、业务需求（含工程满足期限、工程合理使用年限）、安全生产、环境保护、节能减排、抗震加固、防雷接地、消防、网络信息安全等章节独立完整。

① 工程概况。包括工程名称、建设背景、建设目的、建设内容、设计阶段划分、工程预算等情况。

② 设计依据。除与初步设计类似的设计依据外，还需给出与本期工程涉及的与供货商、集成商等签订的相关合同。增加初步设计及其批复。

③ 建设规模及主要工程量。主要工程量应详细描述工程建设涉及的需要安装的主设备和配套设备情况,包括设备类型、型号、数量、配置,安装位置等。同时,需要补充工程安装工日明细及汇总。

④ 无线网络现状。施工图设计的无线网络现状和技术方案可根据项目具体情况简化。

⑤ 系统选型及设备介绍。应详细说明本工程设备选型的无线网主设备的型号、功能及其性能指标。

⑥ 工程验收。根据工程建设需要,列出工程验收指标或要求。

⑦ 设计交底。施工图设计阶段必须进行现场设计交底,设计交底必须由建设单位、设计、施工、监理单位等各方签字,交底记录须留存。设计交底记录中应就工程施工中安全风险防范措施向施工单位进行详细说明。

### 5.3.2.2 预算

**1)预算表编制说明**

**(1)概述**

叙述本工程预算总额和预算分项,介绍无线主设备、室内外覆盖系统、电源系统、基础配套等分专业预算构成。

说明与可研批复和初步设计的差异以及产生差异的原因,并提供费用对比表。

**(2)编制依据**

列出作为预算编制依据的相关文件,要求每一项依据均须列出文件号、日期、文件全名、发文单位等。

描述编制依据时,需注意已颁布实施的定额。其他的常规性依据据实描述,甲方提供的各类单价、费率等一并描述清楚。

**(3)有关费用、单价及费率的取定**

应列出本期工程各专业有关费用、费率及设备单价的取定结果及取定依据。

概(预)算应以工信部通信《工业和信息化部关于印发信息通信建设工程预算定额、工程费用定额及工程概(预)算编制规程的通知》〔2016〕451 号、《无线通信设备安装工程(第五代移动通信工程专用)》及相关定额为编制依据。

需特别注意:安全生产费应按照相关规定足额计列,不得以打折后的建安费作为计算基础。

**(4)工程技术经济指标分析(可选)**

分析工程技术经济指标,分析各专业所占投资比例,以及单位造价分析。

**(5)需要说明的问题**

应列出需要特别交代的问题。

**2）预算表**

① 预算汇总表。

② 建筑安装工程费用预算表。

③ 建筑安装工程量预算表。

④ 建筑安装工程仪器仪表使用费预算表。

⑤ 器材预算表（需要安装的设备表）。

⑥ 工程建设其他费用预算表。

根据建设单位的工程管理要求，可对以上表格进行增减，并按建设单位的要求进行各种维度的汇总。

### 5.3.2.3　附表

① 附表一：新建基站技术情况表。

② 附表二：基站设备安装工作量汇总表。

③ 附表三：基站天馈、配套主要材料表。

### 5.3.2.4　图纸

设计要求规定图纸目录为强制性要求。根据工程特点、施工需要以及建设单位其他要求，应按照分工要求切实指导和规范施工为目的绘制其他图纸。

施工图设计应提供施工技术要求和图纸，并达到能指导设备安装、电（光）缆敷设的需要。在初步设计图纸的基础上还应增加以下图纸。

① 基站位置与周围敏感点示意图。

② 基站机房平面布置图。

③ 基站机房走线路由图。

④ 基站设备安装位置图。

⑤ 基站线缆走线路由图。

⑥ BBU 机房平面布置图。

⑦ BBU 机房机架设备安装示意图。

⑧ BBU 机房设备走线路由图。

⑨ 机架接电端子示意图。

⑩ 机房 ODF 面板图。

⑪ 室内分布系统工程安装图例。

⑫ 室内分布系统位置图。

⑬ 室内分布系统信源安装示意图。

⑭ 室内分布系统天线点位及电缆路由图。

⑮ 室内分布系统原理图。

⑯ 室内分布系统点位模拟测试图。

⑰ 无线通信工程安全风险提示。

### 5.3.3 一阶段设计深度要求

一阶段设计应满足初步设计和施工图设计有关部分的内容和深度要求,直接编制施工图预算。说明部分较为类似初步设计,需详细说明相关业务需求和建设方案,同时突出具体的组网、设备配置和安装、系统连接方案等。图纸部分要求与施工图基本一致。

### 5.3.4 事先指导书

对于大型项目或样板工程,在项目启动阶段需要编制《事先指导书》。事先指导书主要用于明确项目的组织架构、相关成员的职责分工,并对项目时间进度、内容深度、合同分解、费率取定、专业界面等方面提出要求,便于各专业、各部门协同工作和对项目进展进行监控,保证项目的质量和进度。

#### 5.3.4.1 适用范围

符合下列条件之一的项目,建议编制《事先指导书》:

① 集团公司、省级运营商项目等或者投资较大的项目。

② 两个(及以上)专业完成、分册出版的项目。

③ 单专业两个(及以上)地区分册出版的项目。

④ 两个(及以上)部门合作完成、分册出版的项目。

#### 5.3.4.2 时间要求

项目启动前、项目负责人确定后,由项目负责人编制《事先指导书》并进行评审。

#### 5.3.4.3 内容要求

《事先指导书》编写应基于项目特点、合同要求等,具体包括以下内容。

① 项目名称及概况。包括项目名称、建设内容及规模、项目阶段划分、项目构成等。

② 组织结构与人员安排。包括项目组织结构、具体人员安排及分工。涉及多专业共同参与或协调的项目,需说明不同专业之间的分工、接口,可规定各专业之间的协作机制与流程。

③ 各专业校对、审核、审定人员。

④ 时间进度要求。包括总体及各专业时间进度要求、项目里程碑事件以及主要时间节点注意事项等。

⑤ 评审方式与时机。主要是项目内部及外部评审方式、时间。

⑥ 文件组成。规定设计文件的组成、各设计阶段的具体单项名称、单册划分和单项工程编号等,可采用表格形式表述。

⑦ 封面、扉页格式要求、文件分发表要求。

⑧ 技术要求。包括各专业深度要求、技术质量要求及具体交付要求等,对于常规要求可以简化。

⑨ 项目依据说明。包括咨询或设计的依据,例如与甲方签订的合同、中标通知书、甲方提供的资料、相关标准与规范等。

⑩ 费率取定与合同分解。包括可研费率取定、设计概(预)算费率取定、合同分解等内容。

# 5.4 概(预)算流程与方法

## 5.4.1 基本概念

### 5.4.1.1 工程造价的概念

**1) 工程造价的含义**

工程概(预)算是初步设计概算和施工图设计预算的统称,是设计文件的重要组成部分,是建设项目在不同阶段的工程造价计价结果。因此,学习工程概(预)算之前,首先需要明白工程造价的含义。

工程造价是指建设工程产品的建造价格,从投资者的角度看,建设项目工程造价是指建设项目的建设成本,即建设项目预期开支或实际开支的全部费用;从建设市场的角度看,是指建设工程的承包价格,即工程价格,是在建设某项工程,预计或实际在土地市场、设备市场、技术劳动市场、承包市场等交易活动中,所形成的工程承包合同价和建设工程总造价。

以上从不同的角度描述了工程造价的含义,其本质是一致的。从建设工程的投资者角度来说,面对市场经济条件下的工程造价就是项目的投资,是"购买"项目要付出的价格;对于承包商、供应商和规划、设计等机构来说,工程造价是他们作为市场供给主体,出售商品和劳务的价格的总和。

**2) 工程造价的作用**

**(1) 建设工程造价是项目决策的工具**

建设工程投资大、生产和使用周期长等特点决定了项目决策的重要性,工程造价决定着项目的一次性投资费用,投资者是否有能力并认为值得支付这项费用,是项目决策中要考虑的主要问题,财务能力是一个独立的投资主体必须首先要解决的问题,如果建设工程的投资超过投资者的支付能力,就会使他放弃拟建的项目;如果项目投资的效果达不到预期的目标,投资者也会放弃拟建的工程。因此在项目决策阶段,建设工程造价就成为项目财务分析和经济评价的重要依据。

**(2) 建设工程造价是制定投资计划和控制投资的有效工具**

投资计划是按照建设工期、进度和建设工程建造价格等因素,逐年、分月加以制定的,正确的投资计划有助于合理而有效地使用建设资金。工程造价在控制投资方面的作用非常明显,工程造价是通过多次性预估,最终通过竣工决算确定下来的,每一次预估的过程就是对造价的控制过程,这种控制是在投资者财务能力的限度内,为取得既定的投资效益所必需的。建设工程造价对投资的控制也表现在利用各类定额、标准和参数,对建设工程造价进行控制,在市场经济利益风险机制的作用下,造价对投资的控制作用成为投资的内部约束机制。

**(3) 建设工程造价是筹集建设资金的依据**

投资体制的改革和市场经济的建立,要求项目的投资者必须有很强的筹资能力,以保证工程建设有充足的资金供应。工程造价基本决定了建设资金的需求量,从而为筹集资金提供了比较准确的依据。同时,金融机构也需要依据工程造价来确定给予投资者的贷款数额。

**(4) 建设工程造价是合理分配利益和调节产业结构的手段**

工程造价的高低,涉及国民经济各部门和企业间的利益分配。在市场经济中,工程造价也受供求状况的影响,并在围绕价值的波动中实现对建设规模、产业结构和利益分配的调节。同时,工程造价也可充分发挥政府正确的宏观调控和价格政策导向。

**(5) 工程造价是评价投资效果的重要指标**

建设工程造价是一个包含着多层次工程造价的体系。就一个工程项目来说,它既是建设项目的总造价,又包含单项工程的造价和单位工程的造价,同时也包含单位生产能力的造价,这使工程造价自身形成了一个指标体系,能够为评价投资效果提供多种评价指标,并能够形成新的价格信息,为今后类似建设工程项目的投资提供可靠的参考。

**3) 工程造价的多次性计价特征**

建设工程周期长、规模大、造价高,因此要按建设程序分阶段实施,在不同的阶段影响工程造价的各种因素逐步被确定,通过适时地调整工程造价,以保证其控制的科学性。多次性计价就是一个逐步深入、逐步细化和逐步接近实际造价的过程。工程造价多次性计价的过程如图5-78所示。

**(1) 投资估算**

投资估算是指在项目建议书或可行性研究阶段,对所建项目通过编制估算文件确定的项目总投资额,或称估算造价。投资估算是决策、筹资和控制建设工程造价的主要依据。

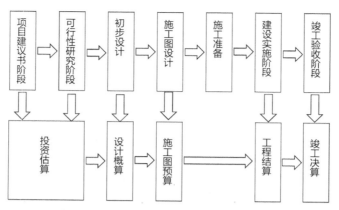

图 5-78    工程造价多次性计价过程示意图

**（2）设计概算**

设计概算指在初步设计阶段，根据设计意图，通过编制工程概算文件，预先测算和限定的工程造价。概算造价较投资估算造价的准确性有所提高，但它受估算造价的控制。概算造价的层次性十分明显，分为建设项目总概算、单项工程概算和单位工程概算等。

**（3）施工图预算**

施工图预算指在施工图设计阶段，根据施工图纸通过编制预算文件，预先测算和限定的工程造价。它比概算造价和修正概算造价更为详尽和准确，但同样要受前一阶段所限定的工程造价的控制。

**（4）工程结算**

工程结算是指在合同实施阶段，在工程结算时，按照合同的调价范围和调价方法，对实际发生的工程量增减、设备和材料价差等进行调整后计算和确定的造价。

**（5）竣工决算**

竣工决算是指在竣工验收阶段，通过为建设项目编制竣工决算，最终确定该工程的实际工程造价。

以上列举了建设程序中常见阶段的工程造价类型，其中，初步设计概算和施工图设计预算，是在设计阶段由设计人员编制完成的，是本章节重点阐述的内容。

## 5.4.1.2  工程概（预）算的概念

### 1）工程概（预）算的含义

建设工程概（预）算是设计文件的重要组成部分，它是根据不同设计阶段的深度和建设内容，以初步设计和施工图设计为基础按照设计图纸、说明以及相关专业的预算定额、费用定额、费用标准、器材价格、编制方法等有关资料，对建设工程预先计算和确定从筹建至竣工交付使用所需全部费用的文件。

建设工程概(预)算应按不同的设计阶段进行编制：

① 工程采用三阶段设计时,初步设计阶段编制设计概算,技术设计阶段编制修正概算,施工图设计阶段编制施工图预算;

② 工程采用二阶段设计时,初步设计阶段编制设计概算,施工图设计阶段编制施工图预算;

③ 工程采用一阶段设计时,编制施工图预算,但施工图预算应反映全部费用内容,即除工程费和工程建设其他费用之外,还应计列预备费、建设期利息等费用。

在设计阶段编制概(预)算是整个建设过程中工程造价控制的重点。因此,设计人员在设计过程中,应强化工程造价意识,充分考虑技术与经济的统一,使概(预)算既满足设计任务书中技术上的要求,又使造价受控于决策阶段的投资估算额度。

**2) 工程概(预)算的作用**

**(1) 设计概算的作用**

设计概算是用货币形式综合反映和确定建设项目从筹建至竣工验收的全部建设费用。设计概算主要有以下几方面的作用。

① 设计概算是确定建设项目、各单项工程及各单位工程投资的依据,按照规定报请有关部门或单位批准的初步设计及总概,一经批准即作为建设项目静态投资的最高限额,不得任意突破,若必须突破须报原审批部门(单位)批准。

② 设计概算是编制投资计划的依据,计划部门根据批准的设计概算编制建设项目年度固定资产投资计划,并严格控制投资计划的实施,若建设项目实际投资数额超过总概算,必须在原设计单位和建设单位共同提出追加投资的申请报告基础上,经上级计划部门审批准许后,方能追加投资。

③ 设计概算是银行进行拨款/贷款的依据,银行根据批准的设计概算和年度投资计划,进行拨款/贷款,并严格实行监督控制,对超出概算部分,未经计划部门批准,银行不得追加拨款/贷款。

④ 设计概算是考核设计方案的经济合理性和控制施工图预算的依据,设计单位据设计概算进行技术经济分析和多方案评价,以提高设计质量和经济效果,同时,保证施工图预算在设计概算的范围内。

⑤ 设计概算是进行各种施工准备、设备供应指标、加工订货及落实各项技术经济责任制的依据。

⑥ 设计概算是控制项目投资,考核建设成本,提高项目实施阶段工程管理和经济核算水平的必要手段。

**(2) 施工图预算的作用**

施工图预算是设计概算的进一步具体化,其主要作用有以下几方面。

① 施工图预算是考核工程成本,确定工程造价的主要依据,在施工图设计阶段,根据工程的施工图纸计算出实物工程量,然后按现行工程预算定额、费用定额以及材料价格等资料,计算出工程预算造价,这是设计阶段控制工程造价的重要环节,是考核施工图设计不突破设计概算的重要措施。

② 施工图预算是签订工程承、发包合同的依据,建设单位与施工企业的经济费用往来可以依据施工图预算和双方签订的合同,对于实行施工招标的工程,施工图预算是建设单位确定标底的主要依据之一,对于不实行施工招标的工程,可以采用施工图预算加系数包干的承包方式签订工程承包合同,即建设单位和施工单位双方经过协商,以施工图预算为基础,再按照一定的系数进行调整,以此作为确定合同价款的依据。

③ 施工图预算是工程价款结算的主要依据,项目竣工验收点交之后,除按概(预)算加系数包干的工程外,都要编制项目结算,以结清工程价款,结算工程价款是以施工图预算为基础进行的,即以施工图预算中的工程量和基础单价,再根据施工中设计变更后的实际情况,以及实际完成的工程量情况编制项目结算。

④ 施工图预算是考核施工图设计技术经济合理性的主要依据。施工图预算要根据设计文件的编制程序编制,它对确定单项工程造价具有特别重要的作用。施工图预算的工料统计表列出的各类人工、材料、施工机械和仪表的需要量等是施工企业编制施工计划、做施工准备和进行统计、核算等不可缺少的依据。

**3) 工程概(预)算的计价方法**

工程造价计价的基本原理是建设项目的分解与组合。首先要将整个建设项目进行分解,拆分为若干个可以按一些技术经济参数进行价格测算的基本单元子项,也就是一些既能够用较为简单的施工过程完成,又可以用适当的计量单位计量工程量,并便于测定或计算单位工程造价的基本构成要素。然后,就可以采用一定的计价方法,再进行逐步的分部组合汇总,最终,计算出建设项目的全部工程造价。

不同的计价方式形成不同的计价方法。计价方法主要有定额计价法和工程量清单计价法。

**(1) 定额计价法**

定额计价法是一种传统的确定工程造价的方法,定额计价法的最基本的依据是建设工程定额。定额计价法的基本过程概括地说,就是造价人员依据一个工程项目的设计图纸、施工组织设计、工程量计算规则等,完成统计工程量,再套用概(预)算定额以及相应的费用定额和工程资源要素的价格,汇总计算形成工程项目价格。

长期以来,我国发承包计价、定价以工程预算定额作为主要依据,因为预算定额是我国几十年实践的总结,具有一定的科学性和实践性,所以用这种方法确定工程造价计算过程简单、快速且比较准确,也有利于工程造价管理部门的管理。但预算定额是按照国家和行业统一管理的要求制定,发布、贯彻执行的工、料、机的消耗量,是根据"社会平均水平"综合测定的,费用标准是根据不同地区平均测算的,因此企业报价时就会表现为平均主义,企业不能结合项目具体情况、自身技术管理水平自主报价,不能充分调动企业加强管理的积极性,也不能充分体现市场公平竞争。

**(2)工程量清单计价法**

工程量清单计价法是改革和完善工程价格管理体制的一个重要组成部分,工程量清单计价法相对于传统的定额计价方法是一种新的计价模式,或者说是一种市场定价模式,是由建设产品的买方和卖方在建设市场上根据供求状况、信息状况进行自由竞价,从而最终能够签订工程合同价格的方法,在以工程量清单计价的过程中,工程量清单为建设市场的交易双方提供了一个平等的平台,其内容和编制原则的确定是整个计价方式改革中的重要工作。

招标投标实行工程量清单计价,是指招标人公开提供工程量清单,投标人自主报价或招标人编制标底及双方签订合同价款、工程结算等活动,工程量清单计价结果,应包括完成招标文件规定的工程量清单项目所需的全部费用,包括分部(分项)工程费、措施项目费、其他项目费和规费、税金等,其中计算分部(分项)工程费用则需要采用分部(分项)工程的综合单价完成,综合单价的产生是使用工程量清单计价方法的关键,投标报价中使用的各单价应由企业编制的企业定额产生。

目前信息通信建设工程在编制建设项目概(预)算时一般采用的是定额计价法。

### 5.4.1.3　定额的基本概念

**1)定额的概念**

建设工程定额是工程造价计价中非常重要的基础性的依据。所谓定额,就是规定的额度,是在一定的生产技术和劳动组织条件下,完成单位合格产品在人力、物力、财力的利用和消耗方面应当遵守的标准。

定额是在正常的施工条件下,完成单位合格产品所必需的人工、材料、施工机械设备及其资金消耗的数量标准。不同的产品有不同的质量要求,因此,不能把定额看成是单纯的数量关系,而应看成是质和量的统一体。考察个别的生产过程中的因素不能形成定额,只有从考察总体生产过程中的各生产因素归结出社会平均必需的数量标准,才能形成定额。同时,定额反映一定时期的社会生产力水平。

建设工程定额是指在正常的施工条件和合理劳动组织、合理使用材料及机械的条件下,完成单位合格产品所必须消耗资源的数量标准。其中的资源主要包括在建设生产过程中所投入的人工、材料、机械和资金等生产要素。建设工程定额反映了工程建设投入与产出的关系,它一般除了规定的数量标准以外,还规定了具体的工作内容、质量标准和安全要求等。

**2）定额的作用**

定额是管理科学的基础,在工程建设和企业管理中确定和执行先进合理的定额是技术和经济管理工作中的重要一环,定额的作用主要有以下几个方面。

**（1）定额是编制计划的基础**

工程建设活动需要编制各种计划来组织与指导生产,而计划编制中又需要各种定额来作为计算人力、物力、财力等资源需要量的依据,定额是编制计划的重要基础。

**（2）定额是确定工程造价和评价设计方案经济合理性的尺度**

工程造价是根据设计规定的工程规模、工程数量及相应的劳动力、材料、机械设备消耗量及其他必须消耗的资金确定的,其中,劳动力、材料、机械设备的消耗量又是根据定额计算出来的,定额是确定工程造价的依据,同时,建设项目投资的大小又反映了各种不同设计方案技术经济水平的高低,因此,定额又是比较和评价设计方案经济合理性的尺度。

**（3）定额是组织和管理施工的工具**

施工企业要计算、平衡资源需要量,组织材料供应,调配劳动力,签发任务单,组织劳动竞赛,调动人的积极因素,考核工程消耗和劳动生产率,贯彻按劳分配工资制度,计算工人报酬等,都要利用定额,因此,从组织施工和管理生产的角度来说,定额又是施工企业组织和管理施工的工具。

**（4）定额是总结先进生产方法的手段**

定额是在平均先进的条件下,通过对生产流程的观察、分析、综合等过程制定的,它可以最严格地反映出生产技术和劳动组织的先进合理程度,因此,我们就可以以定额方法为手段,对同一产品在同一操作条件下的不同的生产方法进行观察、分析和总结,从而得到一套比较完整的、优良的生产方法,作为生产中推广的范例。

由此可见,定额是实现工程项目,确定人力、物力和财力等资源需要量,有计划地组织生产,提高劳动生产率,降低工程造价,完成和超额完成计划的重要的技术经济工具,是工程管理和企业管理的基础。

**3）定额的分类**

建设工程定额是一个综合概念,是工程建设中各类定额的总称,可以按照不同的原则和方法对它进行科学的分类。

**（1）物质消耗分类**

按照定额反映的物质消耗内容分类,可以把工程建设定额分为劳动消耗定额、材料消耗定额和机械（仪表）消耗定额 3 种。

① 劳动消耗定额。劳动消耗定额是完成一定的合格产品（工程实体或劳务）规定活劳动消耗的数量标准。在这里,"劳动消耗"的含义仅仅是指劳动的消耗,而不是活劳动和物化劳动的全部消耗。劳动消耗定额又简称劳动定额。为了便于综合和核算,劳动定额大

多采用工作时间消耗量来计算劳动消耗的数量。所以劳动定额主要表现形式是时间定额,但同时也表现为产量。

②　材料消耗定额。材料消耗定额是指在节约和合理使用材料的条件下,生产单位生产合格产品所需要消耗一定品种规格的材料、半成品、配件、水、电和燃料等的数量标准,包括材料的使用量和必要的工艺性损耗及废料数量。材料消耗量多少,消耗是否合理,不仅关系到资源的有效利用,影响市场供求状况,而且对建设工程的项目投资、建筑产品的成本控制都起着决定性影响,材料消耗定额,在很大程度上可以影响材料的合理调配和使用,在产品生产数量和材料质量一定的情况下,材料的供应计划和需求都会受材料定额的影响。重视和加强材料定额管理,制定合理的材料消耗定额,是组织材料的正常供应,保证生产顺利进行,合理利用资源,减少积压和浪费的必要前提。

③　机械(仪表)消耗定额。我国机械(仪表)消耗定额是以一台机械一个工作班(8h)为计量单位,所以又称为机械(仪表)台班定额,机械(仪表)消耗定额是指为完成一定合格产品(工程实体或劳务)所规定的施工机械消耗的数量标准,机械消耗定额的主要表现形式是机械时间定额,但同时以产量定额表现。

（2）**程序和用途分类**

按照定额的编制程序和用途分类,可以把建设工程定额分为施工定额、预算定额、概算定额、投资估算指标和工期定额5种。

①　施工定额。是施工单位直接用于施工管理的一种定额,是编制施工作业计划、施工预算、计算工料,向班组下达任务书的依据,施工定额主要包括:劳动定额、机械(仪表)台班定额和材料消耗定额3个部分。

施工定额是按照平均先进性原则编制的,它以同一质的施工过程为对象,规定劳动消耗量、机械(仪表)工作时间(生产单位合格产品所需的机械、仪表工作时间,单位用台班表示)和材料消耗量。

②　预算定额。是编制预算时使用的定额,是确定一定计量单位的分部(分项)工程或结构构件的人工(工日)、机械(台班)、仪表(台班)和材料的消耗数量标准,每一项分部(分项)工程的定额,都规定有工作内容,以便确定该项定额的适用对象,而定额本身则规定有人工(工日)数(分等级表示或以平均等级表示)各种材料的消耗量(次要材料亦可综合地以价值表示)、机械台班数量和仪表台班数量等几个方面的实物指标。

全国统一预算定额里的预算价值,是以某地区的人工材料和机械台班预算单价为标准计算的,称为预算基价,基价可供设计、预算比较参考,编制预算时,如不能直接套用基价,则应根据各地的预算单价和定额的工料消耗标准,编制地区估价表。

③　概算定额。是编制概算时使用的定额,是确定一定计量单位,扩大分部、分项工程的工、料、机械台班和仪表台班消耗量的标准,是设计单位在初步设计阶段确定建筑(构筑

物)概略价值、编制概算、进行设计方案经济比较的依据,它也可用来概略地计算人工、材料、机械台班、仪表台班的需要数量,作为编制基建工程主要材料申请计划的依据,它的内容和作用与预算定额相似,但项目划分较粗,没有预算定额的准确性高。

④ 投资估算指标。是在项目建议书可行性研究阶段编制投资估算、计算投资需要量时使用的一种定额,往往以独立的单项工程或完整的工程项目为计算对象,它的概括程度与可行性研究阶段相适应,主要作用是为项目决策和投资控制提供依据。投资估算指标虽然往往根据历史的预决算资料和价格变动等资料编制,但其编制基础仍然离不开预算定额、概算定额。

⑤ 工期定额。是为各类工程规定的施工期限的定额天数,包括建设工期定额和施工工期定额两个层次:建设工期是指建设项目或独立的单项工程在建设过程中所耗用的时间总量,一般以月数或天数表示,它指从开工建设时起,到全部建成投产或交付使用时所经历的时间,但不包括由于计划调整而停(缓)建所延误的时间;施工工期一般是指单项工程或单位工程从开工到完工所经历的时间,是建设工期中的一部分,如单位工程施工工期,是指从正式开工起至完成承包工程全部设计内容并达到验收标准的全部有效天数。

## 5.4.2 概(预)算费用构成与计算

### 5.4.2.1 工程费用构成

信息通信建设工程项目总费用由各单项工程项目总费用构成:各单项工程总费用由工程费、工程建设其他费、预备费、建设期利息4个部分构成,具体项目构成如图5-79所示。

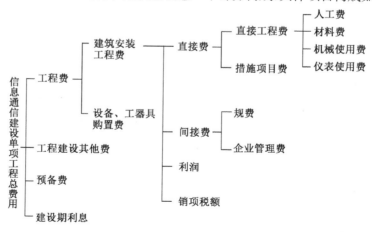

图 5-79  工程费用构成图

### 5.4.2.2 建筑安装工程费的构成与计算

建筑安装工程费是指在建设项目实施过程中发生的,列入建设安装工程施工预算内

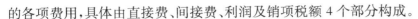

的各项费用,具体由直接费、间接费、利润及销项税额 4 个部分构成。

**1) 直接费**

直接费由直接工程费、措施项目费构成,各项费用均为不包括增值税可抵扣进项税额的税前造价。

**(1) 直接工程费**

指施工过程中耗用的构成工程实体和有助于工程实体形成的各项费用,包括人工费、材料费、机械使用费、仪表使用费。

① 人工费指直接从事建筑安装工程施工的生产人员的各项开支,包括:基本工资、工资性补贴、辅助工资、职工福利费和劳动保护费。

基本工资:指发放给生产人员的岗位工资和技能工资。

工资性补贴:指规定标准的物价补贴,如煤、燃气补贴,交通费补贴,住房补贴,流动施工津贴等。

辅助工资:指生产人员年平均有效施工天数以外非作业天数的工资。包括职工学习、培训期间的工资,调动工作、探亲、休假期间的工资,因气候影响的停工工资,女工哺乳期间的工资,病假在六个月以内的工资及产、婚、丧假期的工资。

职工福利费:指按规定标准计提的职工福利费。

劳动保护费:指规定标准的劳动保护用品的购置费及修理费,徒工服装补贴,防暑降温等保健费用。

人工费的计取方法:信息通信建设工程不分专业和地区工资类别,综合取定人工费(人工费单价为:技工为 114 元/工日;普工为 61 元/工日)。

技工费 = 技工单价 × 概(预)算的技工总工日;

普工费 = 普工单价 × 概(预)算的普工总工日;

人工费 = 技工费 + 普工费。

② 材料费指施工过程中实体消耗的原材料、辅助材料、构配件、零件、半成品的费用和周转使用材料的摊销,以及采购材料所发生的费用总和,内容包括:材料原价、材料运杂费、运输保险费、采购及保管费、采购代理服务费和辅助材料费。

材料费的计取方法:材料费 = 主要材料费 + 辅助材料费。

主要材料费 = 材料原价 + 运杂费 + 运输保险费 + 采购及保管费 + 采购代理服务费。

材料原价:供应价或供货地点价。

材料运杂费:是指材料(或器材)自来源地运至工地仓库(或指定堆放地点)所发生的费用。编制概算时,除水泥及水泥制品的运输距离按 500 km 计算,其他类型的材料运输距离按 1 500 km 计算。运杂费 = 材料原价 × 器材运杂费费率(表 5-28)。

表 5-28　器材运杂费费率表

| 费率(%) | | 器材名称 | | | | | |
|---|---|---|---|---|---|---|---|
| | | 光缆 | 电缆 | 塑料及塑料制品 | 木材及木制品 | 水泥及水泥构件 | 其他 |
| 运距 L(km) | $L \leqslant 100$ | 1.3 | 1.0 | 4.3 | 8.4 | 18.0 | 3.6 |
| | $100 < L \leqslant 200$ | 1.5 | 1.1 | 4.8 | 9.4 | 20.0 | 4.0 |
| | $200 < L \leqslant 300$ | 1.7 | 1.3 | 5.4 | 10.5 | 23.0 | 4.5 |
| | $300 < L \leqslant 400$ | 1.8 | 1.3 | 5.8 | 11.5 | 24.5 | 4.8 |
| | $400 < L \leqslant 500$ | 2.0 | 1.5 | 6.5 | 12.5 | 27.0 | 5.4 |
| | $500 < L \leqslant 750$ | 2.0 | 1.6 | 6.7 | 14.7 | — | 6.3 |
| | $750 < L \leqslant 1\,000$ | 2.2 | 1.7 | 6.9 | 16.8 | — | 7.2 |
| | $1\,000 < L \leqslant 1\,250$ | 2.3 | 1.8 | 7.2 | 18.9 | — | 8.1 |
| | $1\,250 < L \leqslant 1\,500$ | 2.4 | 1.9 | 7.5 | 21.0 | — | 9.0 |
| | $1\,500 < L \leqslant 1\,750$ | 2.6 | 2.0 | — | 22.4 | — | 9.6 |
| | $1\,750 < L \leqslant 2\,000$ | 2.8 | 2.3 | — | 23.8 | — | 10.2 |
| | $L > 2\,000$ km 每增 250 km 增加 | 0.3 | 0.2 | — | 1.5 | — | 0.6 |

运输保险费：指材料(或器材)自来源地运至工地仓库(或指定堆放地点)所发生的保险费用。运输保险费 = 材料原价×保险费率 0.1%。

采购及保管费：指为组织材料(或器材)采购及材料保管过程中所需要的各项费用。采购及保管费 = 材料原价×采购及保管费费率。

采购代理服务费：指委托中介采购代理服务的费用,按实计列。

辅助材料费：指对施工生产起辅助作用的材料所需要的各项费用,辅助材料费 = 主要材料费×辅助材料费费率(表 5-29)。

表 5-29　辅助材料费费率表

| 工程专业 | 计算基础 | 费率(%) |
|---|---|---|
| 有线、无线通信设备安装工程 | 主要材料费 | 3.0 |
| 电源设备安装工程 | | 5.0 |
| 通信线路工程 | | 0.3 |
| 通信管道工程 | | 0.5 |

注：无线通信工程辅助材料费费率按 3%计列。凡由建设单位提供的利旧材料,其材料费不计入工程成本,但作为计算辅助材料费的基础。

③ 机械使用费是指施工机械作业所发生的机械使用费及机械安拆费,内容包括：折

旧费、大修理费、经常修理费、安拆费、人工费、燃料动力费和税费。机械使用费的计算方式：机械使用费＝机械台班单价×概（预）算的机械台班量。

折旧费：指施工机械在规定的使用年限内，陆续收回其原值及购置资金的时间价值。

大修理费：指施工机械按规定的大修理间隔台班进行必要的大修理，以恢复其正常功能所需的费用。

经常修理费：指施工机械除大修理以外的各级保养和临时故障排除所需的费用。包括为保障机械正常运转所需替换设备与随机配备工具和附具的摊销、维护费用，机械运转中日常保养所需润滑与擦拭的材料费用及机械停滞期间的维护和保养费用等。

安拆费：指施工机械在现场进行安装与拆卸所需的人工、材料、机械和试运转费用以及机械辅助设施的折旧、搭设、拆除等费用。

人工费：指机上操作人员和其他操作人员在工作台班定额内的人工费。

燃料动力费：指施工机械在运转作业中所消耗的固体燃料（煤、木柴）、液体燃料（汽油、柴油）及水、电等。

税费：指施工机械按照国家规定应缴纳的车船使用税、保险费及年检费等。

④ 仪表使用费是指施工作业所发生的属于固定资产的仪表使用费，内容包括：折旧费、经常修理费、年检费和人工费。仪表使用费的计算方式：仪表使用费＝仪表台班单价×概（预）算的仪表台班量。

折旧费：是指施工仪表在规定的年限内，陆续收回其原值及购置资金的时间价值。

经常修理费：指施工仪表的各级保养和临时故障排除所需的费用。包括为保证仪表正常使用所需备件（备品）的摊销和维护费用。

年检费：指施工仪表在使用寿命期间定期标定与年检费用。

人工费：指施工仪表操作人员在工作台班定额内的人工费。

**（2）措施项目费**

措施项目费指为完成工程项目施工，发生于该工程前和施工过程中非工程实体项目的费用。

① 文明施工费：指施工现场为达到环保要求及文明施工所需要的各项费用。

文明施工费＝人工费×文明施工费费率（表 5-30）

表 5-30　文明施工费费率表

| 工程专业 | 计算基础 | 费率（%） |
|---|---|---|
| 无线通信设备安装工程 | 人工费 | 1.1 |
| 通信线路工程、通信管道工程 | | 1.5 |
| 有线通信设备安装工程、电源设备安装工程 | | 0.8 |

**注：** 无线通信工程文明施工费费率按 1.1% 计列。

② 工地器材搬运费：指由工地仓库至施工现场转运器材而发生的费用。

工地器材搬运费＝人工费×工地器材搬运费费率(表 5-31)

| 工程专业 | 计算基础 | 费率(%) |
|---|---|---|
| 通信设备安装工程 | 人工费 | 1.1 |
| 通信线路工程 | | 3.4 |
| 通信管道工程 | | 1.2 |

注：无线通信工程工地器材搬运费费率按 1.1%计列。因施工场地条件限制造成一次运输不能到达工地仓库时,可在此费用中按实际计列二次搬运费。

③ 工程干扰费：通信工程由于受市政管理、交通管制、人流密集、输配电设施等影响工效的补偿费用。

工程干扰费＝人工费×工程干扰费费率(表 5-32)

表 5-32　工程干扰费费率表

| 工程专业 | 计算基础 | 费率(%) |
|---|---|---|
| 通信线路工程(干扰地区)、通信管道工程(干扰地区) | 人工费 | 6.0 |
| 无线通信设备安装工程(干扰地区) | | 4.0 |

注：无线通信工程的工程干扰费费率按 4.0%计列。干扰地区指城区、高速公路隔离带、铁路路基边缘等施工地带；城区的界定以当地规划部门规划文件为准。

④ 工程点交、场地清理费：指按规定编制竣工图及资料、工程点交、施工场地清理等发生的费用。

工程点交、场地清理费＝人工费×工程点交、场地清理费费率(表 5-33)

表 5-33　工程点交、场地清理费费率表

| 工程专业 | 计算基础 | 费率(%) |
|---|---|---|
| 通信设备安装工程 | 人工费 | 2.5 |
| 通信线路工程 | | 3.3 |
| 通信管道工程 | | 1.4 |

注：无线通信工程的工程点交、场地清理费费率按 2.5%计列。

⑤ 临时设施费：指施工企业为进行工程施工所必须设置的生活和生产用的临时建筑物、构筑物和其他临时设施费用等。临时设施费用包括：临时设施的租用或搭设、维修、拆

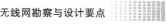

除费或摊销费。

临时设施费按施工现场与企业的距离划分为 35 km 以内、35 km 以外两档。

临时设施费 = 人工费 × 临时设施费费率（表5-34）

表5-34　临时设施费费率表

| 工程专业 | 计算基础 | 费率(%) | |
|---|---|---|---|
| | | 距离≤35 km | 距离>35 km |
| 通信设备 | 人工费 | 3.8 | 7.6 |
| 通信线路 | | 2.6 | 5.0 |
| 通信管道 | | 6.1 | 7.6 |

注：无线通信工程临时设施费费率在施工现场与企业的距离 35 km 以内按 3.8% 计列，在施工现场与企业的距离 35 km 以外按 7.6% 计列。

⑥ 工程车辆使用费：指工程施工中接送施工人员、生活用车等（含过路、过桥）费用。

工程车辆使用费 = 人工费 × 工程车辆使用费费率（表5-35）

表5-35　工程车辆使用费费率表

| 工程专业 | 计算基础 | 费率(%) |
|---|---|---|
| 无线通信设备安装工程、通信线路工程 | 人工费 | 5.0 |
| 有线通信设备安装工程、电源设备安装工程、通信管道工程 | | 2.2 |

注：无线通信工程车辆使用费费率按 5.0% 计列。

⑦ 夜间施工增加费：指因夜间施工所发生的夜间补助费、夜间施工降效、夜间施工照明设备摊销及照明用电等费用。

夜间施工增加费 = 人工费 × 夜间施工增加费费率（表5-36）

表5-36　夜间施工增加费费率表

| 工程专业 | 计算基础 | 费率(%) |
|---|---|---|
| 通信设备安装工程 | 人工费 | 2.1 |
| 通信线路工程（城区部分）、通信管道工程 | | 2.5 |

注：无线通信工程夜间施工增加费费率按 2.1% 计列。此项费用不考虑施工时段，均按相应费率计取。

⑧ 冬雨季施工增加费：指在冬雨季施工时所采取的防冻、保温、防雨、防滑等安全措施及工效降低所增加的费用。

冬雨季施工增加费 = 人工费 × 冬雨季施工增加费费率(表 5-37,表 5-38)

表 5-37　冬雨季施工增加费费率表

| 工程专业 | 计算基础 | 费率(%) | | |
|---|---|---|---|---|
| | 地区分类 | Ⅰ | Ⅱ | Ⅲ |
| 通信设备安装工程(室外部分) | 人工费 | 3.6 | 2.5 | 1.8 |
| 通信线路工程、通信管道工程 | | | | |

表 5-38　冬雨季施工地区分类表

| 地区分类 | 省、自治区、直辖市名称 |
|---|---|
| Ⅰ | 黑龙江、青海、新疆、西藏、辽宁、内蒙古、吉林、甘肃 |
| Ⅱ | 陕西、广东、广西、海南、浙江、福建、四川、宁夏、云南 |
| Ⅲ | 其他地区 |

注：此费用在编制预算时不考虑施工所处季节,均按相应费率计取。如工程跨越多个地区分类档,按高档计取该项费用。

⑨ 生产工具用具使用费：指施工所需的不属于固定资产的工具用具等的购置、摊销、维修费。

生产工具用具使用费 = 人工费 × 生产工具用具使用费费率(表 5-39)

表 5-39　生产工具用具使用费费率表

| 工程专业 | 计算基础 | 费率(%) |
|---|---|---|
| 通信设备安装工程 | 人工费 | 0.8 |
| 通信线路工程、通信管道工程 | | 1.5 |

注：无线通信工程生产工具用具使用费费率按 2.1% 计列。此项费用不考虑施工时段,均按相应费率计取。

⑩ 施工用水电蒸汽费：指施工生产过程中使用水、电、蒸汽所发生的费用。通信建设工程依照施工工艺要求按实计列施工用水电蒸汽费。

⑪ 特殊地区施工增加费：指在原始森林地区、2 000 m 以上高原地区、沙漠地区、山区无人值守站、化工区、核工业区等特殊地区施工所需增加的费用(表 5-40)。

特殊地区施工增加费 = 特殊地区补贴金额 × 总工日

表 5-40　特殊地区分类及补贴表

| 地区分类 | 高海拔地区 | | 原始森林、沙漠、化工、核工业、山区无人值守站地区 |
|---|---|---|---|
| | 4 000 m 以下 | 4 000 m 以下 | |
| 补贴金额（元/天） | 8 | 25 | 17 |

注：如工程所在地同时存在上述多种情况，按高档计取该项费用。

⑫ 已完工程及设备保护费：指竣工验收前，对已完工程及设备进行保护所需的费用。

已完工程及设备保护费 = 人工费 × 已完工程及设备保护费费率（表 5-41）

表 5-41　已完工程及设备保护费费率表

| 工程专业 | 计算基础 | 费率（%） |
|---|---|---|
| 通信线路工程 | 人工费 | 2.0 |
| 通信管道工程 | | 1.8 |
| 无线通信设备安装工程 | | 1.5 |
| 有线通信设备安装工程 | | 1.8 |

注：无线通信工程已完工程及设备保护费费率按 1.5% 计列。

⑬ 运土费：指工程施工中，需从远离施工地点取土或向外倒运土方所发生的费用。

运土费 = 工程量（吨·千米）× 运费单价[元/（吨·千米）]。

工程量由设计按实计列，运费单价按工程所在地运价计算。

⑭ 施工队伍调遣费：指因建设工程的需要，应支付施工队伍的调遣费用。内容包括：调遣人员的差旅费、调遣期间人员的工资、施工工具与用具等的运费（表 5-42，表 5-43）。

施工队伍调遣费按调遣费定额计算。施工现场与企业的距离在 35 km 以内时，不计取此项费用。

施工队伍调遣费 = 单程调遣费定额 × 调遣人数 × 2。

表 5-42　施工队伍单程调遣费定额表

| 调遣里程（$L$）(km) | 调遣费（元） | 调遣里程（$L$）(km) | 调遣费（元） |
|---|---|---|---|
| 35<$L$≤100 | 141 | 1 600<$L$≤1 800 | 634 |
| 100<$L$≤200 | 174 | 1 800<$L$≤2 000 | 675 |
| 200<$L$≤400 | 240 | 2 000<$L$≤2 400 | 746 |
| 400<$L$≤600 | 295 | 2 400<$L$≤2 800 | 918 |
| 600<$L$≤800 | 356 | 2 800<$L$≤3 200 | 979 |

| 调遣里程（$L$）（km） | 调遣费（元） | 调遣里程（$L$）（km） | 调遣费（元） |
|---|---|---|---|
| 800＜$L$≤1 000 | 372 | 3 200＜$L$≤3 600 | 1 040 |
| 1 000＜$L$≤1 200 | 417 | 3 600＜$L$≤4 000 | 1 203 |
| 1 200＜$L$≤1 400 | 565 | 4 000＜$L$≤4 400 | 1 271 |
| 1 400＜$L$≤1 600 | 598 | $L$＞4 400 km后，每增加200 km增加调遣费 | 48 |

表 5-43　施工队伍调遣人数定额表

| 通信设备安装工程 | | | |
|---|---|---|---|
| 概（预）算技工总工日 | 调遣人数（人） | 概（预）算技工总工日 | 调遣人数（人） |
| 500 工日以下 | 5 | 4 000 工日以下 | 30 |
| 1 000 工日以下 | 10 | 5 000 工日以下 | 35 |
| 2 000 工日以下 | 17 | 5 000 工日以上（每增加1 000工日增加人数） | 3 |
| 3 000 工日以下 | 24 | | |

⑮ 大型施工机械调遣费：指大型施工机械调遣所发生的运输费用（表5-44，表5-45）。

大型施工机械调遣费 ＝ 调遣用车运价×调遣运距×2

表 5-44　大型施工机械吨位表

| 机械名称 | 吨位 | 机械名称 | 吨位 |
|---|---|---|---|
| 混凝土搅拌机 | 2 | 水下光（电）缆沟挖冲机 | 6 |
| 电缆拖车 | 5 | 液压顶管机 | 5 |
| 微管微缆气吹设备 | 6 | 微控钻孔敷管设备（25 t以下） | 8 |
| 气流敷设吹缆设备 | 8 | 微控钻孔敷管设备（25 t以上） | 12 |
| 回旋钻机 | 11 | 液压钻机 | 15 |
| 型钢剪断机 | 4.2 | 磨钻机 | 0.5 |

表 5-45　调遣用车吨位及运价表

| 工程专业 | 吨位 | 运价（元/千米） | |
|---|---|---|---|
| | | 单程运距≤100 km | 单程运距＞100 km |
| 工程机械运输车 | 5 | 10.8 | 7.2 |
| 工程机械运输车 | 8 | 13.7 | 9.1 |
| 工程机械运输车 | 15 | 17.8 | 12.5 |

**2）间接费**

间接费由规费、企业管理费构成,各项费用均为不包括增值税可抵扣进项税额的税前造价。具体内容如下：

**（1）规费**

指政府和有关部门规定必须缴纳的费用(简称规费),包括：工程排污费、社会保障费、住房公积金和危险作业意外伤害保险费(表5-46)。其中,工程排污费根据施工所在地政府部门相关规定计取。社会保障费/住房公积金/危险作业意外伤害保险费 = 人工费 × 相应费率。

① 工程排污费：指施工现场按规定缴纳的工程排污费。

② 社会保障费：

养老保险费：指企业按国家规定标准为职工缴纳的基本养老保险费。

失业保险费：指企业按照国家规定标准为职工缴纳的失业保险费。

医疗保险费：指企业按照国家规定标准为职工缴纳的基本医疗保险费。

生育保险费：是指企业按照国家规定标准为职工缴纳的生育保险费。

工伤保险费：是指企业按照国家规定标准为职工缴纳的工伤保险费。

$$社会保障费 = 人工费 × 社会保障费费率$$

③ 住房公积金：指企业按照国家规定标准为职工缴纳的住房公积金。

④ 危险作业意外伤害保险费：指企业为从事危险作业的建筑安装施工人员支付的意外伤害保险费。

表 5-46 规费费率表

| 工程专业 | 工程专业 | 计算基础 | 费率(%) |
|---|---|---|---|
| 社会保障费 | 各类通信工程 | 人工费 | 28.50 |
| 住房公积金 | | | 4.19 |
| 危险作业意外伤害保险费 | | | 1.00 |

**（2）企业管理费**

指施工企业组织施工生产和经营管理所需费用,企业管理费 = 人工费 × 企业管理费费率(表5-47)。包括以下内容。

管理人员工资：指管理人员的基本工资、工资性补贴、职工福利费、劳动保护费等。

办公费：是指企业管理办公用的文具、纸张、账表、印刷、邮电、书报、办公软件、现场监控、会议、水电、烧水和集体取暖降温等费用。

差旅交通费：指职工因公出差、调动工作的差旅费、住勤补助费,市内交通费和误餐补助费,职工探亲路费,劳动力招募费,职工离退休、退职一次性路费,工伤人员就医路费,工地转移费以及管理部门使用的交通工具的油料、燃料等费用。

固定资产使用费:指管理和试验部门及附属生产单位使用的属于固定资产的房屋、设备、仪器等的折旧、大修、维修或租赁费。

工具用具使用费:指管理使用的不属于固定资产的生产工具、器具、家具、交通工具和检验、测绘、消防用具等的购置、维修和摊销费。

劳动保险费:指由企业支付离退休职工的异地安家补助费、职工退职金、六个月以上的病假人员工资、按规定支付给离退休干部的各项经费。

工会经费:指按企业技职工工资总额计提的工会经费。

职工教育经费:是指按职工工资总额的规定比例计提,企业为职工进行专业技术和职业技能培训,专业技术人员继续教育、职工职业技能鉴定、职业资格认定以及根据需要对职工进行各类文化教育所发生的费用。

财产保险费:指施工管理用财产、车辆保险等的费用。

财务费:是指企业为施工生产筹集资金或提供预付款担保、履约担保、职工工资支付担保等所发生的各种费用。

税金:指企业按规定缴纳的城市维护建设税、教育费附加税、地方教育费附加税、房产税、车船使用税、土地使用税、印花税等。

其他:包括技术转让费、技术开发、技标费、业务招待费、绿化费、广告费、公证费、法律顾问费、审计费、咨询费等。

表 5-47　企业管理费费率表

| 工程专业 | 计算基础 | 费率(%) |
|---|---|---|
| 各类通信工程 | 人工费 | 27.4 |

**3)利润**

利润指施工企业完成所承包工程获得的盈利,利润 = 人工费×利润率(表 5-48)。

表 5-48　利润率表

| 工程专业 | 计算基础 | 费率(%) |
|---|---|---|
| 各类通信工程 | 人工费 | 20.0 |

**4)销项税额**

销项税额指按国家税法规定应计入建筑安装工程造价的增值税销项税额。

销项税额 = (人工费 + 乙供主材费 + 辅材费 + 机械使用费 + 仪表使用费 + 措施费 +

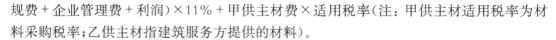

规费＋企业管理费＋利润)×11%＋甲供主材费×适用税率(注：甲供主材适用税率为材料采购税率;乙供主材指建筑服务方提供的材料)。

### 5.4.2.3 设备、工器具购置费的构成与计算

设备、工器具购置费指根据设计提出的设备(包括必需的备品备件)、仪表、工器具清单,按设备原价、运杂费、采购及保管费、运输保险费和采购代理服务费计算的费用。

$$设备、工器具购置费＝设备原价＋运杂费＋运输保险费＋$$
$$采购及保管费＋采购代理服务费$$

式中:设备原价＝供应价或供货地点价;运杂费＝设备原价×设备运杂费费率;运输保险费＝设备原价×保险费费率;采购及保管费＝设备原价×采购及保管费费率;采购代理服务费按实计列。

进口设备(材料)的国外运输费、国外运输保险费、关税、增值税、外贸手续费、银行财务费、国内运杂费、国内运输保险费、进口设备(材料)国内检验费、海关监管手续费等按进口货价计算后计入相应的设备材料费中。单独引进软件不计关税只计增值税。

### 5.4.2.4 工程建设其他费构成与计算

工程建设其他费指应在建设项目的建设投资中开支的固定资产其他费用、无形资产费用和其他资产费用。

**1) 建设用地及综合赔补费**

建设用地及综合赔补费指按照《中华人民共和国土地管理法》等规定,建设项目征用土地或租用土地应支付的费用,内容包括以下几点。

① 土地征用及迁移补偿费。经营性建设项目通过出让方式购置的土地使用权(或建设项目通过划拨方式取得无限期的土地使用权)而支付的土地补偿费、安置补偿费、地上附着物和青苗补偿费、余物迁建补偿费、土地登记管理费等;行政事业单位的建设项目通过出让方式取得土地使用权而支付的出让金;建设单位在建设过程中发生的土地复垦费用和土地损失补偿费用;建设期间临时占地补偿费。

② 征用耕地按规定一次性缴纳的耕地占用税;征用城镇土地在建设期间按规定每年缴纳的城镇土地使用税;征用城市郊区菜地按规定缴纳的新菜地开发建设基金。

③ 建设单位租用建设项目土地使用权而支付的租地费用。

④ 建设单位因建设项目期间租用建筑设施、场地费用,以及国有项目施工造成所在地企事业单位或居民的生产、生活干扰而支付的补偿费用。

根据应征建设用地面积、临时用地面积,按建设项目所在省、市、自治区人民政府制定颁发的土地征用补偿费、安置补助费标准和耕地占用税、城镇土地使用税标准计算建设用地及综合赔补费。建设用地上的建(构)筑物如需迁建,其迁建补偿费应按迁建补偿协议

计列或按新建同类工程造价计算。

**2）项目建设管理费**

项目建设管理费指项目建设单位从项目筹建之日起至办理竣工财务决算之日止发生的管理性质的支出。包括：不在原单位发工资的工作人员的工资及相关费用、办公费、办公场地租用费、差旅交通费、劳动保护费、工具用具使用费、固定资产使用费、招募生产工人费、技术图书资料费（含软件）、业务招待费、施工现场津贴、竣工验收费和其他管理性质开支。

实行代建管理的项目，代建管理费按照不高于项目建设管理费标准核定。一般不得同时列支代建管理费和项目建设管理费，确需同时发生的，两项费用之和不得高于项目建设管理费限额。

建设单位可根据《关于印发〈基本建设项目建设成本管理规定〉的通知》（财建〔2016〕504号）结合自身实际情况制定项目建设管理费取费规则。如建设项目采用工程总承包方式，其总包管理费由建设单位与总包单位根据总包工作范围在合同中商定，从项目建设管理费中列支。

**3）可行性研究费**

可行性研究费指在建设项目前期工作中，编制和评估项目建议书、可行性研究报告所需的费用。根据《国家发展改革委关于进一步放开建设项目专业服务价格的通知》（发改价格〔2015〕299号）文件的要求，可行性研究服务收费实行市场调节价。

**4）研究试验费**

研究试验费指为本建设项目提供或验证设计数据、资料等进行必要的研究试验及按照设计规定在建设过程中必须进行试验、验证所需的费用。

研究试验费根据建设项目研究试验内容和要求进行编制，但不包括以下项目：

① 应由科技三项费用（新产品试制费、中间试验费和重要科学研究补助费）开支的项目。

② 应在建筑安装费用中列支的施工企业对材料、构件进行一般鉴定、检查所发生的费用及技术革新的研究试验费。

③ 应在勘察设计费或工程费中开支的项目。

**5）勘察设计费**

勘察设计费指委托勘察设计单位进行工程勘察、工程设计所发生的各项费用。勘察设计费的计列根据《国家发展改革委关于进一步放开建设项目专业服务价格的通知》（发改价格〔2015〕299号）文件的要求，勘察设计费实行市场调节价。

**6）环境影响评价费**

环境影响评价费指按照《中华人民共和国环境保护法》《中华人民共和国环境影响评

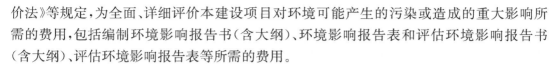

价法》等规定,为全面、详细评价本建设项目对环境可能产生的污染或造成的重大影响所需的费用,包括编制环境影响报告书(含大纲)、环境影响报告表和评估环境影响报告书(含大纲)、评估环境影响报告表等所需的费用。

环境影响评价费的计列根据《国家发展改革委关于进一步放开建设项目专业服务价格的通知》(发改价格〔2015〕299号)文件的要求,环境影响咨询服务收费实行市场调节价。

**7)建设工程监理费**

建设工程监理费指建设单位委托工程监理单位实施工程监理的费用。建设工程监理费的计列根据《国家发展改革委关于进一步放开建设项目专业服务价格的通知》(发改价格〔2015〕299号)文件的要求,建设工程监理服务收费实行市场调节价,可参照相关标准作为计价基础。

**8)安全生产费**

安全生产费指施工企业按照国家有关规定和建筑施工安全标准,购置施工防护用具、落实安全施工措施以及改善安全生产条件所需要的各项费用。

安全生产费的计列参照《企业安全生产费用提取和使用管理办法》(财资〔2022〕136号)文规定执行。

建设工程施工企业以建筑安装工程造价为计提依据,各建设工程类别安全费用提取标准为:市政公用工程、冶炼工程、机电安装工程、化工石油工程、港口与航道工程、公路工程、通信工程按2.0%计提。

建设工程施工企业提取的安全费用列入工程造价,在竞标时,不得删减,不得列入标外管理。国家对基本建设投资概算另有规定的,从其规定。

总包单位应当将安全费用按比例直接支付分包单位并监督使用,分包单位不再重复提取。

**9)引进技术及进口设备其他费**

引进技术及进口设备其他费包括以下4项:

① 引进项目图纸资料翻译复制费、备品备件测绘费。费用按照引进项目的具体情况计列或按引进设备到岸价的比例估列。

② 出国人员费用。包括买方人员出国设计联络、出国考察、联合设计、监造、培训等所发生的差旅费、生活费、制装费等。费用依据合同规定的出国人次、期限和费用标准计算。生活费及制装费按照财政部、外交部规定的现行标准计算,旅费按中国民航公布的国际航线票价计算。

③ 来华人员费用。包括卖方来华工程技术人员的现场办公费用、往返现场交通费用、工资、食宿费用、接待费用等。费用应依据引进合同有关条款规定计算。引进合同价款中

已包括的费用内容不得重复计算。来华人员接待费用可按每人次费用指标计算。

④ 银行担保及承诺费。指引进项目由国内外金融机构出面承担风险和责任担保所发生的费用，以及支付贷款机构的承诺费用。费用应按担保或承诺协议计取。

**10）工程保险费**

工程保险费指建设项目在建设期间根据需要对建筑工程、安装工程及机器设备进行投保而发生的保险费用。包括建筑安装工程一切险、进口设备财产和人身意外伤害险等。

不投保的工程不计取此项费用。不同的建设项目可根据工程特点选择投保险种，根据投保合同计列保险费用。

**11）工程招标代理费**

工程招标代理费指招标人委托代理机构编制招标文件、编制标底、审查投标人资格、组织投标人踏勘现场并答疑，组织开标、评标、定标，以及提供招标前期咨询、协调合同的签订等业务所收取的费用。

根据《国家发展改革委关于进一步放开建设项目专业服务价格的通知》（发改价格〔2015〕299 号）文件的要求，工程招标代理服务收费实行市场调节价，可参照相关标准作为计价基础。

**12）专利及专用技术使用费**

专利及专用技术使用费内容包括：国外设计及技术资料费、引进有效专利、专有技术使用费和技术保密费；国内有效专利、专有技术使用费用；商标使用费、特许经营权费等。

费用按专利使用许可协议和专有技术使用合同的规定计列。专有技术的界定应以省、部级鉴定机构的批准为依据。项目投资中只计取需要在建设期支付的专利及专有技术使用费。协议或合同规定在生产期支付的使用费应在成本中核算。

**13）生产准备及开办费**

生产准备及开办费是指建设项目为保证正常生产（或营业、使用）而发生的人员培训费、提前进场费以及投产使用初期必备的生产生活用具、工器具等购置费用。

人员培训费及提前进场费：自行组织培训或委托其他单位培训的人员工资、工资性补贴、职工福利费、差旅交通费、劳动保护费、学习资料费等。

为保证初期正常生产、生活（或营业、使用）所必需的生产办公、生活家具（用具）购置费；为保证初期正常生产（或营业、使用）必需的第一套不够固定资产标准的生产工具、器具、用具购置费（不包括备品备件费）。

新建项目按设计定员为基数计算，改扩建项目按新增设计定员为基数计算：生产准备及开办费＝设计定员×生产准备费指标（元/人）。生产准备及开办费指标由投资企业自

行测算,此项费用列入运营费。

**14) 其他费用**

根据建设任务的需要,必须在建设项目中列支的其他费用,如中介机构审查费等。

### 5.4.2.5　预备费、建设期利息

**1) 预备费**

预备费是指在初步设计阶段编制概算时难以预料的工程费用,包括基本预备费和价差预备费。

① 基本预备费。在进行技术设计、施工图设计和施工过程中,在批准的初步设计概算范围内所增加的工程费用。由一般自然灾害所造成的损失和预防自然灾害所采取的措施的项目费用构成;竣工验收时为鉴定工程质量,必须开挖和修复隐蔽工程的费用。

② 价差预备费

指设备、材料的价差。

价差预备费 = (工程费 + 工程建设其他费) × 预备费费率(表 5-49)

**表 5-49　预备费费率表**

| 工程专业 | 计算基础 | 费率(%) |
|---|---|---|
| 通信设备安装工程 | 工程费 + 工程建设其他费 | 3.0 |
| 通信线路工程 | | 4.0 |
| 通信管道工程 | | 5.0 |

注:无线通信工程预备费费率按 3.0% 计列。

**2) 建设期利息**

建设期利息是建设项目在建设期内发生并应计入固定资产的贷款利息等财务费用,包括向国内银行和其他非银行金融机构贷款、出口信贷、外国政府贷款、国际商业银行贷款以及在境内外发行的债券等在建设期内应偿还的借款利息。建设期贷款利息实行复利计算,按银行当期利率计算。

## 5.4.3　概(预)算定额

概(预)算定额是在编制施工图预算时计算工程人工(工日)、材料、机械(台班)等消耗量的一种定额。施工图预算需要按照施工图纸和工程量计算规则计算工程量,还需要借助预算定额来计算人工、材料和机械台班等的消耗量,并在此基础上计算出资金的需要量,计算出建筑安装工程的价格。

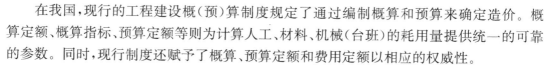

在我国,现行的工程建设概(预)算制度规定了通过编制概算和预算来确定造价。概算定额、概算指标、预算定额等则为计算人工、材料、机械(台班)的耗用量提供统一的可靠的参数。同时,现行制度还赋予了概算、预算定额和费用定额以相应的权威性。

### 5.4.3.1 依据规范

信息通信建设工程的概(预)算编制统一参照我国工业和信息化部下发的《信息通信建设工程预算定额》《信息通信建设工程费用定额》《信息通信建设工程概(预)算编制规程》文件要求执行。

目前现行的具体文件为《工业和信息化部关于印发信息通信建设工程预算定额、工程费用定额及工程概(预)算编制规程的通知》(工信部通信〔2016〕451号),自2017年5月1日起施行,同时废止工业和信息化部《关于发布〈通信建设工程概算、预算编制办法〉及相关定额的通知》(工信部规〔2008〕75号)。其中,《信息通信建设工程预算定额》(以下简称"451号预算定额")是信息通信建设工程中完成规定计量单位工程所需要的人工、材料、施工机械和仪表的消耗量标准,是以现行通信工程建设标准、质量评定标准及安全操作规程等文件为依据,按符合质量标准的施工工艺、合理工期及劳动组织形式条件进行编制的,适用于新建、扩建工程,改建工程可参照使用。

2021年5月17日,工业和信息化部通信工程定额质监中心发布了《第五代移动通信设备安装工程造价编制指导意见》,可用于第五代移动通信设备安装工程建设需要,文件自2021年6月1日起施行,对于该指导意见中未涵盖内容,可参照《信息通信建设工程预算定额》(工信部通信〔2016〕451号)执行。

信息通信建设工程用预算定额代替概算定额编制概算,因此,工程概(预)算的定额均参考以上预算定额文件计取。

### 5.4.3.2 定额编册

《工业和信息化部关于印发信息通信建设工程预算定额、工程费用定额及工程概(预)算编制规程的通知》(工信部通信〔2016〕451号)文件共分5册,包括:《第一册 通信电源设备安装工程》(册名代号TSD);《第二册 有线通信设备安装工程》(册名代号TSY);《第三册 无线通信设备安装工程》(册名代号TSW);《第四册 通信线路工程》(册名代号TXL);《第五册 通信管道工程》(册名代号TGD)。

《第五代移动通信设备安装工程造价编制指导意见》另外单独成册。

### 5.4.3.3 定额内容

"451号预算定额"根据工程建设内容,通过定额编号、项目名称、定额单位、人工消耗量、主要材料消耗量、机械及仪表消耗量规定了某项具体工作所需要的人工、材料、施工机械和仪表的消耗量标准,用于计算工程量(图5-80)。

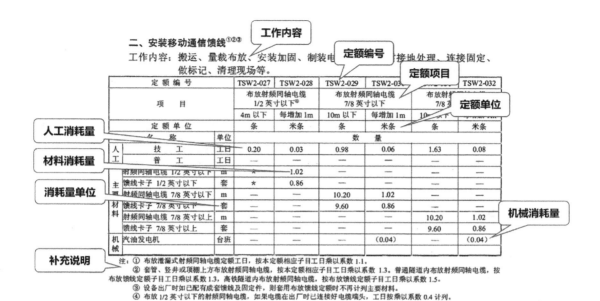

二、安装移动通信馈线①②③

工作内容：搬运、量裁布放、安装加固、制装电□□接地处理、连接固定、做标记、清理现场等。

| 定额编号 | | TSW2-027 | TSW2-028 | TSW2-029 | TSW2-03□ | | TSW2-032 |
|---|---|---|---|---|---|---|---|
| 项 目 | | 布放射频同轴电缆 1/2 英寸以下④ | | 布放射频同轴电缆 7/8 英寸以下 | | 布放射频 7/8 | |
| | | 4m 以下 | 每增加 1m | 10m 以下 | 每增加 1m | 10□□□ | |
| 定 额 单 位 | | 条 | 米条 | 条 | 米条 | 条 | 米条 |
| 名 称 | 单位 | | | 数 量 | | | |
| 人工 技 工 | 工日 | 0.20 | 0.03 | 0.98 | 0.06 | 1.63 | 0.08 |
| 普 工 | 工日 | — | — | — | — | — | — |
| 主材 射频同轴电缆 1/2 英寸以下 | m | * | 1.02 | — | — | — | — |
| 馈线卡子 1/2 英寸以下 | 套 | * | 0.86 | — | — | — | — |
| 射频同轴电缆 7/8 英寸以下 | m | — | — | 10.20 | 1.02 | — | — |
| 材料 馈线卡子 7/8 英寸以下 | 套 | — | — | 9.60 | 0.86 | — | — |
| 射频同轴电缆 7/8 英寸以上 | m | — | — | — | — | 10.20 | 1.02 |
| 馈线卡子 7/8 英寸以上 | 套 | — | — | — | — | 9.60 | 0.86 |
| 机械 汽油发电机 | 台班 | — | — | (0.04) | — | (0.04) | — |

注：① 布放泄漏式射频同轴电缆定额工日，按本定额相应子目工日乘以系数 1.1。
② 套管、竖井或顶棚上方布放射频同轴电缆，按本定额相应子目工日乘以系数 1.3。普通隧道内布放射频同轴电缆，按布放馈线定额工日乘以系数 1.3，高铁隧道内布放射频同轴电缆，按布放馈线定额子目工日乘以系数 1.5。
③ 设备出厂时如已配有成套馈线及固定件，则套用布放馈线定额时不再计列主要材料。
④ 布放 1/2 英寸以下的射频同轴电缆，如果电缆在出厂时已连接好电缆端头，工日按乘以系数 0.4 计列。

图 5-80　定额项目表主要内容举例

**1）定额编号**

定额子目编号由 3 部分组成：第一部分为册名代号，由汉语拼音（字母）缩写而成；第二部分为定额子目所在的章号，由 1 位阿拉伯数字表示；第三部分为定额子目所在章内的序号，由 3 位阿拉伯数字表示（图 5-81）。

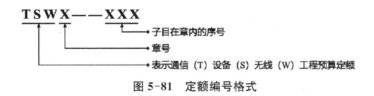

图 5-81　定额编号格式

例如，"TSW2-023"表示《第三册 无线通信设备安装工程》第二章的第二十三条目，定额内容为：安装调测卫星全球定位系统（GPS）天线。

**2）定额项目及单位**

定额项目名称一般为该项工作内容的简称，围绕施工内容和相应场景进行简单描述。定额单位规定了该项工作内容的计量单位。

**3）人工消耗量**

预算定额中人工消耗量是指完成定额规定计量单位所需要的全部工序用工量，又称为人工定额,以工日为单位计算,并分为技工和普工。凡是由技工操作的工序内容均按技工计取工日,凡是由非技工操作的工序内容均按普工计取工日。

无线通信设备安装工程的人工工日均以技工作业取定。

**4) 主要材料消耗量**

主要材料指的在建安工程中或产品构成中形成产品实体的各种材料。预算定额中只计列主要材料,包括直接用于安装工程中的主要材料净用量和规定的损耗,不含辅助材料。辅助材料以费用的方式表现,其计算方法按《信息通信建设工程费用定额》的要求执行。

**5) 机械及仪表消耗量**

信息通信工程施工中凡是单位价值在 2 000 元以上,构成固定资产的机械、仪表,定额中均给定了台班消耗量。

预算定额中施工机械、仪表台班消耗量标准,是指 1 台施工机械或仪器 1 天(8 小时)完成合格产品数量作为台班产量定额,再以一定的机械幅度差来确定单位产品所需要的机械台班量,即"预算定额中台班消耗量 = 1/每台机械/仪器一天(8 小时)产量"。

机械幅度差是指按上述方法计算施工机械台班消耗量时,尚有一些因素未包括在台班消耗量内,需增加一定幅度,一般以百分率表示。

### 5.4.3.4　常用定额

《工业和信息化部关于印发信息通信建设工程预算定额、工程费用定额及工程概(预)算编制规程的通知》(工信部通信〔2016〕451 号)以及《第五代移动通信设备安装工程造价编制指导意见》,分别用于 2G/3G/4G 和 5G 移动通信设备安装工程建设,以下对常见定额内容进行介绍。

**1) 2G/3G/4G 移动通信设备安装**

2G/3G/4G 移动通信设备安装工程建设常用定额依据《工业和信息化部关于印发信息通信建设工程预算定额、工程费用定额及工程概(预)算编制规程的通知》(工信部通信〔2016〕451 号)文件《第三册　无线通信设备安装工程》,包括五章内容:安装机架、缆线及辅助设备;安装移动通信设备;安装微波通信设备;安装卫星通信地球站设备;安装铁塔及铁塔基础施工。

表 5-50　无线网常用定额内容

| 序号 | 章节名称 | 内容构成 |
|---|---|---|
| 1 | 安装机架、缆线及辅助设备 | ● 安装室内外缆线走道<br>● 安装机架(柜)、配线架(箱)、防雷接地、附属设备<br>● 布放设备缆线<br>● 安装防护及加固设施 |

续表

| 序号 | 章节名称 | 内容构成 |
|------|----------|----------|
| 2 | 安装移动通信设备 | • 安装、调测移动通信天、馈线<br>• 安装、调测基站设备<br>• 联网调测<br>• 安装、调测无线局域网设备(WLAN) |
| 3 | 安装微波通信设备 | • 安装、调测微波天、馈线<br>• 安装、调测数字微波设备<br>• 微波系统调测<br>• 安装、调测一点多址数字微波通信设备<br>• 安装、调测视频传输设备 |
| 4 | 安装卫星通信地球站设备 | • 安装、调测卫星地球站天、馈线系统<br>• 安装、调测地球站设备<br>• 地球站设备系统调测<br>• 安装、调测 VSAT 卫星地球站设备 |
| 5 | 安装铁塔及铁塔基础施工 | • 安装铁塔组立<br>• 基础处理工程 |

常用定额主要为第一章、第二章内容,按以下工作内容的不同,规定了标准的人工消耗量,具体包括以下几项。

① 安装室内外缆线走道:安装室内电缆槽道及走线架、安装室外馈线走道、安装馈线支架、安装软光纤走线槽。

② 安装机架(柜):包括安装电源分配架(柜)/箱、安装有源综合架(柜)/箱、安装无源综合架(柜)/箱、带电更换空气开关/熔断器、增(扩)子机框。

③ 安装配线架、箱。

④ 安装防雷接地:安装防雷箱、安装接地排、安装防雷器、跨接线安装、接地网电阻测试。

⑤ 安装附属设备:敷设硬质 PVC 管(槽)、敷设钢管、安装波纹软管、安装电表箱、安装打印机、微机终端。

⑥ 布放设备缆线:放绑设备电缆、编扎、焊(绕、卡)接设备电缆。

⑦ 布放软光纤、控制信号线、跳线:放绑软光纤、室外布放控制信号线、DDF 布放跳线。

⑧ 布放射频拉远单元用光缆:布放 RRU 用光缆、制作光缆成端接头。

⑨ 布放电力电缆。

⑩ 安装防护及加固设施：铺地漆布、抗震加固、安装加固吊挂/支撑铁架、安装馈线密封窗、开挖/打穿楼墙洞、封堵电缆洞、天线美化处理配合用工。

⑪ 安装移动通信天线：安装室外天线、安装室内天线。

⑫ 安装移动通信馈线。

⑬ 天/馈线附属设施：安装调测塔顶信号放大器（有源），安装电调天线控制器，安装室外滤波器，安装、调测室内天、馈线附属设备。

⑭ 调测天、馈线系统：天、馈线系统调测，配合调测天、馈线系统。

⑮ 安装基站设备：安装基站主设备、安装射频拉远单元、安装小型基站设备、安装多系统合路器、安装落地式基站功率放大器、安装调测直放站设备、扩装设备板件。

⑯ 调测基站系统：基站系统调测、配合基站系统调测。

⑰ 安装、调测基站控制、管理设备：操作维护中心设备、无线操作维护中心扩容调测、基站控制器、编码器、分组控制单元；联网调测、配合联网调测、配合基站割接开通。

**2）5G 移动通信设备安装**

第五代移动通信(5G)设备安装工程建设常用定额依据《第五代移动通信设备安装工程造价编制指导意见》，包括 3 章内容：

表 5-51　5G 无线网常用定额内容

| 序号 | 章节名称 | 内容构成 |
|---|---|---|
| 1 | 安装机架、缆线及附属设施 | ● 安装室内外缆线走道<br>● 安装机架(柜)、配线架(箱)、防雷接地、附属设备<br>● 布放设备缆线<br>● 安装防护及加固设施 |
| 2 | 安装移动通信设备 | ● 安装、调测移动通信天、馈线<br>● 安装、调测基站设备<br>● 联网调测<br>● 安装、调测无线操作维护中心(OMCR)设备<br>● 安装美化天线罩和美化天线 |
| 3 | 安装铁塔 | ● 组立铁塔<br>● 土石方及基础工程 |
| 附录 A | 调测基站系统子目涵盖的工作内容 | |
| 附录 B | 信息通信建设工程费用定额补充内容 | |

以上内容涵盖了 2G/3G/4G 移动通信设备安装工程建设相关内容,并根据 5G 移动通信设备安装工程建设的特点,针对以下工作内容补充了相关人工消耗量的标准,并针对新增内容进行说明:安装空气开关箱、更换/扩装空气开关;安装波分复用器、测试波分复用器;制作、固定标签(标牌);布放光电混合缆、制作光电混合缆成端接头、测试光电混合缆;安装基带处理单元、安装电源转换器/配电单元、安装数据交换汇聚单元、PoE 供电模块、安装室外天线射频拉远单元一体化设备、安装小型天线射频拉远单元一体化设备、安装室内天线射频拉远单元一体化设备、扩装/更换光电转换模块;安装美化天线罩、配合安装美化天线罩、安装美化天线。

## 5.4.4 概(预)算编制

### 5.4.4.1 文件组成

概(预)算文件由编制说明和概(预)算表组成。

**1)编制说明**

编制说明主要包括工程概况、编制依据、投资分析及其他需要说明的问题。

**(1)工程概况**

说明项目规模和用途、概(预)算总价值、生产能力、公用工程及项目外工程的主要情况等。

**(2)编制依据**

主要说明编制时所依据的技术、经济文件,各种定额、材料设备价格,地方政府的有关规定和主管部门未作统一规定的费用计算依据和说明。

**(3)投资分析**

主要说明各项投资的比例及与类似工程投资额的比较,分析投资额高低的原因、工程设计的经济合理性、技术的先进性及适宜性等。

**(4)其他需要说明的问题**

如建设项目存在特殊条件和特殊问题,需要上级主管部门和有关部门帮助解决的其他有关问题。

**2)概(预)算表格**

通信建设工程概(预)算表格式按照费用结构划分,由建筑安装工程费用系列表格、设备购置费用表格(包括需要安装和不需要安装的设备)、工程建设其他费用表格及概(预)算总表组成,各表格格式如表 5-52~表 5-61。

**表 5-52　概(预)算总表标准格式——汇总表**

**建设项目总＿＿＿＿＿算表**

建设项目名称：　　　　　　　　建设单位名称：　　　　　　　　表格编号：　　　　　　　第　页

| 序号 | 表格编号 | 工程名称 | 小型建筑工程费（元） | 需要安装的设备费（元） | 不需安装的设备、工器具费（元） | 建筑安装工程费（元） | 其他费用（元） | 预备费（元） | 总价值（元） | | | | 生产准备及开办费（元） |
|---|---|---|---|---|---|---|---|---|---|---|---|---|---|
| | | | | | | | | | 除税价 | 增值税 | 含税价 | 其中外币（　） | |
| I | II | III | IV | V | VI | VII | VIII | IX | X | XI | XII | XIII | XIV |
| | | | | | | | | | | | | | |
| | | | | | | | | | | | | | |
| | | | | | | | | | | | | | |
| | | | | | | | | | | | | | |
| | | | | | | | | | | | | | |
| | | | | | | | | | | | | | |
| | | | | | | | | | | | | | |

设计负责人：　　　　　审核：　　　　　编制：　　　　　编制日期：　　　　年　月

**表 5-53　概(预)算总表标准格式——表一**

**工程＿＿＿＿＿算总表(表一)**

建设项目名称：

工程名称：　　　　　　　　建设单位名称：　　　　　　　　表格编号：　　　　　　　第　页

| 序号 | 表格编号 | 费用名称 | 小型建筑工程费（元） | 需要安装的设备费（元） | 不需安装的设备、工器具费（元） | 建筑安装工程费（元） | 其他费用（元） | 预备费（元） | 总价值（元） | | | |
|---|---|---|---|---|---|---|---|---|---|---|---|---|
| | | | | | | | | | 除税价 | 增值税 | 含税价 | 其中外币（　） |
| I | II | III | IV | V | VI | VII | VIII | IX | X | XI | XII | XIII |
| | | 工程费 | | | | | | | | | | |
| | | 工程建设其他费 | | | | | | | | | | |
| | | 合计 | | | | | | | | | | |
| | | 预备费 | | | | | | | | | | |
| | | 建设期利息 | | | | | | | | | | |
| | | 总计 | | | | | | | | | | |
| | | 其中回收费用 | | | | | | | | | | |
| | | | | | | | | | | | | |
| | | | | | | | | | | | | |

设计负责人：　　　　　审核：　　　　　编制：　　　　　编制日期：　　　　年　月

**表 5-54 概(预)算总表标准格式——表二**

建筑安装工程费用_____算表(表二)

工程名称: 建设单位名称: 表格编号: 第 页

| 序号 | 费用名称 | 依据和计算方法 | 合计(元) | 序号 | 费用名称 | 依据和计算方法 | 合计(元) |
|---|---|---|---|---|---|---|---|
| Ⅰ | Ⅱ | Ⅲ | Ⅳ | Ⅰ | Ⅱ | Ⅲ | Ⅳ |
| | 建筑安装工程费(含税价) | | | 7 | 夜间施工增加费 | | |
| | 建筑安装工程费(除税价) | | | 8 | 冬雨季施工增加费 | | |
| 一 | 直接费 | | | 9 | 生产工具用具使用费 | | |
| (一) | 直接工程费 | | | 10 | 施工用水电蒸汽费 | | |
| 1 | 人工费 | | | 11 | 特殊地区施工增加费 | | |
| (1) | 技工费 | | | 12 | 已完工程及设备保护费 | | |
| (2) | 普工费 | | | 13 | 运土费 | | |
| 2 | 材料费 | | | 14 | 施工队伍调遣费 | | |
| (1) | 主要材料费 | | | 15 | 大型施工机械调遣费 | | |
| (2) | 辅助材料费 | | | 二 | 间接费 | | |
| 3 | 机械使用费 | | | (一) | 规费 | | |
| 4 | 仪表使用费 | | | 1 | 工程排污费 | | |
| (二) | 措施项目费 | | | 2 | 社会保障费 | | |
| 1 | 文明施工费 | | | 3 | 住房公积金 | | |
| 2 | 工地器材搬运费 | | | 4 | 危险作业意外伤害保险费 | | |
| 3 | 工程干扰费 | | | (二) | 企业管理费 | | |
| 4 | 工程点交、场地清理费 | | | 三 | 利润 | | |
| 5 | 临时设施费 | | | 四 | 销项税额 | | |
| 6 | 工程车辆使用费 | | | | | | |

设计负责人: 审核: 编制: 编制日期: 年 月

**表 5-55 概(预)算总表标准格式——(表三)甲**

建筑安装工程量_____算表(表三)甲

工程名称: 建设单位名称: 表格编号: 第 页

| 序号 | 定额编号 | 项目名称 | 单位 | 数量 | 单位定额值(工日) | | 合计值(工日) | |
|---|---|---|---|---|---|---|---|---|
| | | | | | 技工 | 普工 | 技工 | 普工 |
| Ⅰ | Ⅱ | Ⅲ | Ⅳ | Ⅴ | Ⅵ | Ⅶ | Ⅷ | Ⅸ |
| | | | | | | | | |
| | | | | | | | | |
| | | | | | | | | |
| | | | | | | | | |
| | | | | | | | | |

设计负责人: 审核: 编制: 编制日期: 年 月

**表 5-56 概(预)算总表标准格式——(表三)乙**

**建筑安装工程机械使用费_____算表(表三)乙**

工程名称： 建设单位名称： 表格编号： 第 页

| 序号 | 定额编号 | 项目名称 | 单位 | 数量 | 机械名称 | 单位定额值 | | 合计值 | |
|---|---|---|---|---|---|---|---|---|---|
| | | | | | | 消耗量(台班) | 单价(元) | 消耗量(元) | 合价(元) |
| Ⅰ | Ⅱ | Ⅲ | Ⅳ | Ⅴ | Ⅵ | Ⅶ | Ⅷ | Ⅸ | Ⅹ |
| | | | | | | | | | |
| | | | | | | | | | |
| | | | | | | | | | |
| | | | | | | | | | |
| | | | | | | | | | |
| | | | | | | | | | |
| | | | | | | | | | |
| | | | | | | | | | |
| | | | | | | | | | |

设计负责人： 审核： 编制： 编制日期： 年 月

**表 5-57 概(预)算总表标准格式——(表三)丙**

**建筑安装工程仪器仪表使用费_____算表(表三)丙**

工程名称： 建设单位名称： 表格编号： 第 页

| 序号 | 定额编号 | 项目名称 | 单位 | 数量 | 仪表名称 | 单位定额值 | | 合计值 | |
|---|---|---|---|---|---|---|---|---|---|
| | | | | | | 消耗量(台班) | 单价(元) | 消耗量(元) | 合价(元) |
| Ⅰ | Ⅱ | Ⅲ | Ⅳ | Ⅴ | Ⅵ | Ⅶ | Ⅷ | Ⅸ | Ⅹ |
| | | | | | | | | | |
| | | | | | | | | | |
| | | | | | | | | | |
| | | | | | | | | | |
| | | | | | | | | | |
| | | | | | | | | | |
| | | | | | | | | | |
| | | | | | | | | | |
| | | | | | | | | | |

设计负责人： 审核： 编制： 编制日期： 年 月

**表 5-58　概(预)算总表标准格式——(表四)甲**

国内器材_____算表(表四)甲

工程名称：　　　　　　　建设单位名称：　　　　　表格编号：　　　　　　　　第　页

| 序号 | 名称 | 规格程式 | 单位 | 数量 | 单价(元) | 合计(元) | | | 备注 |
| | | | | | 除税价 | 除税价 | 增值税 | 含税价 | |
| Ⅰ | Ⅱ | Ⅲ | Ⅳ | Ⅴ | Ⅵ | Ⅶ | Ⅷ | Ⅸ | Ⅹ |
| | | | | | | | | | |
| | | | | | | | | | |
| | | | | | | | | | |
| | | | | | | | | | |
| | | | | | | | | | |
| | | | | | | | | | |
| | | | | | | | | | |
| | | | | | | | | | |

设计负责人：　　　　审核：　　　　编制：　　　　编制日期：　　　　年　月

**表 5-59　概(预)算总表标准格式——(表四)乙**

进口器材_____算表(表四)乙

工程名称：　　　　　　　建设单位名称：　　　　　表格编号：　　　　　　　　第　页

| 序号 | 中文名称 | 外文名称 | 单位 | 数量 | 单价 | | 合价 | | | |
| | | | | | 外币 | 折合人民币(元) | 外币(　) | 折合人民币(元) | | |
| | | | | | | 除税价 | | 除税价 | 增值税 | 含税价 |
| Ⅰ | Ⅱ | Ⅲ | Ⅳ | Ⅴ | Ⅵ | Ⅶ | Ⅷ | Ⅸ | Ⅹ | Ⅺ |
| | | | | | | | | | | |
| | | | | | | | | | | |
| | | | | | | | | | | |
| | | | | | | | | | | |
| | | | | | | | | | | |
| | | | | | | | | | | |
| | | | | | | | | | | |

设计负责人：　　　　审核：　　　　编制：　　　　编制日期：　　　　年　月

表 5-60 概(预)算总表标准格式——(表五)甲

工程建设其他费_____算表(表五)甲

工程名称：　　　　　　　　建设单位名称：　　　　　表格编号：　　　　　　　第　页

| 序号 | 费用名称 | 计算依据及方法 | 金额(元) | | | 备注 |
|---|---|---|---|---|---|---|
| | | | 除税价 | 增值税 | 含税价 | |
| I | II | III | IV | V | VI | VII |
| 1 | 建设用地及综合赔补费 | | | | | |
| 2 | 项目建设管理费 | | | | | |
| 3 | 可行性研究费 | | | | | |
| 4 | 研究试验费 | | | | | |
| 5 | 勘察设计费 | | | | | |
| 6 | 环境影响评价费 | | | | | |
| 7 | 建设工程监理费 | | | | | |
| 8 | 安全生产费 | | | | | |
| 9 | 引进技术及进口设备其他费 | | | | | |
| 10 | 工程保险费 | | | | | |
| 11 | 工程招标代理费 | | | | | |
| 12 | 专利及专利技术使用费 | | | | | |
| 13 | 其他费用 | | | | | |
| | 总计 | | | | | |
| 14 | 生产准备及开办费(运营费) | | | | | |
| | | | | | | |
| | | | | | | |

设计负责人：　　　　审核：　　　　编制：　　　　编制日期：　　　年　月

表 5-61 概(预)算总表标准格式——(表五)乙

进口设备工程建设其他费用_____算表(表五)乙

工程名称：　　　　　　　　建设单位名称：　　　　　表格编号：　　　　　　　第　页

| 序号 | 费用名称 | 计算依据及方法 | 金额 | | | | 备注 |
|---|---|---|---|---|---|---|---|
| | | | 外币(　) | 折合人民币(元) | | | |
| | | | | 除税价 | 增值税 | 含税价 | |
| I | II | III | IV | V | VI | VII | VIII |
| | | | | | | | |
| | | | | | | | |
| | | | | | | | |
| | | | | | | | |
| | | | | | | | |

设计负责人：　　　　审核：　　　　编制：　　　　编制日期：　　　年　月

#### 5.4.4.2　编制原则

信息通信建设工程概（预）算应按工业和信息化部印发的《工业和信息化部关于印发信息通信建设工程预算定额、工程费用定额及工程概（预）算编制规程的通知》（工信部通信〔2016〕451号）等标准进行编制。

设计概算是初步设计文件的重要组成部分，编制设计概算应在投资估算的范围内进行。施工图预算是施工图设计文件的重要组成部分，编制施工图预算应在批准的设计概算范围内进行。对于一阶段设计所编制的施工图预算，应在投资估算的范围内进行。

当一个通信建设项目由几个设计单位共同设计时，总体设计单位应负责统一概（预）算的编制原则，并汇总建设项目的总概算，分设计单位负责本设计单位所承担的单项工程概（预）算的编制。

工程概（预）算是一项重要的技术经济工作，应按照制定的设计标准和设计图纸计算工程量，正确地使用各项计价标准，完整、准确地反映设计内容、施工条件和实际价格。

概（预）算的编制依据设计概算和施工图预算。

**（1）设计概算的编制**

主要依据以下资料：

① 批准的可行性研究报告。

② 初步设计图纸及有关资料。

③ 国家相关部门发布的有关法律、标准规范。

④《信息通信建设工程预算定额》《信息通信建设工程费用定额》及有关文件。

⑤ 建设项目所在地政府发布的有关土地征用和赔补费用等有关规定。

⑥ 与项目采购有关的合同、协议等。

**（2）施工图预算的编制**

主要依据以下资料：

① 批准的初步设计概算、可行性研究报告及有关文件。

② 施工图、通用图、标准图及说明。

③ 国家相关部门发布的有关法律、法规、标准规范。

④《信息通信建设工程预算定额》《信息通信建设工程费用定额》及有关文件。

⑤ 建设项目所在地政府发布的有关土地征用和赔补费用等有关规定。

⑥ 与项目采购有关的合同、协议等。

#### 5.4.4.3　编制程序

信息通信建设工程概（预）算采用实物工程量法编制。实物工程量法首先根据工程设计图纸分别计算出分项工程量，然后套用相应的人工、材料、机械台班、仪表台班的定额用量，再以工程所在地或所处时段的基础单价计算出人工费、材料费、机械使用费和仪表使用费,进而计算出直接工程费。根据《信息通信建设工程费用定额》给出的各项取费的计费原则和计算方法计算其他各项,最后汇总单项或单位工程总费用(图 5-82)。

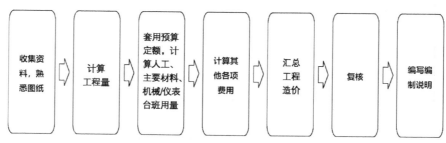

图 5-82　概(预)算步骤

**1) 收集资料,熟悉图纸**

在编制概(预)算前,针对工程具体情况和所编概(预)算内容收集有关资料,包括概(预)算定额、费用定额以及材料、设备价格等,并对设计图纸进行一次全面详细的检查,看其是否完整,尤其是与概(预)算编制紧密相关的数据、新旧设备等,明确设计意图,检查各部分尺寸是否有误,有无施工说明及主要工程量表。

通过阅图、读图,要做到施工流程、内容和技术要求心中有数,甚至连一些图上表达得不是十分明确的东西也要通过图例、设计说明及图纸相关要素来分析判断清楚,才能着手概(预)算编制,切忌盲目动手编制。

**2) 计算工程量**

工程量是编制概(预)算的基本数据,计算的准确与否直接影响到工程造价的准确度。工程量计算时要注意以下几点。

① 要先熟悉设计图样的内容和相互关系,注意有关标注和说明。

② 计算的单位一定要与编制概(预)算时所依据的概(预)算定额单位相一致。

③ 计算的方法一般可依照施工图顺序由上而下、由内而外、由左而右依次进行。

④ 要防止误算、漏算和重复计算。

⑤ 最后将同类项加以合并,并编制工程量汇总表。

**3) 套用定额,计算人工、主要材料、机械/仪表台班用量**

工程量经复核无误后,方可套用定额确定主材使用量。套用定额时,由工程量分别乘以各子目人工、主要材料、机械台班、仪表台班的定额消耗量,计算出各分项工程的人工、主要材料、机械台班、仪表台班的工程用量,然后汇总得到整个工程各类实物的消耗量。套用定额时应核对工程内容与定额内容是否一致,以防误套。

套用定额时,一定要注意两点:一是定额所描述的"工作内容"是否与你所选定的"工作项目"一致;二是定额的分册说明、章节说明以及定额项目表下方的"注"是套用定额的重要条件。

**4)计算其他各项费用**

用当时、当地或行业标准的基础单价乘以相应的人工、材料、机械台班、仪表台班的消耗量,计算人工费、材料费、机械使用费、仪表使用费,并汇总得到直接工程费。

**5)汇总工程造价**

按照工程项目的费用构成和通信建设工程费用定额规定的费率及计费基础,分别计算各项费用,然后汇总出工程总造价,并以《信息通信建设工程概(预)算编制规程》所规定的表格形式,编制出全套概算或预算表格。

**6)复核**

对上述表格内容进行一次全面检查。检查所列项目、工程量、计算结果、套用定额、选用单价、费用定额的取费标准以及计算数值等是否正确:

检查的顺序按照编制概预算表的顺序进行,其检查的顺序是(表三)甲→(表三)乙→(表三)丙→(表四)甲→(表五)甲→表二→表一→汇总表

**7)编写编制说明**

复核无误后,进行对比、分析,撰写编制说明。凡概(预)算表格不能反映的一些事项以及编制中必须说明的问题,都应用文字表达出来,以供审批单位审查。

### 5.4.4.4　工程量计算

**1)总体要求**

① 工程量计算规则是指对分项项目工程量的计算规定。工程量项目的划分、计量单位的取定、有关系数的调整换算等,都应按相关专业的计算规则要求来确定。

② 工程量的计量单位有物理计量单位和自然计量单位。物理计量单位应按国家法定计量单位表示,工程量的计量单位必须与预算定额项目的计量单位相一致。

以长度计算的项目计量单位:m、km;

以重量计算的项目计量单位:g、kg、t;

以体积计算的项目计量单位:$m^3$;

以面积计算的项目计量单位:$m^2$;

以自然计量单位计算的项目计量单位:台、套、盘、部、架、个、组、处等;

以技术配置为项目计量单位:端、端口、系统、方向、载频、中继段、数字段、再生段、站等,各专业还有一些专用的特殊计量单位。

③ 工程量计算应以设计图纸以及设计规定的所属范围和设计分界线为准,缆线布放和部件设置以施工验收技术规范为准。

④ 分项项目工程量应以完成后的实体安装工程量净值为准,在施工过程中实际消耗

的材料用量不能作为安装工程量。因为在施工过程中所用材料的实际消耗数量是在工程量的基础上加上材料的各种损耗量。

**2）设备机柜、机箱的安装工程量计算**

所有设备机柜、机箱的安装可分为 3 种情况计算工程量。

① 以设备机柜、机箱整架（台）的自然实体为一个计量单位，即机柜（箱）架体、架内组件、盘柜内部的配线、对外连接的接线端子以及设备本身的加电检测与调试等均作为一个整体来计算工程量，多数设备安装属于这种情况。

② 设备机柜、机箱按照不同的组件分别计算工程量，即机柜（箱）架体与内部的组件或附件不作为一个整体的自然单位进行计量，而是将设备结构划分为若干组合部分，分别计算安装的工程量，这种情况一般常见于机柜架体与内部组件的配置成非线性关系的设备，例如定额项目"TSD-053 安装蓄电池屏"所描述的内容是：屏柜安装不包括屏内蓄电池组的安装，也不包括蓄电池组的充放电过程，整个设备安装过程需要分 3 个部分分别计算工程量，即安装蓄电池屏（空屏）、安装屏内蓄电池组（根据设计要求选择电池容量和组件数量）、屏内蓄电池组充放电（按电池组数量计算）。

③ 设备机柜、机箱主体和附件的扩装，即在原已安装设备的基础上增装内部盘、线，这种情况主要用于扩容工程，例如定额"TSD3-070、071/072 安装高频开关整流模块"是为了满足在已有开关电源架的基础上进行扩充生产能力的需要，所以是以模块个数作为计量单位统计工程量，与前面将设备划分为若干组合部分分别计算工程的概念所不同的是，已安装设备主体和扩容增装部件的项目是不能在同一期工程中同时列项的，否则属于重复计算。

以上设备的 3 种工程量计算方法需要认真了解定额项目的相关说明和工作内容，避免工程量漏算、重算、错算。

**3）设备缆线布放工程量计算**

缆线的布放包括设备机柜与外部的连线、设备机架内部跳线两种情况：

**（1）设备机柜与外部的连线**

设备机柜与外部的连线也分为两种计算方法。

① 布放缆线计算工程量时需分为两步：先放绑后成端，这种计算方法用于通信设备连线中需要使用芯线较多的电缆，其成端工作量因电缆芯数的不同，会有很大差异。计算步骤如下：

第一步：计算放绑设备电缆工程量。

按布放长度计算工程量，单位为"100 m·条"，数量为

$$N = \sum_{l}^{k} \frac{L_i n_i}{100}$$

式中，$\sum_l^k L_i n_i$ 为 $k$ 个放线段内同种型号设备电缆的总放线量（m·条）；$L_i$ 为第 $i$ 个放线段的长度（m）；$n_i$ 为第 $i$ 个放绑段内同种电缆的条数。

应按电缆类别（局用音频电缆、局用高频对称电缆、音频隔离线、SYV 类射频同轴电缆、数据电缆）分别计算工程量。

第二步：计算编扎、焊（绕、卡）接设备电缆工程量。

按长度放绑电缆后，再按电缆终端的制作数量计算成端的工程量，每条电缆终端制作工程量主要与电缆的芯数有关，不同类别的电缆要分别统计终端处理的工程量。

② 布放缆线计算工程量时放绑、成端同时完成，这种计算方法用于通信设备中使用电缆芯数较少或单芯的情况，其成端工程量比较固定，布放缆线的工程内容包含终端头处理的工作。

布放缆线工程量：单位为"10 m·条"，数量为

$$N = \sum_l^k \frac{L_i n_i}{10}$$

式中，$\sum_l^k L_i n_i$ 为 $k$ 个放线段内同种型号设备电缆的总放线量（m·条）；$L_i$ 为第 $i$ 个放线段的长度（m）；$n_i$ 为第 $i$ 个放绑段内同种电缆的条数。

**（2）设备机架内部跳线**

设备机架内部跳线主要是指配线架内布放跳线，对于其他通信设备内部配线均已包在设备安装工程量中，不再单独计算线工程量（有特殊情况需单独处理除外）。

配线架内布放跳线的特点是长度短、条数多，统计工程量时以处理端头的数量为主，放线内容包含在其中，应按照不同类别线型、芯数分别计算工程量。

**4）安装附属设施的工程量计算**

安装设备机柜，机箱定额子目除已说明包含附属设施内容的，均应按工程技术规范书的要求安装相应的防震、加固、支撑、保护等设施，各种构件分为成品安装和材料加工分别安装两类，计算工程量时应按定额项目的说明区别对待。

**5）系统调测**

通信设备安装后大部分需要进行本机测试和系统测试，除设备安装定额项目注明已包括设备测试工作的，其他需要测试的设备均统计各自的测试工程量，并且对所有完成的系统都需要进行系统性能的调测，系统调测的工程量计算规则按不同的专业确定。

① 所有的供电系统（高压供电系统、低压供电系统、发电机供电系统、供油系统、直流供电系统、UPS 供电系统）都需要进行系统调试，调试多以"系统"为单位，"系统"的定义和组成按相关专业的规定，例如发电机组供电系统调测是以每台机组为一个"系统"来计算工程量。

② 移动通信基站系统调测分为 GSM 和 CDMA 两种站型：GSM 基站系统调测工程量：按"载频"的数量分别统计工程量，例如，"8 个载频的基站"可分解成"6 载频以下"及 2 个"每增加一个载频"的工程量；CDMA 基站系统调测工程量：按"扇·载"为计量单位（即扇区数量乘以载频数量）计算工程量。

### 5.4.4.5 表格编制要求

**1）表格编制顺序**

在概（预）算编制程序步骤中，表三～表五是形成全套概算或预算表格的过程，根据单项工程费用的构成，各项费用与表格之间的嵌套关系如图 5-83 所示。

根据关系，在编制全套表格的过程中应按图 5-84 顺序进行。

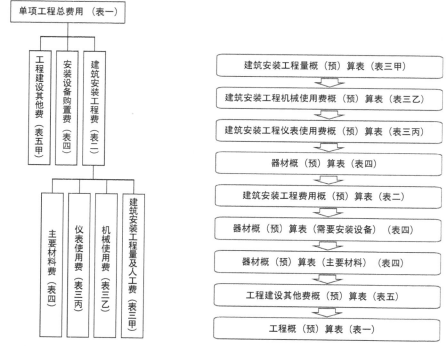

图 5-83　单项工程概(预)算各表格间关系

图 5-84　概(预)算表格填写顺序

**2）表格编制总说明**

本套表格供编制工程项目概（预）算使用，各类表格的标题"_____"应根据编制阶段明确填写"概"或"预"。

本套表格的表首填写具体工程的相关内容。

本套表格中"增值税"栏目中的数值，均为建设方应支付的进项税额。在计算乙供主材时，表四中的"增值税"及"含税价"栏可不填写。

**3）汇总表编制说明**

① 本表供编制建设项目总概（预）算使用，建设项目的全部费用在本表中汇总。

② 第Ⅱ栏填写各工程对应的总表（表一）编号。

③ 第Ⅲ栏填写各工程名称。

④ 第Ⅳ～Ⅸ栏填写各工程概算或预算表（表一）中对应的各项费用，费用均为除税价。

⑤ 第Ⅹ栏填写第Ⅳ～Ⅸ栏的各项费用之和。

⑥ 第Ⅺ栏填写第Ⅳ～Ⅸ栏各项费用建设方应支付的进项税之和。

⑦ 第Ⅻ栏填写第Ⅹ、Ⅺ栏之和。

⑧ 第ⅩⅢ栏填写以上各列费用中以外币支付的合计。

⑨ 第ⅩⅣ栏填写各工程项目需单列的"生产准备及开办费"金额。

当工程有回收金额时，应在费用项目总计下列出"其中回收费用"，其金额填入Ⅸ栏。此费用不冲减总费用。

**4）表一编制说明**

① 本表供编制单项（单位）工程概（预）算使用。

② 表首"建设项目名称"填写立项工程项目全称。

③ 第Ⅱ栏填写本工程各类费用概算（预算）表格编号。

④ 第Ⅲ栏填写本工程概算（预算）各类费用名称。

⑤ 第Ⅳ～Ⅸ栏填写各类费用，费用均为除税价。

⑥ 第Ⅹ栏填写第Ⅳ～Ⅸ栏各项费用之和。

⑦ 第Ⅺ栏填写各类费用汇总后的增值税。

⑧ 第Ⅶ档填写第Ⅹ～Ⅺ之和。

⑨ 第ⅩⅢ档，如有进口设备，按实填写。

当工程有回收金额时，应在费用项目总计下列出"其中回收费用"，其金额填入第Ⅷ栏。此费用不冲减总费用。

**5）表二编制说明**

① 本表供编制建筑安装工程费使用。

② 第Ⅲ栏根据《信息通信建设工程费用定额》相关规定，填写第Ⅱ栏各项费用的依据和计算方法。

③ 第Ⅳ栏填写第Ⅱ栏各项费用的计算结果。

**6）表三编制说明**

**（1）（表三）甲编制说明**

① 本表供编制建筑安装工程量，并计算技工和普工总工日数量使用。

② 第Ⅱ栏根据《信息通信建设工程预算定额》，填写所套用预算定额子目的编号。若

需临时估列工作内容子目,在本栏中标注"估列"两字,"估列"条目达到两项,应编写"估列"序号。

③ 第Ⅲ、Ⅳ栏根据《信息通信建设工程预算定额》分别填写所套定额子目的项目名称、单位。

④ 第Ⅴ栏填写对应该定额子目的工程量数值。

⑤ 第Ⅵ、Ⅶ栏填写所套定额子目的单位工日定额值。

⑥ 第Ⅷ栏为第Ⅴ栏与第Ⅵ栏的乘积。

⑦ 第Ⅸ栏为第Ⅴ栏与第Ⅶ栏的乘积。

**（2）（表三）乙编制说明**

① 本表供计算建筑安装工程机械使用费使用。

② 第Ⅱ、Ⅲ、Ⅳ和Ⅴ栏分别填写所套用定额子目的编号、项目名称、单位以及对应该定额子目的工程量数值。

③ 第Ⅵ、Ⅶ栏分别填写定额子目所涉及的机械名称及机械台班的单位定额值。

④ 第Ⅷ栏填写根据《信息通信建设工程施工机械、仪表台班单价》查找到的相应机械台班单价。

⑤ 第Ⅸ栏填写第Ⅶ栏与第Ⅴ栏的乘积。

⑥ 第Ⅹ栏填写第Ⅷ栏与Ⅸ的乘积。

**（3）（表三）丙编制说明**

① 本表供计算建筑安装工程仪器仪表使用费使用。

② 第Ⅱ、Ⅲ、Ⅳ和Ⅴ栏分别填写所套用定额子目的编号、项目名称、单位以及对应该定额子目的工程量数值。

③ 第Ⅵ、Ⅶ栏分别填写定额子目所涉及的仪表名称及仪表台班的单位定额值。

④ 第Ⅷ栏填写根据《信息通信建设工程施工机械、仪表台班单价》查找到的相应仪表台班单价。

⑤ 第Ⅸ栏填写第Ⅶ栏与第Ⅴ栏的乘积。

⑥ 第Ⅹ栏填写第Ⅶ栏与第Ⅸ栏的乘积。

**7）表四编制说明**

**（1）（表四）甲编制说明**

① 本表供编制本工程的主要材料、设备和工器具费使用。

② 本表可根据需要拆分成主要材料表、需要安装的设备表和不需要安装的设备、仪表、工器具表。表格标题下面括号内根据需要填写"主要材料""需要安装的设备""不需要安装的设备、仪表、工器具"字样。

③ 第Ⅱ～Ⅵ栏分别填写名称、规格程式、单位、数量、单价。第Ⅵ栏为不含税单价。

④ 第Ⅶ栏填写第Ⅵ栏与第Ⅴ栏的乘积。第Ⅷ、Ⅸ栏分别填写合计的增值税及含税价。

⑤ 第Ⅹ栏填写需要说明的有关问题。

⑥ 依次填写上述信息后,还需计取下列费用:小计、运杂费、运输保险费、采购及保管费、采购代理服务费、合计。

⑦ 用于主要材料表时,应将主要材料分类后按上述"⑥"计取相关费用,然后进行总计。

**(2)(表四)乙编制说明**

① 本表供编制进口的主要材料、设备和工器具费使用。

② 本表可根据需要拆分成主要材料表、需要安装的设备表和不需要安装的设备、仪表、工器具表。表格标题下面括号内根据需要填写"主要材料""需要安装的设备""不需要安装的设备、仪表、工器具"字样。

③ 第Ⅵ～Ⅺ栏分别填写对应的外币金额及折算人民币的金额,并按引进工程的有关规定填写相应费用。其他填写方法与(表四)甲基本相同。

**8)表五编制说明**

**(1)(表五)甲编制说明**

① 本表供编制国内工程计列的工程建设其他费使用。

② 第Ⅲ栏根据《信息通信建设工程费用定额》相关费用的计算依据及方法填写。

③ 第Ⅶ栏填写需要补充说明的内容事项。

**(2)(表五)乙编制说明**

① 本表供编制进口设备所需计列的工程建设其他费使用。

② 第Ⅲ栏根据国家及主管部门的相关规定填写。

③ 第Ⅳ～Ⅶ栏分别填写各项费用的外币与人民币数值。

④ 第Ⅷ栏根据需要填写补充说明的内容事项。

# 5.5　设计案例分析

某商务楼,周边有购物商场,人、车流量较大,业务需求量大。拟在其楼顶新建5G基站覆盖周边道路,方案新建3根3 m附墙抱杆,AAU设备附抱杆安装。

## 5.5.1　勘察报告

按照本书"5.2.1"章节的说明进行勘察,该站点位于局部裙楼6层楼顶,周边主要是主干道路、购物商场、居民小区,根据现场勘察,周围无不利建站因素(变电站、加油站、煤气站、医院、小学等敏感设施)。该站点90°方向有主楼遮挡,方案设计时应注意避免扇区遮挡,具此勘察记录内容如表5-62。

表 5-62　勘察记录表

**站址查勘记录表**

| 基站编号： | ×× | 站址名称： | ×× | | | 基站地址： | ×× | | |
| 上站 | | | | ×××× | | | | | |
| 勘察人员： | | ×× | 查勘日期： | | ×× | 经度： | ×× | 纬度： | ×× |

| 站点分布图 | | 所在大楼或落地塔外观全身照 | | 天面环境（图示） | | 天面环境2（照片） |
| 周边站情况 | | 大楼楼层 | 5 | 女儿墙高度（mm） | 1800 | 楼面环境分析 |
| | | 大楼高度（米） | 22 | 女儿墙厚度（mm） | 750 | 否 |

| 第一扇区 | | | | 第二扇区 | | | | 第三扇区 | | | | 第四扇区 | | |
|---|---|---|---|---|---|---|---|---|---|---|---|---|---|---|
| 天线安装位置 | 东北角 | 塔桅方案 | 新增3米附墙抱杆 | 天线安装位置 | 北侧主楼东侧 | 塔桅方案 | 新增3米附墙抱杆 | 天线安装位置 | 西侧 | 塔桅方案 | 新增3米附墙抱杆 | 天线安装位置 | | 塔桅方案 |
| 塔桅类型 | 附墙抱杆 | 塔桅高度（m） | 3 | 塔桅类型 | 附墙抱杆 | 塔桅高度（m） | 3 | 塔桅类型 | 附墙抱杆 | 塔桅高度（m） | 3 | 塔桅类型 | | 塔桅高度（m） |
| 本次新增系统 | 3.5G | 天线挂高 | 24 | 本次新增系统 | 3.5G | 天线挂高 | 24 | 本次新增系统 | 3.5G | 天线挂高 | 24 | 本次新增系统 | | 天线挂高 |
| 方位角（°） | 20 | 机械下倾角（°） | 4 | 方位角（°） | 170 | 机械下倾角（°） | 4 | 方位角（°） | 270 | 机械下倾角（°） | 4 | 方位角（°） | | 机械下倾角（°） |
| 覆盖方向： | ×× | | | 覆盖方向： | ×× | | | 覆盖方向： | ×× | | | 覆盖方向： | | |

$(P第四扇区拟建位置_覆盖区域4)

| 扇区位置及方案1 | | 扇区位置及方案2 | | 扇区位置及方案3 | | 扇区位置及方案4 |
| 存在问题 | 无 | 存在问题 | 无 | 存在问题 | 无 | 存在问题　无 |

$(P第四扇区拟建位置_建设位置4)

| 0° | 45° | 90° | 135° |
| 180° | 225° | 270° | 315° |

### 5.5.2　设计图纸

**1）基站位置和周围敏感点示意图**

根据现场勘察,该站点周边无敏感设施,90°方向有主楼遮挡,方案设计时应注意避免扇区遮挡。站点南、北面均有住宅小区,距离分别为 90 m、75 m。综合站点建设位置、主设备类型、参数设置等因素,经测算,该站点垂直保护距离为 10 m,水平保护距离为 71 m,满足辐射保护距离要求(图 5-85)。

**2）基站机房设备平面布置图**

该站点周边主干道路车流量大,附近有购物商场、居民小区,人流量密集,信源选用 3 台 64TR 320W AAU,根据现场勘察,楼面女儿墙高度 1 m,厚 0.62 m,经土建专业核实主设备可以附墙安装,因此新建 3 根 3 m 附墙抱杆,方位角设置为 20°/170°/270°,满足周边覆盖需求(图 5-86)。

**3）基站线缆走线路由图**

本工程在楼面东北角附女儿墙安装智能电源柜,开关电源端子、光缆集成于电源柜内。新增 3 台 AAU 由电源柜内 3 路 32A 空开引接。电源线及光缆分别沿室外走线架布放,间隔应大于 20 cm(图 5-87)。

**4）安全风险提示**

该站点在裙楼女儿墙新增附墙抱杆,裙楼女儿墙较高,在抱杆上施工应系好安全带(绳),防坠落(图 5-88)。

### 5.5.3　概(预)算表

概(预)算编制顺序:(表三)甲→(表三)丙→(表四)甲→(表五)甲→表二→表一,具体编制内容如下。

**1）建筑安装工程量预算表(表三)甲**

按照"5.5.2"章节设计方案,本工程主要工作量为安装主设备、电源柜,以及对应配套辅材敷设、系统调测的工作量,具体内容如下(表 5-63)。

**2）建筑安装工程仪器仪表使用费预算表(表三)丙**

本工程不涉及仪器仪表的使用,不计列。

**3）主要材料预算表(表四)甲**

主要材料表(表四)甲[国内器材表(表四)甲]主要统计配套材料的具体用量,本工程使用的配套材料主要包括一体化电源柜、野战光缆、电源线、PVC 管等材料(表 5-64)。

野战光缆、主设备至电源柜的电力电缆由主设备厂家提供,价格已包含在主设备里,因此只统计数量,不计算价格。

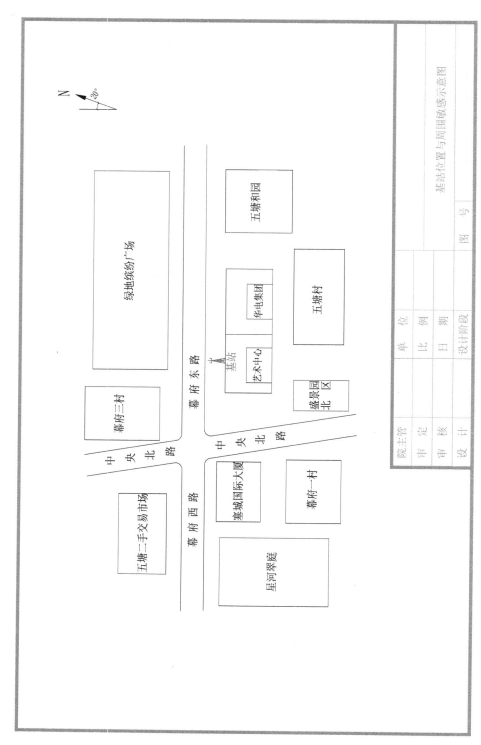

**图 5-85 基站位置和周围敏感点示意图**

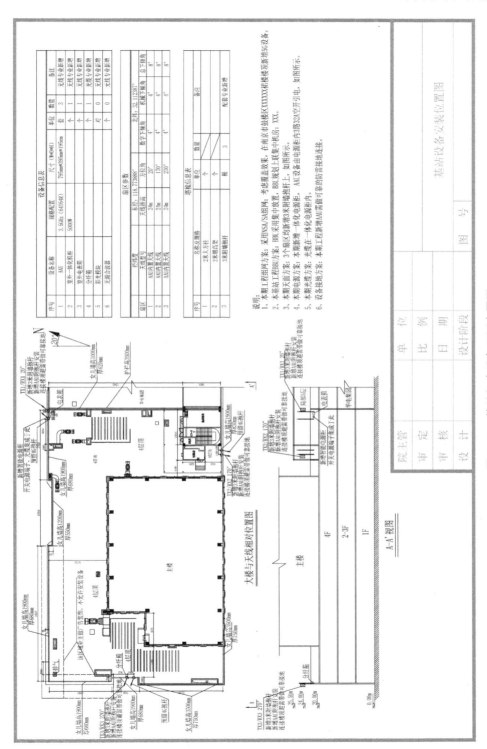

图 5-86 基站机房设备平面布置图

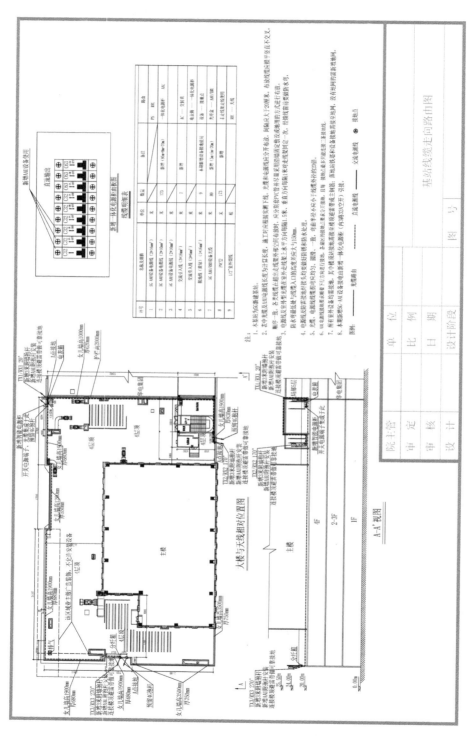

图 5-87　基站线缆走线路由图

## XXXX基站无线通信工程安全风险提示

| 序号 | 安全隐患点 | 风险处置方案 |
|---|---|---|
| | | 需核实施工人员资格证 |
| 1 | 施工人员无证上岗造成或导致通信中断 | 1、高空作业人员必须经过专业培训合格后取得（特种作业操作证）方可作业。<br>2、施工单位编制的施工安全技术措施落实执行。<br>3、各工序的工作人员必须看相应的劳保防护用品，严禁穿拖鞋、背心、短裤，严禁赤脚或赤脚上塔作业。<br>4、安全帽及系挂绳登塔门挂的防坠落试验、安全带必须正常，使用后必须放在在线定的地方，不得与其他易燃物放在一块，施工人员的安全带必须符合国家标准。<br>5、气候环境条件不符合施工要求时，严禁上塔施工作业。 |
| 2 | 高空、登高作业无防护措施造成人身伤害 | |
| 3 | 设备搬运过程中发生碰撞、翻落 | 驾驶人员需严格遵守交通规则，按规范操作。 |
| 4 | 施工误操作造成人身伤害或通信中断 | 施工人员认真学习工程施工安全规范，严格按规范操作。 |
| 5 | 雨雪天气施工造成人身伤害 | 严禁在雷雨大风恶劣天气施工。 |
| 6 | 设备接地、放电错误接入人体造成电击，造成人身伤害 | 加强员工安全培训力度，核查电路负荷，按规范装制作、按规范制作配件。 |
| 7 | 其它不按安全规范施工造成人身伤害或通信中断 | 施工人员认真学习工程施工安全规范，严格按规范操作。 |
| 8 | XXXX基站 | 在拆除女儿墙挑梁抱箍指标，粘接女儿墙抱比较高、且上方有高压电力线，施工过程安全评审案：局部六层默数无防护，上楼前施工注意安全。 |

| 院主管 | | 单位 | |
|---|---|---|---|
| 审定 | | 比例 | |
| 审核 | | 日期 | |
| 设计 | | 设计阶段 | |

无线通信工程安全风险提示

| 图号 | |
|---|---|
| 图 | |

图5-88 安全风险提示

表 5-63  建筑安装工程量预算表(表三)甲

工程名称:　　　　　　建设单位名称:　　　　　表格编号:　　　　第 1 页,共 1 页

| 序号 | 定额编号 | 项目名称 | 单位 | 数量 | 单位定额值（工日） | | 合计值（工日） | |
|---|---|---|---|---|---|---|---|---|
| | | | | | 技工 | 普工 | 技工 | 普工 |
| I | II | III | IV | V | VI | VII | VIII | IX |
| 1 | TSW1-036 | 敷设硬质 PVC 管/槽 | 10 米 | 17.30 | 0.17 | — | 2.94 | — |
| 2 | TSW1-038 | 安装波纹软管 | 10 米 | 0.90 | 0.12 | — | 0.11 | — |
| 3 | TSW1-021 | 安装室外墙挂/嵌墙式综合机箱(有源) | 个 | 1.00 | 1.55 | — | 1.55 | — |
| 4 | TSW1-035 | 接地网电阻测试 | 组 | 1.00 | 0.70 | — | 0.70 | — |
| 5 | TSW1-058 | 布放射频拉远单元(RRU)用光缆 | 米·条 | 80.00 | 0.04 | — | 3.20 | — |
| 6 | TSW1-068 | 室外布放电力电缆(单芯) $16 \text{ mm}^2$ 以下 | 10 米·条 | 0.90 | 0.18 | — | 0.16 | — |
| 7 | TSW1-068 | 室外布放电力电缆(两芯) $16 \text{ mm}^2$ 以下 | 10 米·条 | 17.30 | 0.20 | — | 3.46 | — |
| 8 | TSW2-071 | 扩装设备板件 | 块 | 1.00 | 0.50 | — | 0.50 | — |
| 9 | 2-008 | 安装室外天线射频拉远单元一体化设备抱杆上 | 副 | 3.00 | 5.48 | — | 16.44 | — |
| 10 | 2-067 | 配合基站系统调测(BBU 与 AAU 的路由距离大于 1 km 以上) | 扇区 | 3.00 | 1.69 | — | 5.07 | — |
| 11 | TSW2-095 | 配合基站割接、开通 | 站 | 1.00 | 1.30 | — | 1.30 | — |
| 12 | BXZ-001 | 资源、资产的录入 | 局点 | 1.00 | 4.00 | — | 4.00 | — |
| 13 | TSW1-068 | 室外布放电力电缆(3 芯) $16 \text{ mm}^2$ 以下 | 10 米·条 | 0.90 | 0.23 | — | 0.21 | — |
| 14 | TSD3-082 | 配电系统自动性能调测 | 系统 | 1.00 | 4.00 | — | 4.00 | — |
| | 合计 | — | | — | — | — | 43.64 | — |

**4) 需要安装的设备(表四)甲**

需要安装的设备(表四)甲[国内器材表(表四)甲]主要统计主设备的具体用量。本工程主设备共使用 3 台 64TR AAU,以及 1 块 BBU 基带板(表 5-65)。

表 5-64　主要材料表（表四）甲

工程名称：　　　　　　　　　　建设单位名称：　　　　　　　　表格编号：　　　　　　　　　第 1 页，共 1 页

| 序号 | 名称 | 规格程式 | 单位 | 数量 | 单价（元） | | | 合计（元） | | | 备注 |
|---|---|---|---|---|---|---|---|---|---|---|---|
| I | II | III | IV | V | 除税价 VI | 增值税 VII | 含税价 VIII | 除税价 IX | 增值税 X | 含税价 XI | XII |
| 1 | 野战光缆 | LC-SC | m | 80 | — | — | — | — | — | — | 主设备厂家提供 |
| 2 | 电力电缆 | ZA-RVV-0.6/1 kV-2×10 mm² | m | 173 | — | — | — | — | — | — | 主设备厂家提供 |
| 3 | 电力电缆 | ZA-RVV-0.6/1 kV-1×16 mm² | m | 9 | — | — | — | — | — | — | 主设备厂家提供 |
| 4 | PVC管 | φ20 | m | 173 | 1.26 | 0.16 | 1.42 | 217.98 | 27.68 | 245.66 | — |
| 5 | 波纹管 | φ32 | m | 9 | 2.36 | 0.31 | 2.67 | 21.24 | 2.79 | 24.03 | — |
| 6 | 电力电缆 | ZA-RVV-0.6/1 kV-3×16 mm² | m | 9 | 22.93 | 2.98 | 25.91 | 206.37 | 26.82 | 233.19 | — |
| 7 | 一体化电源柜 | 直流 | 架 | 1 | 5 750.00 | 747.50 | 6 497.50 | 5 750.00 | 747.50 | 6 497.50 | — |
| | 合计 | — | — | — | — | — | — | 6 195.59 | 804.79 | 7 000.38 | — |

表 5-65　需要安装的设备（表四）甲

工程名称：　　　　　　　　　　建设单位名称：　　　　　　　　表格编号：　　　　　　　　　第 1 页，共 1 页

| 序号 | 名称 | 规格程式 | 单位 | 数量 | 单价（元） | | | 合计（元） | | | 备注 |
|---|---|---|---|---|---|---|---|---|---|---|---|
| I | II | III | IV | V | 除税价 VI | 增值税 VII | 含税价 VIII | 除税价 IX | 增值税 X | 含税价 XI | XII |
| 1 | BBU 基带板 | UBBPc2A1(5G) | 块 | 1 | — | — | — | — | — | — | 价格已在主设备中列 |
| 2 | 5G AAU | AAU(32Y32R 320W) | 台 | 3 | 47 800.00 | 6 214.00 | 54 014.00 | 143 400.00 | 18 642.00 | 162 042.00 | — |
| | 合计 | — | — | — | — | — | — | 143 400.00 | 18 642.00 | 162 042.00 | — |

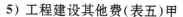

### 5) 工程建设其他费(表五)甲

本工程建设其他费(表五)甲的计列主要包括建设单位管理费、设计费、监理费、安全生产费。其中建设单位管理费根据建设单位要求计取,设计费、监理费根据建设单位与设计、监理单位签订的合同框架计取,安全生产费按照相关规定足额计列(表5-66)。

表 5-66　工程建设其他费(表五)甲

工程名称:　　　　　　建设单位名称:　　　　　　表格编号:　　　　　第1页,共1页

| 序号 | 费用名称 | 计算依据及方法 | 金额(元) | | | 备注 |
|---|---|---|---|---|---|---|
| | | | 除税价 | 增值税 | 含税价 | |
| I | II | III | IV | | | V |
| 1 | 建设用地及综合赔补费 | — | — | — | — | — |
| 2 | 项目建设管理费 | — | 1 719.34 | — | 1 719.34 | — |
| 3 | 可行性研究费 | | | | | |
| 4 | 研究试验费 | | | | | |
| 5 | 勘查设计费 | | 6 853.53 | 411.21 | 7 264.74 | |
| 6 | 环境影响评价费 | | — | — | — | — |
| 7 | 建设工程监理费 | | 3 150.66 | 189.04 | 3 339.70 | — |
| 8 | 安全生产费 | | 247.96 | 22.32 | 270.28 | |
| 9 | 引进技术及引进设备其他费 | | | | | |
| 10 | 工程保险费 | | | | | |
| 11 | 工程招标代理费 | | — | — | — | — |
| 12 | 专利及专利技术使用费 | | — | — | — | — |
| 13 | 其他费用 | | | | | |
| | 总计 | — | 11 971.49 | 622.57 | 12 594.06 | — |

### 6) 建筑安装工程费用预算表(表二)

本工程的直接费是将行业标准的基础单价乘以相应的人工、材料、机械台班、仪表台班的消耗量,计算人工费、材料费、机械使用费、仪表使用费,并汇总得到。措施费、规费、销项税额按照相关规定记取(表5-67)。

### 7) 工程总表(表一)

工程总表(表一)汇总表二至表五价格,得出本工程总投资造价(表5-68)。

工程名称：
建设单位名称：

**表 5-67　建筑安装工程费用预算表(表二)**

| 序号 | 费用名称 | 依据和算法 | 合计(元) | 序号 | 费用名称 | 依据和算法 | 合计(元) |
|---|---|---|---|---|---|---|---|
| I | II | III | IV | I | II | III | IV |
| 1 | 建筑安装工程费(含税价) | 一+二+三+四 | 18 280.88 | 7 | 夜间施工增加费 | 人工费×2.1% | 104.47 |
| 2 | 建筑安装工程费(除税价) | 一+二+三 | 16 537.27 | 8 | 冬雨季施工增加费 | 人工费(室外部分)×1.8% | 57.60 |
| 一 | 直接费 | (一)+(二) | 12 503.26 | 9 | 生产工具用具使用费 | 人工费×0.8% | 39.80 |
| (一) | 直接工程费 | 1+2+3+4 | 11 356.19 | 10 | 施工用水电蒸汽费 | | — |
| 1 | 人工费 | (1)+(2) | 4 974.73 | 11 | 特殊地区施工增加费 | | — |
| (1) | 技工费 | 技工总工日×114.0 | 4 974.73 | 12 | 已完工程及设备保护费 | 人工费×1.5% | 74.62 |
| (2) | 普工费 | 普工总工日×61.0 | — | 13 | 运土费 | | — |
| 2 | 材料费 | (1)+(2) | 6 381.46 | 14 | 施工队伍调遣费 | 2×(单程调遣费定额×调遣人数) | — |
| (1) | 主要材料费 | 国内主材费+引进主材费 | 6 195.59 | 15 | 大型施工机械调遣费 | | — |
| (2) | 辅助材料费 | 主要材料费×3.0% | 185.87 | 16 | 营业线封锁(天窗)施工增加费 | (人工费+机械使用费+仪表使用费)×100% | — |
| 3 | 机械使用费 | — | — | 二 | 间接费 | (一)+(二) | 3 039.06 |
| 4 | 仪表使用费 | — | — | (一) | 规费 | 1+2+3+4 | 1 675.99 |
| (二) | 措施项费 | 1+2+…+16 | 1 147.07 | 1 | 工程排污费 | — | — |
| 1 | 文明施工费 | 人工费×1.1% | 54.72 | 2 | 社会保障费 | 人工费×28.5% | 1 417.80 |
| 2 | 工地器材搬运费 | 人工费×1.1% | 54.72 | 3 | 住房公积金 | 人工费×4.19% | 208.44 |
| 3 | 工程干扰费 | 人工费×4.0% | 198.99 | 4 | 危险作业意外伤害保险费 | 人工费×1.0% | 49.75 |
| 4 | 工程点交、场地清理费 | 人工费×2.5% | 124.37 | (二) | 企业管理费 | 人工费×27.4% | 1 363.08 |
| 5 | 临时设施费 | 人工费×3.8% | 189.04 | 三 | 利润 | 人工费×20.0% | 994.95 |
| 6 | 工程车辆使用费 | 人工费×5.0% | 248.74 | 四 | 销项税额 | (人工费+机械使用费+仪表使用费+措施费+规费+企业管理费+利润)×9%+(甲供主材费+乙供主材费+辅材费)×13% | 1 743.61 |

表 5-68  工程总表（表一）

项目名称：

建设单位名称：

表格编号：

| 序号 | 表格编号 | 费用名称 | 小型建筑工程费 | 需要安装的设备费 | 不需要安装的设备、工器具费 | 建筑安装工程费 | 其他费用 | 预备费 | 除税价（元） | 增值税（元） | 含税价（元） | 其中外币（美元） |
|---|---|---|---|---|---|---|---|---|---|---|---|---|
| I | II | III | IV | V | VI | VII | VIII | IX | X | XI | XII | XIII |
| | | | | | | （元） | | | 总价值 | | | |
| 1 | — | 工程费 | — | 143 400.00 | — | 16 537.27 | — | — | 159 937.27 | 20 385.61 | 180 322.88 | — |
| 2 | — | 工程建设其他费 | — | — | — | — | 11 971.49 | — | 11 971.49 | 466.00 | 622.57 | — |
| 3 | — | 合计 | — | 143 400.00 | — | 16 537.27 | 11 971.49 | — | 171 908.76 | 20 851.62 | 192 760.37 | — |
| 4 | — | 预备费 | — | — | — | — | — | — | — | — | — | — |
| 5 | — | 建设期利息 | — | — | — | — | — | — | — | — | — | — |
| 6 | — | 总计 | — | 143 400.00 | — | 16 537.27 | 11 971.49 | — | 171 908.76 | 20 851.62 | 192 760.37 | — |
| 7 | — | 总计（施工折扣后） | — | 143 400.00 | — | 12 327.47 | 11 971.49 | — | 167 698.96 | 20 389.06 | 188 088.02 | — |

### 5.5.4 会审纪要

会审纪要应对召开时间、地点、参与单位进行记录,同时包含以下内容。

**(1) 方案简介**

5G新建基站具体建站情况如表5-69:

表5-69 5G新建基站建站情况

| 地区 | 编号 | 基站名称 | 基站位置 | | 设备类型 | 站型 |
| --- | --- | --- | --- | --- | --- | --- |
| | | | 东经 | 北纬 | | |
| ×× | ×× | ×× | ×× | ×× | S111 | 3 |

本期工程在裙楼楼顶新建的3根3 m附墙抱杆,AAU设备附抱杆安装,天线挂高均为24 m,方位角分别为20°/170°/270°,配套方案新增一个室外一体化机柜,新增的3台AAU设备从室外一体机柜接电。

**(2) 方案会审意见**

① 本站点位于主城区,周边为主干交通道路,车流量大,附近有购物广场、商务楼、居民小区,人流量大,主设信源选用3台64TR AAU,主设备方案合理。

② 本站点新增3根3 m附墙抱杆,天线挂高均为24 m,1扇区20°覆盖购物广场,2扇区170°覆盖居民小区,3扇区270°覆盖主干道路,方位角、挂高设计合理。

③ 本站点新增一个室外一体化机柜,AAU上联机柜内32 A空开,根据AAU功耗测算,电源方案合理。

安全生产管理方面:安全生产费按照折扣前建筑安装工程费的1.5%计列,本项目建筑安装工程费按照工信部通信"〔2016〕451号"定额计取,5G无线网相关定额暂按《信息通信建设工程预算定额无线通信设备安装(第五代移动通信工程专用)(征求意见稿)》执行。

造价管理方面:设备、材料、设计、施工、监理已实施价税分离,设计、施工、监理费按照框架合同标准执行。

应明确说明会审是否通过。

### 5.5.5 设计交底

本工程属于施工图设计阶段,必须进行现场设计交底,设计交底记录中应介绍工程概况、主要工作量,应就工程施工中安全风险防范措施向施工单位进行详细说明(表5-70)。设计交底单需建设单位、设计、施工、监理单位等各方签字,交底记录需留存。

表 5-70　设计交底内容

| 基站名称 | ×× | 基站编号 | ×× |
|---|---|---|---|
| 建设单位 | ×× | 项目经理 | ×× |
| | | 联系电话 | ×× |
| 设计单位 | ×× | 设计负责人 | ×× |
| | | 联系电话 | ×× |
| 施工单位 | ×× | 施工管理员 | ×× |
| | | 联系电话 | ×× |
| 监理单位 | ×× | 监理工程师 | ×× |
| | | 联系电话 | ×× |
| 施工地点 | ×× | | |
| 技术交底日期 | ××年××月××日 | | |
| 设　计　交　底　内　容 | | | |

工程概况、主要工程量：

××××××

设计交底主要内容（技术关键点、施工难点及安全风险提示等）（设计单位和施工单位填写）：
××××××

建设单位、项目经理（签字）：　　　　　　　　　　设计单位、设计负责人（签字）：
××××××　　　　　　　　　　　　　　　　　　　　　　　××××××

施工单位、施工管理员（签字）：　　　　　　　　　监理单位、监理工程师（签字）：
××××××　　　　　　　　　　　　　　　　　　　　　　　××××××

# 6 无线勘察设计规范标准与强制性条文

## 6.1 无线网常用规范标准

无线网工程勘察设计是通信工程建设过程中的重要阶段,勘察设计与通信工程建设标准和标准化工作关系密切,必须依据相关规范标准,严格执行。无线网勘察设计常用规范标准如表 6-1 所示。

表 6-1　无线网勘察设计常用规范标准

| 序号 | 发布单位 | 规范类型 | 规范编号 | 规范名称 |
|---|---|---|---|---|
| 1 | 工业和信息化部 | | 工信部通信〔2015〕406 号 | 《通信建设工程安全生产管理规定》 |
| 2 | 工业和信息化部 | 行标 | YD 5201—2014 | 《通信建设工程安全生产操作规范(附条文说明)》 |
| 3 | 工业和信息化部 | 行标 | YD 5003—2014 | 《通信建筑工程设计规范》 |
| 4 | 住房和城乡建设部、国家质量监督检验检疫总局 | 国标 | GB 50011—2010 | 《建筑抗震设计规范(附条文说明)(附2016 年局部修订)》 |
| 5 | 工业和信息化部 | 行标 | YD/T 5060—2019 | 《通信设备安装抗震设计图集》 |
| 6 | 工业和信息化部 | 行标 | YD/T 5054—2019 | 《通信建筑抗震设防分类标准(附条文说明)》 |
| 7 | 信息产业部 | 行标 | YD 5059—2005 | 《电信设备安装抗震设计规范》 |
| 8 | 信息产业部 | 行标 | YD 5083—2005 | 《电信设备抗地震性能检测规范》 |
| 9 | 信息产业部 | 行标 | YD/T 5026—2021 | 《信息通信机房槽架安装设计规范》 |
| 10 | 住房和城乡建设部、国家质量监督检验检疫总局 | 国标 | GB 50689—2011 | 《通信局(站)防雷与接地工程设计规范(附条文说明)》 |
| 11 | 住房和城乡建设部、国家质量监督检验检疫总局 | 国标 | GB 50057—2010 | 《建筑物防雷设计规范(附条文说明)》 |

续表

| 序号 | 发布单位 | 规范类型 | 规范编号 | 规范名称 |
|---|---|---|---|---|
| 12 | 工业和信息化部 | 行标 | YD/T 2199—2010 | 《通信机房防火封堵安全技术要求》 |
| 13 | 工业和信息化部 | 行标 | YD 5115—2015 | 《移动通信直放站工程技术规范(附条文说明)》 |
| 14 | 住房和城乡建设部 | 国标 | GB 50016—2014 | 《建筑设计防火规范(附条文说明)(附2018年局部修订)》 |
| 15 | 工业和信息化部 | 行标 | YD 5221—2015 | 《通信设施拆除安全暂行规定(附条文说明)》 |
| 16 | 工业和信息化部 | 行标 | YD/T 5184—2018 | 《通信局(站)节能设计规范(附条文说明)》 |
| 17 | 工业和信息化部 | 行标 | YD 5191—2009 | 《电信基础设施共建共享工程技术暂行规定(附条文说明)》 |
| 18 | 住房和城乡建设部、国家质量监督检验检疫总局 | 国标 | GB/T 51125—2015 | 《通信局站共建共享技术规范(附条文说明)》 |
| 19 | 环境保护部、国家质量监督检验检疫总局 | 国标 | GB 12523—2011 | 《建筑施工场界环境噪声排放标准》 |
| 20 | 工业和信息化部 | 行标 | YD 5039—2009 | 《通信工程建设环境保护技术暂行规定(附条文说明)》 |
| 21 | 工业和信息化部 | 行标 | YD/T 1821—2018 | 《通信局(站)机房环境条件要求与检测方法》 |
| 22 | 工业和信息化部 | 行标 | YD/T 5211—2014 | 《通信工程设计文件编制规定(附条文说明)》 |
| 23 | 工业和信息化部 | 行标 | YD/T 5015—2015 | 《通信工程制图与图形符号规定(附条文说明)》 |
| 24 | 国务院 | | 国务院令第393号 | 《建设工程安全生产管理条例》 |
| 25 | 工业和信息化部 | 行标 | YD/T 5120—2015 | 《无线通信室内覆盖系统工程设计规范(附条文说明)》 |
| 26 | 工业和信息化部 | 行标 | YD 5214—2015 | 《无线局域网工程设计规范(附条文说明)》 |

**注**：应关注标准废止及替代情况,使用时及时更新最新实施标准。

# 6.2 标准强制性条文*

工程建设强制性标准是直接涉及工程质量、安全、卫生及环境保护等方面的工程建设

---

\* 此节内容为相关规范、标准、条例等摘录。

标准强制性条文。标准强制性条文是工程建设过程中的强制性技术规定,是参与建设活动各方执行工程建设强制性标准的依据。执行标准强制性条文既是贯彻落实中华人民共和国国务院令第 279 号《建设工程质量管理条例》的重要内容,又是从技术上确保建设工程质量的关键,同时也是推进工程建设的标准体系改革所迈出的关键的一步。标准强制性条文的正确实施,有效地保证通信工程的质量、安全,对提高投资效益、社会效益和环境效益都具有重要的意义。本书编撰时对现行的无线网标准强制性条文做了汇总,读者在实际引用时应关注标准的修订或替换情况。

### 6.2.1　通信局(站)选址相关规定

**1)《通信建筑工程设计规范》(YD 5003—2014)**

4.0.3　局、站址应有安全环境,不应选择在生产及储存易燃、易爆、有毒物质的建筑物和堆积场附近。

4.0.4　局、站址应避开断层、土坡边缘、故河道、有可能塌方、滑坡、泥石流及含氡土壤的威胁和有开采价值的地下矿藏或古迹遗址的地段,不利地段应采取可靠措施。

4.0.5　局、站址不应选择在易受洪水淹灌的地区;无法避开时,可选在场地高程高于计算洪水水位 0.5 m 以上的地方;仍达不到上述要求时,应符合 GB 50201《防洪标准》的要求:

(1) 城市已有防洪设施,并能保证建筑物的安全时,可不采取防洪措施,但应防止内涝对生产的影响。

(2) 城市没有设防时,通信建筑应采取防洪措施,洪水计算水位应将浪高及其他原因的壅水增高考虑在内。

(3) 洪水频率应按通信建筑的等级确定:特别重要的及重要的通信建筑防洪标准等级为 I 级,重现期(年)为 100 年;其余的通信建筑为 II 级,重现期(年)为 50 年。

4.0.9　局、站址选择时应符合通信安全保密、国防、人防、消防等要求。

8.3.2　在地震区,通信建筑应避开抗震不利地段;当条件不允许避开不利地段时,应采取有效措施;对危险地段,严禁建造特殊设防类(甲类)、重点设防类(乙类)通信建筑,不应建造标准设防类(丙类)通信建筑。

**2)《移动通信直放站工程技术规范》(YD 5115—2015)**

5.0.7　严禁在易燃、易爆的仓库、材料堆积场以及在生产过程中容易发生火灾和有爆炸危险的区域设站。

### 6.2.2　通信工程安全相关规定

**1)《通信建筑工程设计规范》(YD 5003—2014)**

3.2.2　通信建筑的结构安全等级应符合下列规定:

（1）特别重要的及重要的通信建筑结构的安全等级为一级；

（2）其他通信建筑结构的安全等级为二级。

6.3.3　局址内禁止设置公众停车场。

**2）《无线局域网工程设计规范》(YD 5214—2015)**

1.0.3　工程中所采用的无线电发射设备必须具有国家无线电管理机构核发的无线电发射设备型号核准证。

## 6.2.3　通信工程防火相关规定

**1）《建筑设计防火规范》(GB 50016—2014)**

3.2.4　使用或储存特殊贵重的机器、仪表、仪器等设备或物品的建筑，其耐火等级不应低于二级。

6.1.7　防火墙的构造应能在防火墙任意一侧的屋架、梁、楼板等受到火灾的影响而破坏时，不会导致防火墙倒塌。

6.2.6　建筑幕墙应在每层楼板外沿处采取符合本规范第6.2.5条规定的防火措施，幕墙与每层楼板、隔墙处的缝隙应采用防火封堵材料封堵。

8.3.9　下列场所应设置自动灭火系统，并宜采用气体灭火系统：

（1）国家、省级或人口超过100万的城市广播电视发射塔内的微波机房、分米波机房、米波机房、变配电室和不间断电源（UPS）室。

（2）国际电信局、大区中心、省中心和一万路以上的地区中心内的长途程控交换机房、控制室和信令转接点室。

（3）两万线以上的市话汇接局和六万门以上的市话端局内的程控交换机房、控制室和信令转接点室。

（4）中央及省级公安、防灾和网局级及以上的电力等调度指挥中心内的通信机房和控制室。

（5）A、B级电子信息系统机房内的主机房和基本工作间的已记录磁（纸）介质库。

8.4.1　下列建筑或场所应设置火灾自动报警系统：

（5）地市级及以上广播电视建筑、邮政建筑、电信建筑，城市或区域性电力、交通和防灾等指挥调度建筑。

（10）电子信息系统的主机房及其控制室、记录介质库，特殊贵重或火灾危险性大的机器、仪表、仪器设备室、贵重物品库房。

**2）《电信专用房屋工程施工监理规范》(YD 5073—2021)**

4.6.2　重点检查电缆井、管道井是否已在每层楼板处用符合设计要求的非燃烧体进行防火分隔；检验通过楼板及墙体之间的孔洞、电缆与楼板间的孔隙是否已用非燃烧体材

料密封,以及检验室内装修材料的阻燃性能。

4.6.3　检验通风与空气调节系统安装是否符合防火规范要求,重点检查防火阀是否关闭严密,防火阀检查孔位置是否设在便于操作的部位。保证电池室使用独立的通风设备,并采用防爆型排风机。

4.6.4　重点检查消防系统导线和电缆的产品合格证书或质量保证书,保证其阻燃耐火性能符合要求。

4.6.5　检查电信专用房屋重点部位设置的火灾自动报警系统的性能是否达到设计要求。

4.6.6　检查电信专用房屋内的喷淋灭火系统和气体灭火系统性能是否符合相关规定和达到设计要求。

4.6.7　检查电信专用房屋内火灾事故照明和疏散指示标志是否设置在醒目位置,指示标志是否清晰易懂。

**3)《通信电源设备安装工程验收规范》(YD 5079—2005)**

7.3.11　电源线、信号线穿越上、下楼层或水平穿墙时,应预留"S"弯,孔洞应加装口框保护,完工后应用非延燃和绝缘板材料盖封洞口。

**4)《通信电源设备安装工程设计规范》(GB 51194—2016)**

9.0.3　采用电源馈线的规格,应符合下列规定:

(6) 机房内的导线应采用阻燃电缆或耐火电缆。

**5)《通信高压直流电源设备工程设计规范》(GB 51215—2017)**

7.1.1　机房内的导线必须采用非延燃电缆。

**6)《通信电源设备安装工程验收规范》(GB 51199—2016)**

2.0.10　机房内严禁存放易燃、易爆等危险物品。

**7)《国内卫星通信地球站设备安装工程验收规范》(YD/T 5017—2005)**

2.2.2　楼板预留孔洞应配置阻燃材料的安全盖板,已用的电缆走线孔应用阻燃材料封堵。

## 6.2.4　通信工程抗震相关规定

**1)《通信建筑工程设计规范》(YD 5003—2014)**

8.3.2　在地震区,通信建筑应避开抗震不利地段;当条件不允许避开不利地段时,应采取有效措施;对危险地段,严禁建造特殊设防类(甲类)、重点设防类(乙类)通信建筑,不应建造标准设防类(丙类)通信建筑。

**2)《电信设备安装抗震设计规范》(YD 5059—2005)**

5.1.1　架式电信设备顶部安装应采取由上梁、立柱、连固铁、列间撑铁、旁侧撑铁和斜撑组成的加固联结架。构件之间应按有关规定联结牢固,使之成为一个整体。

5.1.2　电信设备顶部应与列架上梁加固。对于8度及8度以上抗震设防,必须用抗震夹板或螺栓加固。

5.1.3　电信设备底部应与地面加固。对于8度及8度以上的抗震设防,设备应与楼板可靠联结。螺栓的规格按本规范4.3.1条的计算方法确定。

5.1.4　列架应通过连固铁及旁侧撑铁与柱进行加固,其加固件应加固在柱上,加固所用螺栓规格应按4.3.1条公式计算确定。

5.2.2　对于8度及8度以上的抗震设防,小型台式设备应安装在抗震组合柜内。抗震组合柜的安装加固同5.2.1条。

5.3.1　6～9度抗震设防时,自立式设备底部应与地面加固。其螺栓规格按本规范4.3.2条公式计算确定。

5.3.2　6～9度抗震设防时,按5.3.1条计算的螺栓直径超过M12时,设备顶部应采用联结构件支撑加固,联结构件及地面加固螺栓的规格按4.3.1条计算确定。

6.1.2　8度和9度抗震设防时,蓄电池组必须用钢抗震架(柜)安装,钢抗震架(柜)底部应与地面加固。加固用的螺栓规格应符合表6-2和表6-3的要求。

表6-2　双层双列蓄电池组螺栓规格

| 设防烈度 | 8度 | | | 9度 | | |
|---|---|---|---|---|---|---|
| 楼　　层 | 上层 | 下层 | 一层 | 上层 | 下层 | 一层 |
| 蓄电池容量(Ah) | ≤200 | | | ≤200 | | |
| 螺栓规格 | ≥M10 | ≥M10 | ≥M10 | ≥M12 | ≥M12 | ≥M10 |

注:上层指建筑物地上楼层的上半部分,下层指建筑物地上楼层的下半部分。单层房屋按表内一层考虑。

表6-3　蓄电池组螺栓规格

| 设防烈度 | | 8度 | | | 9度 | | |
|---|---|---|---|---|---|---|---|
| 楼层 | | 上层 | 下层 | 一层 | 上层 | 下层 | 一层 |
| 蓄电池容量(Ah) | 300 | M12 | M10 | M8 | M12 | M10 | M10 |
| | 400 | | | | | | |
| | 500 | | | | | | |
| | 600 | | | | | | |
| | 700 | | | | | | |
| | 800 | | | | | | |

续表

| 设防烈度 | | 8 度 | | | 9 度 | | |
|---|---|---|---|---|---|---|---|
| 楼层 | | 上层 | 下层 | 一层 | 上层 | 下层 | 一层 |
| 蓄电池容量（Ah） | 900 | M12 | M10 | M8 | M12 | M10 | M10 |
| | 1 000 | | | | | | |
| | 1 200 | | | | | | |
| | 1 400 | | | | | | |
| | 1 600 | | | | | | |
| 蓄电池容量（Ah） | 1 800 | M14 | M12 | M10 | M14 | M14 | M12 |
| | 2 000 | | | | | | |
| | 2 400 | | | | | | |
| | 2 600 | | | | | | |
| | 2 800 | | | | | | |
| | 3 000 | | | | | | |

**注：**上层指建筑物地上楼层的上半部分，下层指建筑物地上楼层的下半部分。单层房屋按表内一层考虑。

6.5.1 当抗震设防时，蓄电池组输出端与电源母线之间应采用母线软连接。

7.2.1 微波站的馈线采用硬波导时，应在以下几处使用软波导：

（1）在机房内，馈线的分路系统与矩形波导馈线的连接处；波导馈线有上、下或左、右的移位处。

（2）在圆波导长馈线系统中，天线与圆波导馈线的连接处。

（3）在极化分离器与矩形波导的连接处。

**3）《通信电源设备安装工程验收规范》（YD 5079—2005）**

7.1.13 在抗震设防地区，母线与蓄电池输出端必须采用母线软连接条进行连接。穿过同层房屋抗震缝的母线两侧，也必须采用母线软连接条连接。"软连接"两侧的母线应与对应的墙壁用绝缘支撑架固定。

**4）《电信设备抗地震性能检测规范》（YD 5083—2005）**

1.0.2 在我国抗震设防烈度 7 度以上（含 7 度）地区公用电信网上使用的交换、传输、移动基站、通信电源等主要电信设备应取得电信设备抗地震性能检测合格证，未取得信息产业部颁发的电信设备抗地震性能检测合格证的电信设备，不得在抗震设防烈度 7 度以上（含 7 度）地区的公用电信网上使用。

1.0.4 被测设备抗地震性能检测的通信技术性能项目应符合相关电信设备的抗地

震性能检测规范。

3.4.1　被测设备的抗地震性能检测按送检烈度进行考核,其起始送检烈度不得高于8烈度。

7.0.1　被测设备在进行抗地震性能考核后,在7、8、9地震烈度作用下,都不得出现设备组件的脱离、脱落和分离等情况并应达到以下要求。

(1)在7烈度抗地震考核后,被测设备结构不得有变形和破坏。

(2)在8烈度抗地震考核后,被测设备应保证其结构完整性,主体结构允许出现轻微变形,连接部分允许出现轻微损伤,但任何焊接部分不得发生破坏。

(3)在9烈度抗地震考核后,被测设备主体结构允许出现部分变形和破坏,但设备不得倾倒。

被测设备满足以上相应的地震烈度要求,则其结构在相应的地震烈度下抗地震性能评为合格。

7.0.2　被测设备按送检地震烈度考核后,各项通信技术性能指标符合相关电信设备抗地震性能检测标准的具体规定,则其在抗地震性能考核中通信技术性能指标评为合格。

7.0.3　被测设备按送检地震烈度考核后,符合7.0.1及7.0.2条的规定,被测设备抗地震性能评为合格。

**5)《电信机房铁架安装设计标准》(YD/T 5026—2005)**

2.1.1　铁架安装方式应采用列架结构,并通过连接件与建筑物构件连接成一个整体。

2.1.7　抗震设防烈度为6度及6度以上的机房,铁架安装应采取抗震加固措施。

3.1.1　铁架的各相关构件之间应通过连接件牢固连接,使之成为一个整体,并应与建筑物地面、承重墙、楼顶板及房柱加固。

**6)《无线通信室内覆盖系统工程设计规范》(YD/T 5120—2015)**

1.0.8　在我国抗震设防烈度7烈度及以上地区进行电信网络建设时应满足抗震设防的要求,使用的主要电信设备应符合 YD 5083《电信设备抗地震性能检测规范》的规定。

## 6.2.5　通信工程防雷接地相关规定

**1)《通信局(站)防雷与接地工程设计规范》(GB 50689—2011)**

1.0.6　通信局(站)雷电过电压保护工程,必须选用经过国家认可的第三方检测部门测试合格的防雷器。

3.1.1　通信局(站)的接地系统必须采用联合接地的方式。

3.1.2　大、中型通信局(站)必须采用 TN-S 或 TN-C-S 供电方式。

3.6.8　接地线中严禁加装开关或熔断器。

3.9.1  接地线与设备及接地排连接时,必须加装铜接线端子,并应压(焊)接牢固。

3.10.3  计算机控制中心或控制单元必须设置在建筑物的中部位置,并必须避开雷电浪涌集中的雷电流分布通道,且计算机严禁直接使用建筑物外墙体的电源插孔。

3.11.2  通信局(站)范围内,室外严禁采用架空线路。

3.13.6  局(站)机房内配电设备的正常不带电部分均应接地,严禁做接零保护。

3.14.1  室内的走线架及各类金属构件必须接地,各段走线架之间必须采用电气连接。

4.8.1  楼顶的各种金属设施必须分别与楼顶避雷带或接地预留端子就近连通。

6.4.3  接地排严禁连接到铁塔塔角。

6.6.4  GPS 天线设在楼顶时,GPS 馈线严禁在楼顶布线时与避雷带缠绕。

7.4.6  缆线严禁系挂在避雷网或避雷带上。

9.2.9  可插拔防雷模块严禁简单并联后作为 80 kA、120 kA 等量级的 SPD 使用。

**2)《通信局(站)防雷与接地工程设计规范》(YD 5098—2005)**

1.0.8  通信局(站)内使用的浪涌保护器,应经信息产业部认可的防雷产品质量检测部门测试合格。

3.6.6  严禁在接地线中加装开关或熔断器。

3.6.7  接地线布放时应尽量短直,多余的线缆应截断,严禁盘绕。

7.5.4  缆线严禁系挂在避雷网或避雷带上敷设。

9.2.9  严禁将 C 级 40 kA 模块型 SPD 进行并联组合作为 80 kA 或 120 kA 的 SPD 使用。

**3)《通信电源设备安装工程设计规范》(GB 51194—2016)**

7.0.2  通信局站应采用联合接地方式。

**4)《通信建筑工程设计规范》(YD 5003—2014)**

13.0.8  本条文为强制性条文,为保证通信设备正常工作,避免通信设备遭到雷击以确保通信生产安全,通信建筑的接地系统应采用联合接地方式。

**5)《通信电源设备安装工程验收规范》(YD 5079—2005)**

8.3.1  高压或 380 V 交流电出入局(站)时,应选用具有金属铠装层的电力电缆,并将电缆线埋入地下,埋入地下的电力电缆长度应符合工程设计要求,其金属护套两端应就近接地。

8.3.2  出、入局(站)通信电缆线应采取由地下出、入局(站)的方式,埋入地下的通信电缆长度应符合工程设计要求,所采用的电缆,其金属护套应在进线室作保护接地。

8.3.3  由楼顶引入机房的电缆应选用具有金属护套的电缆,并应在采取了相应的防雷措施后方可进入机房。

## 6.2.6　通信工程环境保护相关规定

**1)《通信工程建设环境保护技术暂行规定》(YD 5039—2009)**

1.0.3　对于产生环境污染的通信工程建设项目,建设单位必须把环境保护工作纳入建设计划,并执行"三同时制度",即与主体工程同时设计、同时施工、同时投产使用。

4.0.4　严禁在崩塌滑坡危险区、泥石流易发区和易导致自然景观破坏的区域采石、采砂、取土。

4.0.5　工程建设中废弃的沙、石、土必须运至规定的专门存放地堆放,不得向江河、湖泊、水库和专门存放地以外的沟渠倾倒;工程竣工后,取土场、开挖面和废弃的砂、石、土存放地的裸露土地,应植树、种草,防止水土流失。

4.0.8　通信工程建设中不得砍伐或危害国家重点保护的野生植物。未经主管部门批准,严禁砍伐名胜古迹和革命纪念地的林木。

4.0.13　通信工程中严禁使用持久性有机污染物做杀虫剂。

5.0.3　必须保持防治环境噪声污染的设施正常使用;拆除或闲置环境噪声污染防治设施应报环境保护行政主管部门批准。

6.0.3　严禁向江河、湖泊、运河、渠道、水库及其最高水位线以下的滩地和岸坡倾倒、堆放固体废弃物。

**2)《通信电源设备安装工程验收规范》(YD 5079—2005)**

6.4.2

(3)油机噪声必须符合(GB 3096—93)《城市区域环境噪声标准》要求。

**3)《数字移动通信(TDMA)工程施工监理规范》(YD 5086—2005)**

8.0.7　监理工程师应要求承包单位在施工现场设置符合规定的安全警示标志,暂停施工时应做好现场防护,对施工时产生的噪声、粉尘、废物、振动及照明等对人和环境可能造成危害和污染时,要采取环境保护措施。

## 6.2.7　《通信建设工程安全生产操作规范》(YD 5201—2014)

**1)基本规定**

3.2.1　在公路、高速公路、铁路、桥梁、通航的河道等特殊地段和城镇交通繁忙、人员密集处施工时必须设置有关部门规定的警示标志,必要时派专人警戒看守。

3.2.8　从事高处作业的施工人员,必须正确使用安全带、安全帽。

3.3.1　临时搭建的员工宿舍、办公室等设施必须安全、牢固、符合消防安全规定,严禁使用易燃材料搭建临时设施。临时设施严禁靠近电力设施,与高压架空电线的水平距离必须符合相关规定。

3.4.7 严禁在有塌方、山洪、泥石流危害的地方搭建住房或搭设帐篷。

3.4.10 在江河、湖泊及水库等水面上作业时，必须携带必要的救生用具，作业人员必须穿好救生衣，听从统一指挥。

3.6.6 在光(电)缆进线室、水线房、机房、无(有)人站、木工场地、仓库、林区、草原等处施工时，严禁烟火。施工车辆进入禁火区必须加装排气管防火装置。

3.6.8 电缆等各种贯穿物穿越墙壁或楼板时，必须按要求用防火封堵材料封堵洞口。

3.6.9 电气设备着火时，必须首先切断电源。

**2) 工器具和仪表**

4.3.9 伸缩梯伸缩长度严禁超过其规定值。在电力线、电力设备下方或危险范围内，严禁使用金属伸缩梯。

4.4.1 配发的安全带必须符合国家标准。严禁用一般绳索、电线等代替安全带。

4.6.4 在易燃、易爆场所，必须使用防爆式用电工具。

4.7.1 焊接现场必须有防火措施，严禁存放易燃、易爆物品及其他杂物。禁火区内严禁焊接、切割作业，需要焊接、切割时，必须把工件移到指定的安全区内进行。当必须在禁火区内焊接、切割作业时，必须报请有关部门批准，办理许可证，采取可靠防护措施后，方可作业。

4.7.5 焊接带电的设备时必须先断电。焊接贮存过易燃、易爆、有毒物质的容器或管道，必须清洗干净，并将所有孔口打开。严禁在带压力的容器或管道上施焊。

4.7.7 使用氧气瓶应符合以下要求：

(1) 严禁接触或靠近油脂物和其他易燃品。严禁氧气瓶的瓶阀及其附件沾附油脂。手臂或手套上沾附油污后，严禁操作氧气瓶。

(2) 严禁与乙炔等可燃气体的气瓶放在一起或同车运输。

(3) 瓶体必须安装防震圈，轻装轻卸，严禁剧烈震动和撞击；储运时，瓶阀必须戴安全帽。

(4) 严禁手掌满握手柄开启瓶阀，且开启速度应缓慢。开启瓶阀时，人应在瓶体一侧且人体和面部应避开出气口及减压气的表盘。

(5) 严禁使用气压表指示不正常的氧气瓶。严禁氧气瓶内气体用尽。

(6) 氧气瓶必须直立存放和使用。

(7) 检查压缩气瓶有无漏气时，应用浓肥皂水，严禁使用明火。

(8) 氧气瓶严禁靠近热源或在阳光下长时间曝晒。

4.7.8 使用乙炔瓶应符合以下要求：

(1) 检查有无漏气应用浓肥皂水，严禁使用明火。

（2）乙炔瓶必须直立存放和使用。

（3）焊接时，乙炔瓶 5 m 内严禁存放易燃、易爆物质。

4.8.1 严禁使用汽油、煤油洗刷空气压缩机曲轴箱、滤清器或空气通路的零部件。严禁曝晒、烧烤储气罐。

4.8.4 严禁发电机的排气口直对易燃物品。严禁在发电机周围吸烟或使用明火。作业人员必须远离发电机排出的热废气。严禁在密闭环境下使用发电机。

4.8.7 潜水泵保护接地及漏电保护装置必须完好。

4.8.10 搅拌机检修或清洗时，必须先切断电源，并把料斗固定好。进入滚筒内检查、清洗，必须设专人监护。

4.8.12 使用砂轮切割机时，严禁在砂轮切割片侧面磨削。

4.8.14 严禁用挖掘机运输器材。

4.8.17 推土机在行驶和作业过程中严禁上下人，停车或在坡道上熄火时必须将刀铲落地。

4.8.19 使用吊车吊装物件时，严禁有人在吊臂下停留或走动，严禁在吊具上或被吊物上站人，严禁用人在吊装物上配重、找平衡。严禁用吊车拖拉物件或车辆。严禁吊拉固定在地面或设备上的物件。

**3）器材储运**

5.5.6 易燃、易爆化学危险品和压缩可燃气体容器等必须按其性质分类放置并保持安全距离。易燃、易爆物必须远离火源和高温。严禁将危险品存放在职工宿舍或办公室内。废弃的易燃、易爆化学危险品必须按照相关部门的有关规定及时清除。

**4）通信设备工程**

8.1.3 严禁擅自关断运行设备的电源开关。

**5）通信铁塔建设工程**

9.2.4 未经现场指挥人员同意，严禁非施工人员进入施工区。在起吊和塔上有人作业时，塔下严禁有人。

9.2.9 经医生检查身体有病不适宜上塔的人员，严禁上塔作业。酒后严禁上塔作业。

9.2.11 塔上作业时，必须将安全带固定在铁塔的主体结构上。

**6）通信电源设备工程**

11.1.6 电源线中间严禁有接头。

11.3.2 油机室和油库内必须有完善的消防设施，严禁烟火。

11.6.4 严禁在接地线、交流中性线中加装开关或熔断器。

11.6.5 严禁在接闪器、引下线及其支持件上悬挂信号线及电力线。

# 7 常用辅助软件介绍与使用

## 7.1 制图类软件

CAD 制图软件是计算机辅助设计领域普遍使用的,此软件功能强大、使用方便、价格合理,在国内外被广泛应用于机械、通信、建筑、家居、纺织等诸多行业,拥有广大的用户群。

CAD 制图软件具有良好的用户界面,通过交互菜单或命令行方式便可以进行各种操作。它的多文档设计环境,让非计算机专业人员也能很快地学会使用,在不断实践的过程中更好地掌握它的各种应用和开发技巧,从而不断提高工作效率。

CAD 制图软件具有广泛的适应性,它可以在各种操作系统支持的微型计算机和工作站上运行,并支持分辨率由 320×200 到 2048×1024 的各种图形显示设备 40 多种,以及数字仪和鼠标器 30 多种,绘图仪和打印机数十种,这就为 CAD 制图软件的普及创造了条件。

CAD 制图软件功能:交互式作图;图形编辑和修改;图形参数的测试和计算;图形尺寸标注;设置图层和图形的线性、颜色及字体;使用块和外部参考加块图形绘制;填充图案;具有图形属性文件与其他软件兼容;图形存储;图形输入和输出。

### 7.1.1 常用软件介绍

**1) AutoCAD**

AutoCAD 是 Autodesk 公司旗下产品,是一款用于二维绘图、设计文档和基本的三维绘图的软件,首次开发是在 1982 年,目前已经成为市面上使用最广泛、功能最强大的 CAD 制图软件。目前国内外均以 AutoCAD 作为行业标准,包括学习、考证等。AutoCAD 经过几十年的发展,目前其功能方面已经非常完善,从最初的 AutoCAD(Version 1.0),到现在的 AutoCAD 2021,已经发布了 40 多个版本,围绕 AutoCAD 已经形成了一个生态,包括相关的教程、插件、素材等。

**2) 中望 CAD**

中望 CAD 是一款国产 CAD 软件,其功能界面、操作方式均与 AutoCAD 非常类似,从

1998年开始发展到现在,中望CAD也已经有二十多年历史,目前旗下产品包括中望CAD平台、中望CAD建筑、中望3D等软件,目前中望CAD是国产CAD的最大厂商之一。

作为中望软件自主研发的第三代CAD平台技术,中望CAD性能优越,稳定性更强,具备丰富的绘图功能及便捷的命令操作,新增批量打印、边界夹点、支持跨平台等众多新特性,可满足企业用户更深层次的应用需求(图7-1)。

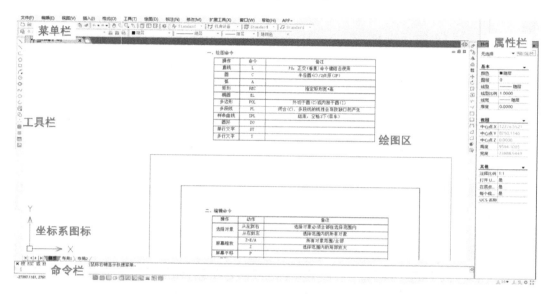

图7-1　中望CAD工作界面

## 7.1.2　在设计中应用

绘图之前,应搜集前期工程的图纸模版,模版内包含字体大小、标注设置、输出比例等信息,无需再做修正(图7-2)。

(1)无线网工程制图注意事项

① 理清思路,确定绘制顺序,围绕设计规范来进行,一步一步去完成图纸绘制。

② 需要特别注意指北方向、站址经纬度、线缆长度、安全风险提示点等。

③ 图面布局合理、排列均匀、轮廓清晰、主次分明。

④ 各种平面图、立面图、剖面图应按正投影法绘制。

⑤ 图框、字体、字高、图例、线型、图名、图号、日期等符合规定。

⑥ 尺寸一般标注在图形轮廓之外,不能与图线、文字、符号相交。

⑦ 对于初学者,要能熟练掌握CAD绘图的命令,建议在绘图初期将CAD绘图的工具栏都显示出来,以便能够使用鼠标操作。

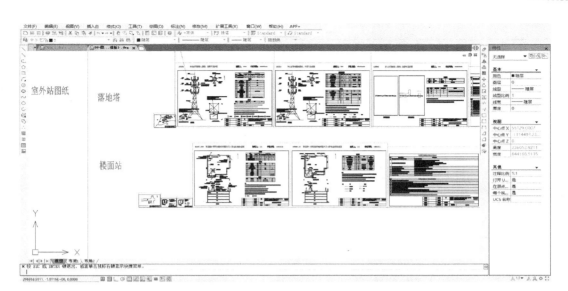

图 7-2　CAD 图纸模板

（2）CAD 绘图中的一些常用命令（表 7-1，表 7-2）

表 7-1　常用绘图命令

| 绘图命令 | |
| --- | --- |
| 命令 | 步骤 |
| 直线 | ① 命令：输入 L(回车)<br>② 指定第一点：单击鼠标执行键指定第一点<br>③ 指定下一点：单击鼠标执行键指定下一点<br>④ 单击鼠标回车键(回车)<br>备注：<br>① F8 开　绘制直线<br>② F8 关　绘制斜线<br>③ F8　开或关可在命令执行过程中同时使用 |
| 圆 | 半径画圆步骤：<br>① 命令：输入 C(回车)<br>② 指定圆的圆心：单击鼠标执行键指定圆的圆心<br>③ 指定圆的半径：单击鼠标执行键指定圆的半径<br>两点画圆步骤：<br>① 命令：输入 C(回车)<br>② 指定圆的圆心：输入 2P(回车)<br>③ 指定圆直径的第一端点：单击鼠标执行键指定圆直径的第一端点<br>④ 指定圆直径的第二端点：单击鼠标执行键指定圆直径的第二端点<br>三点画圆步骤：<br>① 命令：输入 C(回车)<br>② 指定圆的圆心：输入 3P(回车)<br>③ 指定圆上的第一点：单击鼠标执行键指定圆上的第一点<br>④ 指定圆上的第二点：单击鼠标执行键指定圆上的第二点<br>⑤ 指定圆上的第三点：单击鼠标执行键指定圆上的第三点 |

| 绘图命令 | |
|---|---|
| 命令 | 步骤 |
| 弧 | 半径画弧步骤：<br>① 命令：输入 A(回车)<br>② 指定圆弧的起点：单击鼠标执行键指定圆弧的起点<br>③ 指定圆弧的第二点：单击鼠标执行键指定圆弧的第二点<br>④ 指定圆弧的端点：单击鼠标执行键指定圆弧的端点 |
| 矩形 | ① 命令：输入 REC(回车)<br>② 指定第一个角点：单击鼠标执行键指定第一个角点<br>③ 指定另一个角点：单击鼠标执行键指定另一个角点 |
| 椭圆 | ① 命令：输入 EL(回车)<br>② 指定椭圆的轴端点：单击鼠标执行键指定椭圆的轴端点<br>③ 指定轴的另一个端点：单击鼠标执行键指定轴的另一个端点<br>④ 指定另一条半轴长度：单击鼠标执行键指定另一条半轴长度 |
| 多边形 | 内切于圆步骤：<br>① 命令：输入 POL(回车)<br>② 输入边的数目：输入边的数目(如 3、4、5、6 等)(回车)<br>③ 指定正多边形的中心点：单击鼠标执行键指定正多边形的中心点<br>④ 输入选项：输入内切于圆 I(回车)<br>⑤ 指定圆的半径：单击鼠标执行键指定圆的半径<br>外切于圆步骤：<br>① 命令：输入 POL(回车)<br>② 输入边的数目：输入边的数目(如 3、4、5、6 等)(回车)<br>③ 指定正多边形的中心点：单击鼠标执行键指定正多边形的中心点<br>④ 输入选项：输入外切于圆 C(回车)<br>⑤ 指定圆的半径：单击鼠标执行键指定圆的半径 |
| 多段线 | ① 命令：输入 PL(回车)<br>② 指定第一点：单击鼠标执行键指定第一点<br>③ 指定下一点：单击鼠标执行键指定下一点<br>④ 单击键盘空格键(回车)<br>备注：<br>① 多段线与直线比较，多段线为整体，直线为个体<br>② 多段线可以编缉 |
| 样条曲线 | ① 命令：输入 SPL(回车)<br>② 指定第一点：单击鼠标执行键指定第一点<br>③ 指定下一点：单击鼠标执行键指定下一点<br>④ 指定下一点：单击鼠标执行键指定下一点<br>⑤ 单击键盘空格键(回车)3 次 |

表 7-2　常用编辑命令

| 编辑命令 | |
| --- | --- |
| 命令 | 步骤 |
| 选择对象 | ① 单击鼠标执行键从左上角往右下角方向选择对象,必须选择对象的全部(屏幕显示选择框为实线)<br>② 单击鼠标执行键从右下角往左上角方向选择对象,只要选择对象的一部分(屏幕显示选择框为虚线)<br>③ 选择时执行键确定第一点后,按住执行键不放才可以选择<br>④ 窗选选择对象:输入 W 为窗选<br>步骤:<br>① 选择对象:输入 W(回车)<br>② 指定第一个角点:单击鼠标执行键指定第一个角点<br>③ 按住执行键不放才可以选择 |
| 屏幕缩放 | ① 全景(一)<br>ⓐ 命令:输入 Z(回车)<br>ⓑ〈实时〉:输入 A(回车)<br>② 全景(二)<br>ⓐ 命令:输入 Z(回车)<br>ⓑ〈实时〉:输入 E(回车)<br>③ 局部缩放<br>ⓐ 命令:输入 Z(回车)<br>ⓑ〈实时〉:单击鼠标执行键指定第一个角点<br>ⓒ 指定对角点:单击鼠标执行键指定对角点<br>④ 范围缩放<br>ⓐ 命令:输入 Z(回车)<br>ⓑ 实时:输入 D(回车)<br>ⓒ 单击鼠标执行键定点,然后用鼠标左右摆动来调整选择框范围的大小,单击鼠标执行键定点,最后移动选择框放在选择物体的部分<br>ⓓ 单击键盘空格键(回车)<br>注:调整完第一次选择框范围的大小时,第二选择就不需要调整<br>第二次范围缩放步骤:<br>ⓐ 命令:输入 Z(回车)<br>ⓑ 实时:输入 D(回车)<br>ⓒ 单击键盘空格键(回车) |
| 删除 | ① 命令:输入 E(回车)<br>② 选择对象:选择要删除的对象<br>③(回车) |
| 撤销 | 命令:输入 U(回车) |

| 编辑命令 | |
|---|---|
| 命令 | 步骤 |
| 剪切 | ① 命令：输入 TR(回车)<br>② 选择对象：选择一个界边(回车)<br>③ 选择对象：选择需要剪切的对象<br>④ 单击键盘空格键(回车)<br>快速剪切步骤：<br>① 命令：输入 TR(回车)<br>② 选择对象：选择一个界边(回车)<br>③ 选择对象：输入 F(回车)<br>④ 第一栏选点：单击鼠标执行键指定第一栏选点<br>⑤ 指定直线的端点：单击鼠标执行键指定直线的端点<br>⑥ 单击键盘空格键(回车) |
| 延伸 | 基本延伸步骤：<br>① 命令：输入 EX (回车)<br>② 选择对象：选择一个界边(回车)<br>③ 选择对象：选择要延伸的对象<br>④ 单击键盘空格键(回车)<br>快速延伸步骤：<br>① 命令：输入 EX(回车)<br>② 选择对象：选择一个界边(回车)<br>③ 选择对象：输入 F(回车)<br>④ 第一栏选点：单击鼠标执行键指定第一栏选点<br>⑤ 指定直线的端点：单击鼠标执行键指定直线的端点<br>⑥ 单击键盘空格键(回车) |
| 旋转 | ① 命令：输入 RO(回车)<br>② 选择对象：选择要旋转的对象(回车)<br>③ 指定基点：单击鼠标执行键指定基点<br>④ 指定旋转角度：输入要旋转的角度如(30°、60°、90°等)或使用鼠标来调整旋转的对象<br>⑤ 单击键盘空格键(回车)<br>注：<br>① 若旋转规则角度时(F8 打开)，可以用鼠标来调整旋转的对象(如 90°、180°、270°等)<br>② 若旋转不规则角度时(F8 关闭)，可以用鼠标来调整旋转的对象或输入不规则角度<br>③ 输入角度时，正数为顺时针方向旋转，负数为逆时针方向旋转 |
| 移动 | ① 命令：输入 M(回车)<br>② 选择对象：选择要移动的对象(回车)<br>③ 指定基点：单击鼠标执行键指定基点<br>④ 指定位移的第二点：单击鼠标执行键指定位移的第二点 |

| 编辑命令 | |
|---|---|
| 命令 | 步骤 |
| 拷贝 | 单个拷贝步骤：<br>① 命令：输入 CO（回车）<br>② 选择对象：选择要拷贝的对象（回车）<br>③ 指定基点：单击鼠标执行键指定基点<br>④ 指定位移的第二点：单击鼠标执行键指定位移的第二点<br>连续拷贝步骤：<br>① 命令：输入 CO（回车）<br>② 选择对象：选择要拷贝的对象（回车）<br>③ 指定基点：输入 M（回车）<br>④ 指定基点：单击鼠标执行键指定基点<br>⑤ 指定位移的第二点：单击鼠标执行键指定位移的第二点（回车）<br>⑥ 指定位移的下一个点：单击鼠标执行键指定位移的下一个点（回车） |
| 变比 | ① 命令：输入 SC（回车）<br>② 选择对象：选择要变比的对象（回车）<br>③ 指定基点：单击鼠标执行键指定基点<br>④ 指定比例因子：输入比例因子的数值（回车）如（0.8、0.9、1.5、2、3 等）<br>注：<br>ⓐ 比例因子的数值大于 1 为对象变大<br>ⓑ 比例因子的数值小于 1 为对象变小<br>ⓒ 比例因子的数值等于 1 为对象不变 |
| 镜像 | ① 命令：输入 MI（回车）<br>② 选择对象：选择要镜像的对象（回车）<br>③ 指定镜像线的第一点：单击鼠标执行键指定镜像线的第一点<br>④ 指定镜像线的第二点：单击鼠标执行键指定镜像线的第二点<br>⑤ 是否删除原有对象：输入 N（回车）（原对象保留）；输入 Y（回车）（原对象不保留） |
| 断开 | ① 命令：输入 BR（回车）<br>② 选择对象：单击鼠标执行键指定第一个打断点<br>③ 指定第二个打断点：单击鼠标执行键指定第二个打断点 |
| 炸开 | ① 命令：输入 X（回车）<br>② 选择对象：单击鼠标执行键选择要炸开的对象<br>③ 单击键盘空格键（回车） |
| 等距 | ① 命令：输入 O（回车）<br>② 指定偏移距离：输入偏移距离的数值（回车）如（30、50、100 等）<br>③ 选择要偏移的对象：单击鼠标执行键选择要偏移的对象<br>④ 指定点以确定偏移所在的一侧：单击鼠标执行键指定点以确定偏移所在的一侧<br>⑤ 单击键盘空格键（回车） |

续表

| 编辑命令 | |
|---|---|
| 命令 | 步骤 |
| 倒直角 | ① 调倒直角的参数步骤：<br>ⓐ 命令：输入 F（回车）<br>ⓑ 选择第一个对象：输入 R（回车）<br>ⓒ 指定圆角半径：输入 0（回车）<br>ⓓ 单击键盘空格键（回车）<br>② 倒直角的步骤：<br>ⓐ 命令：输入 F（回车）<br>ⓑ 选择第一个对象：单击鼠标执行键选择第一个对象<br>ⓒ 选择第二个对象：单击鼠标执行键选择第二个对象 |
| 倒圆角 | ① 调倒圆角的参数步骤：<br>ⓐ 命令：输入 F（回车）<br>ⓑ 选择第一个对象：输入 R（回车）<br>ⓒ 指定圆角半径：输入圆角半径的数值（回车）（如 1、2、3 等）<br>ⓓ 单击键盘空格键（回车）<br>② 倒圆角的步骤：<br>ⓐ 命令：输入 F（回车）<br>ⓑ 选择第一个对象：单击鼠标执行键选择第一个对象<br>ⓒ 选择第二个对象：单击鼠标执行键选择第二个对象 |
| 多段线编辑 | ① 多段线编辑步骤：<br>ⓐ 命令：输入 PE（回车）<br>ⓑ 选择多段线：单击鼠标执行键选择要编辑的对象的一个物体<br>ⓒ 是否将其转换为多段线：单击键盘空格键（回车）<br>ⓓ 输入选项：输入 J（回车）<br>ⓔ 选择对象：单击鼠标执行键选择要编辑的全部对象（回车）<br>ⓕ 单击键盘空格键（回车）<br>② 多段线编辑加宽步骤：<br>ⓐ 命令：输入 PE（回车）<br>ⓑ 选择对象：单击鼠标执行键选择要编辑加宽的对象<br>ⓒ 输入选项：输入 W（回车）<br>ⓓ 指定所有线段的新宽度：输入指定所有线段的新宽度数值（回车）（如 1、5、30 等）<br>ⓔ 单击键盘空格键（回车）<br>③ 多段线编辑并加宽步骤：<br>ⓐ 命令：输入 PE（回车）<br>ⓑ 选择多段线：单击鼠标执行键选择要编辑的对象的一个物体<br>ⓒ 是否将其转换为多段线：单击键盘空格键（回车）<br>ⓓ 输入选项：输入 J（回车）<br>ⓔ 选择对象：单击鼠标执行键选择要编辑的对象（回车）<br>ⓕ 输入选项：输入 W（回车）<br>ⓖ 指定所有线段的新宽度：输入新宽度的数值（回车）如（1、2、3 等）<br>ⓗ 单击键盘空格键（回车） |

| 编辑命令 | |
|---|---|
| 命令 | 步骤 |
| 拉伸 | ① 命令：输入 S（回车）<br>② 选择对象：单击鼠标执行键从右下角往左上角方向选择对象并一次性选择完（回车）<br>③ 指定基点：单击鼠标执行键指定基点<br>④ 指定位移的第二点：单击鼠标执行键指定位移的第二点 |
| 线形编辑 | ① 命令：输入 − CH（回车）<br>② 选择对象：单击鼠标执行键选择要编辑对象（回车）<br>③ 指点修改点：输入 P（回车）<br>④ 输入要修改的特性：输入 LT（回车）<br>⑤ 输入新线型名：输入 HIDDEN（虚线）或 CENTER（一点画线）等<br>⑥ 单击键盘回车键（回车） |
| 格式刷 | ① 命令：输入 MA（回车）<br>② 选择源对象：单击鼠标执行键选择源对象<br>③ 选择目标对象：单击鼠标执行键选择目标对象<br>④ 单击键盘空格键（回车） |
| 填充 | ① 命令：输入 H（回车）<br>② 出现图案填充对话框<br>③ 在图案填充对话框中：用鼠标执行键单击图案旁小图标后会出现填充图案选项板的对话框<br>④ 单击鼠标执行键选择需要的图案<br>⑤ 用鼠标执行键单击确定键后又回到图案填充对话框<br>调整图案填充对话框的参数<br>ⓐ 角度：输入角度的数值如（30、60、− 30、− 60 等）<br>注：正数为顺时针方向旋转，负数为逆时针方向旋转<br>ⓑ 比例：输入比例的数值如（1、2、3 等）<br>⑥ 参数调完后单击拾取点或选择对象小图标<br>⑦ 选择内部点：单击鼠标执行键选择对象的内部点（回车）<br>⑧ 单击图案填充对话框中的确定小图标 |
| 矩形阵列 | ① 命令：输入 AR（回车）<br>② 出现阵列对话框<br>③ 调整阵列对话框参数<br>ⓐ 单击矩形矩阵<br>ⓑ 在"行（W）"：输入要阵列行数（如 1、2、5 等）<br>ⓒ 在"列（D）"：输入要阵列列数（如 1、2、5 等）<br>ⓓ 在"行偏移（F）"：输入要行偏移的数值（如 10、20、50 等）<br>ⓔ 在"列偏移（M）"：输入要列偏移的数值（如 10、20、50 等）<br>④ 参数调整完单击选择对象小图标<br>⑤ 选择对象：单击鼠标执行键选择要阵列的对象（回车）<br>⑥ 单击阵列对话框中的确定小图标 |

续表

<table>
<tr><td colspan="2" align="center">编辑命令</td></tr>
<tr><td align="center">命令</td><td align="center">步骤</td></tr>
<tr>
<td align="center">调文字样式</td>
<td>
① 命令：输入 ST（回车）<br>
② 出现文字样式对话框<br>
调整文字样式对话框参数：<br>
ⓐ 在"当前样式名（S）"：选择所需要的样式名<br>
ⓑ 在"文本字体（F）"：选择所需要的字体<br>
ⓒ 在"高度（T）"：输入字高的数值（如 1、2、3 等）<br>
ⓓ 在"宽度因子（W）"：输入字宽的数值（如 0.8、0.9、1 等）<br>
ⓔ 在"倾斜角（O）"：输入角度的数值（如 0、30、60、90 等）<br>
③ 对话框参数单击应用小图标后再关闭
</td>
</tr>
<tr>
<td align="center">打字</td>
<td>
① 命令：输入 DT（回车）<br>
② 指定文字的起点：单击鼠标执行键指定文字的起点<br>
③ 指定文字的旋转角度：输入文字的角度如（30°、60°、90°等）或使用鼠标来调整文字的角度<br>
④ 输入文字：输入需要的文字（回车）<br>
注：<br>
① 若旋转规则角度时（F8 打开），可以用鼠标来调整旋转的对象（如 90°、180°、270°等）<br>
② 若旋转不规则角度时（F8 关闭），可以用鼠标来调整旋转的对象或输入不规则角度<br>
③ 输入角度时，正数为顺时针方向旋转，负数为逆时针方向旋转
</td>
</tr>
<tr>
<td align="center">对象捕捉点名称</td>
<td>
① 端点　　END<br>
② 中点　　MID<br>
③ 圆心　　CEN<br>
④ 象限点　QUA<br>
⑤ 交点　　INT<br>
⑥ 垂点　　PER<br>
⑦ 最近点　NEA
</td>
</tr>
<tr>
<td align="center">标尺寸标注</td>
<td>
水平尺寸标注步骤：<br>
① 命令：输入 DIM（回车）<br>
② 标注：输入 HOR（回车）<br>
③ 指定第一条尺寸界线原点：输入对象捕捉点名称（如 END PER 等）（回车）<br>
④ 指定第二条尺寸界线原点：输入对象捕捉点名称（如 END PER 等）（回车）<br>
⑤ 指定尺寸线位置：单击鼠标执行键指定尺寸线位置<br>
⑥ 输入标注文字（回车）<br>
垂直尺寸标注步骤：<br>
① 命令：输入 DIM（回车）<br>
② 标注：输入 VER（回车）
</td>
</tr>
</table>

| 编辑命令 | |
| --- | --- |
| 命令 | 步骤 |
| | ③ 指定第一条尺寸界线原点：输入对象捕捉点名称(如 END PER 等)(回车)<br>④ 指定第二条尺寸界线原点：输入对象捕捉点名称(如 END PER 等)(回车)<br>⑤ 指定尺寸线位置：单击鼠标执行键指定尺寸线位置<br>⑥ 输入标注文字(回车)<br>连续尺寸标注步骤：<br>① 命令：输入 DIM (回车)<br>② 标注：输入 CO(回车)<br>③ 指定第二条尺寸界线原点：输入对象捕捉点名称(如 END PER 等)(回车)<br>④ 输入标注文字(回车)<br>角度标注步骤：<br>① 命令：输入 DIM (回车)<br>② 标注：输入 ANG(回车)<br>③ 选择圆、圆弧、直线：单击鼠标执行键指定圆、圆弧、直线<br>④ 选择第二线直线：单击鼠标执行键指定第二线直线<br>⑤ 指定标注弧线位置：单击鼠标执行键指定标注弧线位置<br>⑥ 输入标注文字(回车) |

## 7.2 仿真类软件

### 7.2.1 常用软件介绍

**1) PLANET**

PLANET 仿真软件由一个核心平台和一系列模块组成,可实现各种网络制式的仿真。PLANET 模块分为旨在解决特定无线电接入网络技术建模的技术模块,以及与技术无关的可选模块。虽然是模块化的,但 PLANET 是完全集成的,其特性和功能是根据许可密钥启用的,这些密钥可以是节点锁定的,也可以是在用户之间动态共享的,可转化为更大的灵活性和成本节约。

**2) ATOLL**

ATOLL 是一款好用且功能强大的专业无线网络规划仿真软件,软件支持 2G、3G、4G、5G 多种技术,它为网络运营商和厂商提供了强大的架构设计和优化功能,可以广泛地应用于各类无线网络的设计操作,新版本的 ATOLL 还增强了实时网络数据测量以及数据跟踪预测等多种功能。

**3）AIRCOM**

TEOCO 公司提供了网络规划工具移动技术，其中 AIRCOM 的仿真能力已经满足包括 5G 仿真的各类需求，其强大的集成能力，确保了无缝应用到运营商的需求场景中。

## 7.2.2　在规划中应用

**1）仿真原理及应用**

仿真是通过仿真软件，使用数字地图、基站工程参数、测试数据建立网络模型，通过系统的模拟运算得出网络覆盖预测、干扰预测及容量评估结果。主要应用于网络规划、建设、优化阶段的网络性能预测、趋势预测，为网络规划、建设、优化提供参考。

**2）仿真的局限性**

仿真输入参数的准确性直接影响仿真结果，只有当输入参数与网络实际情况一致，仿真结果才能接近实际情况，才能指导实际网络规划、建设、优化。为了确保准确反映网络的实际情况，必须通过勘察、测试等现场工作获取基站天线可安装位置、高度、方向、下倾的工程参数以及网络实际数据。因此，充分的现场工作是网络仿真的基础。

此外，由于现实环境和网络复杂性，仿真均是通过对现实环境和网络简化建模实现，建模过程中必然引入误差。建模过程中引入的误差主要来源于以下方面。

**（1）传播模型**

无线传播机制的复杂性。传播模型均是对实际电波传播的简化数学描述，目前使用最为广泛的是统计性模型和确定性模型。实践案例显示模型校正后，均值误差要求在 1 dB 以内，均方根误差在 6～12 dB。此外，电波实际的室内传播与建筑结构、材料等密切相关，但仿真工具一般仅能采用线性损耗或穿透损耗作为室内传播模型。此外，由于入户测试困难，室内覆盖预测的参考性较低。

**（2）地图**

目前地图并不包含建筑室内结构、植被情况、建筑小型附属物等信息，对预测精度也有一定影响。

**（3）业务分布及业务模型**

业务分布及业务模型需要建立在对大量的用户数据进行分析的基础上。在 5G 网络建设的初期，用户的业务使用习惯和使用规律均缺乏数据支持。此外，经过各种引导和使用时间的积累，用户的业务使用习惯或规律会不断变化。

仿真是按照最小化均方根误差的原则进行，因此，仿真宏观、全局结果的可信度高于微观、局部结果的可信度。

因此，仿真结果具有较强的参考价值，但决不能完全依赖仿真，在网络建设过程中，要根据用户投诉和用户感知数据、网管数据、路测数据、室内拨测数据、现场勘查数据等综合

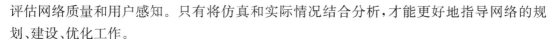

评估网络质量和用户感知。只有将仿真和实际情况结合分析,才能更好地指导网络的规划、建设、优化工作。

**3)仿真操作流程**

仿真软件中,建立一个 5G NR 工程并进行网络规划、生成预测报告的步骤(表 7-3)。

表 7-3　仿真操作步骤

| 序号 | 步骤 |
|:---:|:---|
| 1 | 打开或新建一个工程 |
| 2 | 网络配置(工参、传播模型) |
| 3 | 最优小区覆盖、SS RSRP 覆盖预测 |
| 4 | PCI 和 PRACH RSI 规划 |
| 5 | 话务建模、生成话务地图 |
| 6 | 波束赋形计算或蒙特卡洛仿真计算 |
| 7 | 信号质量、吞吐量覆盖预测等 |
| 8 | 生成和输出统计报告及覆盖图 |

**4)仿真软件主要功能**

各类仿真软件主要都是基于室外宏基站进行的网络质量预测,每项仿真预测主要基于地图精度、仿真计算模型、基站工参信息等基础数据。主要功能有以下 4 点。

**(1)全网仿真**

实现预测区域范围内建筑物内部、道路、开阔地面的网络覆盖情况。是业界普遍使用的最主要的仿真软件功能。地图可选精度包括 50 m、20 m、5 m。

仿真计算模型主要包括射线追踪模型和 SPM(标准传播模型)。

统计方式包括按全区域统计、按簇(即自定义的多边形)统计、按地物类型(即地图中不同的地物类型,例如高楼、平房、水系、森林等)统计。

主要网络指标有 CSI-RSRP(用于衡量预测位置的电平强度)、CSI-SINR(用于衡量预测位置的干扰程度)、上行吞吐量及下行吞吐量等。

**(2)三维立体室内仿真**

实现预测区域范围内高层乃至超高层建筑物内部各层的网络信号情况。建筑物内部各楼层作为一个平坦封闭区域,考虑外部信号穿透衰减后计算预测网络覆盖情况。该仿真运算时间非常长,每个楼层单个网络指标的运行时间在 30 分钟以上,且不能多个网络指标并行演算。该功能同样受地图精度和建筑物穿透损耗的影响,目前业界普遍用作课题研究使用。

地图精度为 5 m 地图,地图需包含建筑物高度信息和建筑物矢量数据。仿真计算模型需要采用射线追踪模型。主要网络指标有 CSI-RSRP、CSI-SINR、上行吞吐量及下行吞吐量等。

该功能主要是在 Google 地图中进行立体呈现,一般不进行数据统计。由于小区域内的数据量都非常庞大,目前业界将三维立体室内仿真只用于小区域内的三维成像分析。

**（3）蒙特卡洛仿真**

相对于以往的 2G/3G/4G 技术而言,蒙特卡洛仿真对 5G NR 尤其重要。蒙特卡洛仿真的结果是 5G NR 网络规划优化工作中一个重要的性能评估手段和各种与负载和干扰相关的预测计算的基础输入。

蒙特卡洛仿真需要基于现有的话务地图或固定用户列表,其中基于话务地图的仿真会根据话务地图提供的信息使用蒙特卡洛方法确定用户的数量、位置分布、所用的终端类型、业务类型和移动速率。

**（4）自动小区规划（ACP）**

可以优化指定区域内的基站参数,如天线高度、天线方向角和倾角等。亦可根据指定区域内的覆盖指标提供站点规划建议以及工程参数建议。

ACP 功能是采用内置优化算法库进行工参设置,通过自动调整整个区域的天线下倾角、方位角等参数达到最优的网络性能,也可以通过固定某些不能调整的天线参数,次优化给定区域的网络性能。经实践验证,根据 ACP 的建议调整网络工参后,网络性能有可观的提高。如果将 ACP 和路测结合起来,有针对性地调整工参,可以达到较好的优化效果。在后期的网络优化中可以广泛推广使用。

# 7.3 GIS 类软件

## 7.3.1 地理信息系统

### 7.3.1.1 地理信息系统的简介

地理信息系统(GIS)是一种决策支持系统,是在计算机硬、软件系统支持下,对整个或部分地球表层(包括大气层)空间中的有关地理分布数据进行采集、储存、管理、运算、分析、显示和描述的技术系统。

在地理信息系统中,现实世界被表达成一系列的地理要素和地理现象,这些地理特征至少包含空间位置参考信息和非位置信息两个组成部分,地理位置及与该位置有关的地物属性信息成为信息检索的重要部分。

地理信息系统具有3个方面的特征:第一,具有采集、管理、分析和输出多种地理信息的能力,具有空间性和动态性;第二,由计算机系统支持进行空间地理数据管理,并由计算机程序模拟常规的或专门的地理分析方法,作用于空间数据,产生有用信息,完成人类难以完成的任务;第三,计算机系统的支持是地理信息系统的重要特征,因而使得地理信息系统能快速、精确、综合地对复杂的地理系统进行空间定位和过程动态分析。

### 7.3.1.2　地理信息系统的功能

地理信息系统的外观,表现为计算机软硬件系统;其内涵却是由计算机程序和地理数据组织而成的地理空间信息模型。当具有一定地学知识的用户使用地理信息系统时,他所面对的数据不再是毫无意义的,而是把客观世界抽象为模型化的空间数据,用户可以按应用的目的观测这个现实世界模型的各个方面的内容,取得自然过程的分析和预测的信息,用于管理和决策,这就是地理信息系统的意义。

具体来说,地理信息系统除了展示地图信息外,还可以透过计算机进行计算与分析,主要包含六大类功能。

**(1) 空间数据输入**

地理信息系统可应用于空间建构与扩展,除了使用原本的数据外,还可以建立新数据。使用者关注的是如何获取公共或私人空间讯息等数据,新的地理信息系统数据可以从卫星影像、GPS或是传统地图数值化,建立出属性、点线面图征,以及拥有正确的坐标系统。

**(2) 属性数据管理**

地理信息系统中包括了数据库系统,可进行地理数据的更新、管理储存。数据库管理妥当与否可直接影响数据的管理使用效率、分析与更新的功能。妥善地管理、储存数据的数据库可提供用户使用上的便利。

**(3) 资料展示**

地理信息系统集合地图、属性,以及图表数据展示。一个完整的地图组成包含了标题、主体、图例、指北针、比例尺、符号设计等。同时必须传达出正确的空间信息给读者。

**(4) 数据查询**

透过数据空间与属性查询,可以让用户对资料得到概略的了解,有助于其了解数据本身的特性,以及提出好的问题与假设。此外,地理可视化有助于提供数据分类与整合以及地图比较。

**(5) 资料分析**

常见的矢量资料分析有拓扑、叠加、距离度量;栅格式数据分析包含地区、邻近、区域、全球性的功能。另外还有数值地形分析、空间分析等。

### （6）地理模型建立

指的是使用地理信息系统建立一些空间数据的分析模式。对于模式的建立,地理信息系统相当有用的功能就是迭图,结合不同变量的空间与属性数据于地图中,藉由图征地区性差异,可萃取新的信息。

在无线网的规划、设计、勘察的工作中,在地理信息系统帮助下,从视觉、计量和逻辑上在虚拟地图上实现无线网络的模拟,并且通过计算机程序实现相关基站信息的处理、计算和仿真,帮助我们提取和分析不同侧面、不同层次的网络特征,也可以快速地模拟网络规划或建设过程的结果,取得预测或"实验"的结果,选择优化方案,用于管理与决策。

## 7.3.2 常用软件介绍

过去,地理信息系统在刚发展的阶段只限于地理学、测量学、制图学、计算机信息科学等领域使用。然而在计算机技术革新、互联网的发展,以及商业与资源利用全球化的影响下,人们的生活与空间不断地发生关联,如何去呈现空间之分布与影响,也愈来愈显得重要,对于地理信息系统在空间分析的需求也因此更加旺盛。

地理信息只是一堆数字记录,需要合适的软件去把它表示出来;与此同时,地理信息数据库的建立,亦有赖于合适软件的帮助,把地理数据信息化。最常见的商用软件包括MapInfo、ArcGIS等。近年来,开源或免费软件的迭代速度非常可观,在某些功能上甚至比商业软件还好用,例如QGIS(Quantum GIS),通常将这类软件系统统称为GIS软件。

### 7.3.2.1 MapInfo

MapInfo是美国MapInfo公司开发的桌面地理信息系统软件,是一种数据可视化、信息地图化的桌面解决方案。它依据地图及其应用的概念,采用办公自动化的操作,集成多种数据库数据,融合计算机地图方法,使用地理数据库技术,加入了地理信息系统分析功能,形成了极具实用价值的、可以为各行各业所用的大众化小型软件系统。

MapInfo是个功能强大、操作简便的桌面地图信息系统,它具有图形的输入与编辑、图形的查询与显示、数据库操作、空间分析和图形的输出等基本操作。系统采用菜单驱动图形用户界面的方式,为用户提供了5种工具条(主工具条、绘图工具条、常用工具条、ODBC工具条和MapBasic工具条)。用户通过菜单条上的命令或工具条上的按钮进入对话状态。系统提供的查看表窗口为:地图窗口、浏览窗口、统计窗口,以及帮助输出设计的布局窗口,并可将输出结果方便地输出到打印机或绘图仪。

### 7.3.2.2 ArcGIS

ArcGIS是美国Esri公司研发的构建于工业标准之上的无缝扩展的GIS产品家族。它整合了数据库、软件工程、人工智能、网络技术、云计算等主流的IT技术,宗旨在为用户提供一套完整的、开放的企业级GIS解决方案。无论是在桌面端、服务器端、浏览器端、移

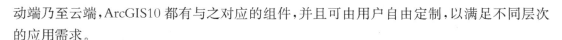

动端乃至云端，ArcGIS10 都有与之对应的组件，并且可由用户自由定制，以满足不同层次的应用需求。

### 7.3.2.3　QGIS

QGIS 是一个专业的 GIS 应用程序，它建立在免费和开源软件之上，作为一个可以方便地使用的开源地理信息系统，其提供数据的显示、编辑和分析功能，其最大的特点和优点，是开源，因此在软件使用上绝对友好。QGIS 是一个志愿者驱动的项目，由一群专职志愿者和机构开发，包括代码贡献、错误修复、错误报告、文档贡献、宣传和支持，以及其他形式的共同合作。

QGIS 是一个多平台的应用，可以在多种操作系统上运行，包括 Mac OS X、Linux、UNIX 和 Windows。相较于商业化 GIS，QGIS 的文件体积更小，需要的内存更少，处理能力也更低。因此它可以在旧的硬件上或 CPU 运算能力被限制的环境下运行。

### 7.3.2.4　GE(Google Earth,谷歌地球)

GE 是一款谷歌公司开发的虚拟地球软件，它把卫星照片、航空照相和 GIS 布置在一个地球的三维模型上。谷歌地球于 2005 年向全球推出，被《PC 世界杂志》评为 2005 年全球 100 种最佳新产品之一。用户们可以通过一个下载到自己电脑上的客户端软件，免费浏览全球各地的高清晰度卫星图片。GE 分为免费版、专业版。

## 7.3.3　软件使用实例

### 7.3.3.1　MapInfo 使用实例

**1) 认识 MapInfo 基本界面**

MapInfo 主要界面由主菜单、地图显示窗口、工具栏、状态条等部分组成(图 7-3)。

① 主菜单：主要包括文件、编辑、工具、对象、查询、表、选项、地图、窗口、帮助 10 个子菜单。

② 地图显示窗口：地图窗口提供了多种工具，这些工具可用于在地图窗口周围缩放、平移和移动对象。在地图窗口上单击鼠标右键会弹出窗口快捷菜单。该菜单主要包含图层控制、选择操作、视图操作、编辑对象、打开/关闭自动滚屏、清除装饰图层、获取信息等功能。

③ 工具栏包括：常用工具栏、主工具栏、绘图工具栏、Web Services 工具栏、DBMS 工具栏、工具工具栏等，在 6 个工具栏中提供了众多工具按钮和命令，用户可以利用这些工具栏中的功能键实现众多地图绘制。

④ 状态条：状态条是处于桌面底部的用于显示地图显示状态、控制可编辑图层及显示被选择对象所属的图层的功能组合。

**2) 认识数据表、图层及对象**

MapInfo 对地图进行处理、查询、编辑、分析前，首先应对地图信息化。对地图信息化

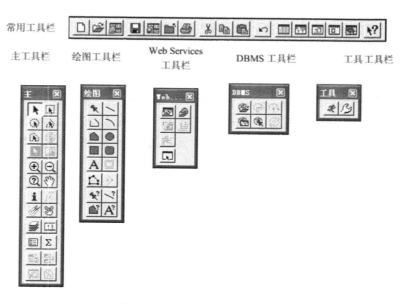

常用工具栏

主工具栏    绘图工具栏    Web Services<br>工具栏    DBMS 工具栏    工具工具栏

图 7-3　MapInfo 工具栏界面

的过程称作地图化。进行地图化之前,首先应建立"表"的概念。在 MapInfo 中,表可以分为两类:数据表和栅格表(图 7-4)。

| AREA | NAME | 地区 | GDP_1994 ( | GDP_1997 ( |
|---|---|---|---|---|
| 447,606.74 | 黑龙江 | 东北地区 | 1,618.63 | 2,708.46 |
| 1,630,376.51 | 新疆 | 西北地区 | 673.68 | 1,050.14 |
| 156,924.46 | 山西 | 华北地区 | 0.085377 | 1,480.13 |
| 50,380.99 | 宁夏 | 西北地区 | 133.97 | 210.92 |
| 1,204,091.88 | 西藏 | 西南地区 | 45.84 | 76.98 |
| 153,916.71 | 山东 | 华东地区 | 3,872.18 | 6,650.02 |
| 164,802.57 | 河南 | 华中地区 | 2,224.43 | 4,079.26 |
| 100,200.68 | 江苏 | 华东地区 | 4,057.39 | 6,680.34 |
| 140,817.85 | 安徽 | 华东地区 | 1,488.47 | 2,669.95 |
| 186,352.59 | 湖北 | 华中地区 | 1,878.65 | 3,450.24 |
| 100,900.79 | 浙江 | 华东地区 | 2,666.86 | 4,638.24 |
| 166,761.93 | 江西 | 华中地区 | 948.16 | 1,715.18 |
| 211,808.38 | 湖南 | 华中地区 | 1,694.42 | 2,993 |
| 383,910.58 | 云南 | 西南地区 | 973.97 | 1,644.23 |
| 175,685.76 | 贵州 | 西南地区 | 521.17 | 792.98 |
| 122,267.41 | 福建 | 华南地区 | 1,685.34 | 3,080.36 |

图 7-4　MapInfo 数据表界面图

数据表由行和列组成,表中的每一行可以看做数据库中的一个记录,包含一个特定的地理特征或事件的信息,每一列可以看作是一个字段,包含表中数据项的特定类型的信息。栅格表与数据表不同,它只是一幅能在 MapInfo 窗口显示的图像,并不包含记录、字段等信息,在本专业应用中涉及较少。

### 3)建立基站分布图

建立基站分布图就是要将与基站位置信息相匹配的点对象图层叠加在带有地理信息的区域对象图层上,主要操作过程如表 7-4 所示,图 7-5 为完成后的基站分布图,可以用于分析基站的拓扑结构、网络覆盖区域等。

表 7-4 基站分布图创建方法

| 步骤 | 操作内容 |
|---|---|
| 1 | 导入带有地理信息的区域对象图层,即一般所说的地图文件 |
| 2 | 获取基站参数信息表并在软件中导入表文件 |
| 3 | 创建点图层,设置对应的经纬度以及打点图中点的外观 |

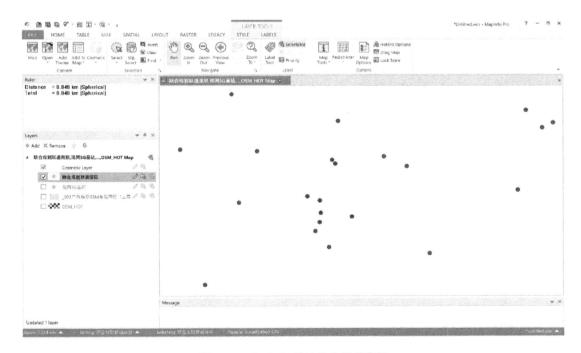

图 7-5 MapInfo 基站分布图示意图

### 4)建立扇区分布图

建立扇区分布图就是要将与扇区信息相匹配的多边形对象(一般以扇形表达)图层叠

加在带有地理信息的区域对象图层上,主要操作过程如表 7-5 所示,图 7-6 为完成后的扇区分布图,可以用于分析扇区的覆盖区域、相关干扰、邻区配置等。

表 7-5　扇区分布图创建方法

| 步骤 | 操作内容 |
| --- | --- |
| 1 | 在已获取的基站参数信息表上增加扇区信息,并在 MapInfo 中打开对应的文件 |
| 2 | 创建扇区图层,设置图表中扇区参数 |

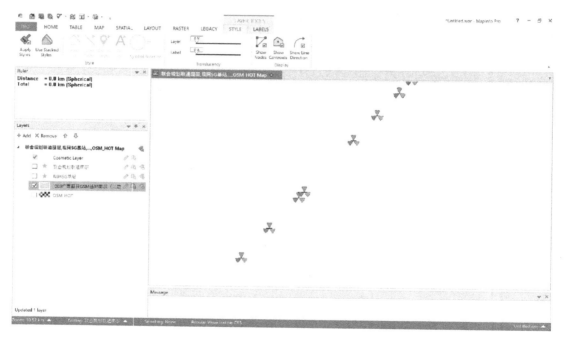

图 7-6　MapInfo 扇区分布图层

### 5) 建立数据专题图

在已建立的基站分布图或者扇区分布图的基础上,我们结合相关基站或扇区数据形成数据专题图,用于各类专题的分析,具体方式如表 7-6 所示,图 7-7 为已开通的数据专题图,通过颜色的区分,我们可以在 GIS 地图直观地观察到每个基站的开通状态,对已开通基站或未开通的基站地理分布情况进行分析。

表 7-6　数据专题图创建方法

| 步骤 | 操作内容 |
|---|---|
| 1 | 原基站信息表或者扇区信息表上新增对应的数据信息 |
| 2 | 选择需要创建的专题图层类型 |
| 3 | 设置专题图层条件列 |

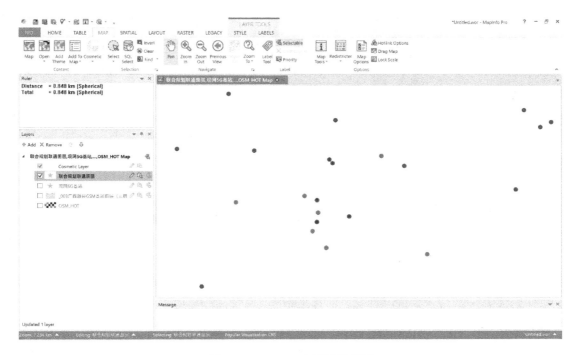

图 7-7　MapInfo 专题图层示例

除了案例中基站状态信息的关联,我们还可以将基站流量、基站覆盖能力等相关信息进行关联,从而建立相关数据专题图,用于实现基站或扇区数据在地理分布上的分析,这也是在网络规划和设计阶段对于 MapInfo 最常见的应用。

### 7.3.3.2　QGIS 使用实例

**1) 认识 QGIS 的基本界面**

QGIS 是一个专业的 GIS 应用程序,它建立在免费和开源软件(FOSS)之上,作为一个可以方便使用的开源地理信息系统,其提供数据的显示、编辑和分析功能。

软件上方是基本的操作菜单,包括文件管理、编辑、视图等,所有功能都能通过第一行菜单打开。第一行菜单下面是各种快捷操作按钮,这里是可以自定义的,按自己需求放置自己常用的快捷功能。软件正中就是地图和数据的展示界面,我们可以通过放大、缩小、平移、查找等方式来查看。地图界面左侧是图层界面,右侧是工具箱,下方是数据表,具体使用后面会逐一介绍(图 7-8)。

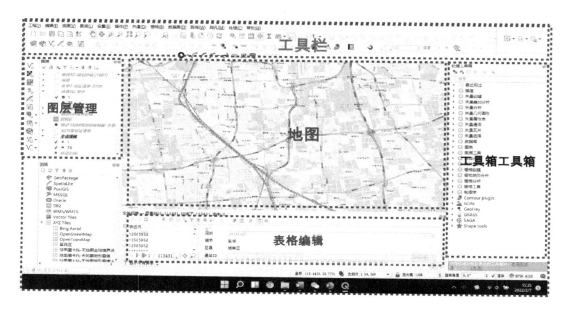

图 7-8　QGIS 界面图

**2)在线地图的加载**

QGIS 最大的特点是可以直接添加各类免费的网络地图,作为数据分析的地图基础,包括百度、高德等,添加方法如表 7-7 所示,界面如图 7-9。

表 7-7　在线地图的加载方法

| 步骤 | 操作内容 |
|---|---|
| 1 | 启动 QGIS 之后,在浏览器面板中,找到 Tile Server(XYZ)树节点<br>右键点击后弹出菜单"New Connection..." |
| 2 | 在对话框中填写在线地图的 URL,而后输入名称 |
| 3 | 添加图层完成之后,在 Tile Server(XYZ)中出现子节点,<br>双击子节点即可在 QGIS 中打开该在线地图 |
| 4 | 通过 QGIS 中的放大、缩小、平移等地图浏览工具,将视图移动到自己感兴趣的区域 |

这里需要提醒的是,引用不同的地图时,应注意他们默认的参考系不同,所以同样的经纬度在不同地图上显示的位置可能有偏差,要注意矫正。这里推荐初次使用时采用"开放街道地图"(OSM)。

图 7-9　QGIS 加载在线地图

### 3）建立基站分布图

通过 QGIS 创建基站分布图可参考表 7-8，图 7-10 所示。

表 7-8　基站分布图创建方法

| 步骤 | 操作内容 |
| --- | --- |
| 1 | 获取基站参数信息表 |
| 2 | 使用"数据源管理器"中的"分隔文本文件"标签在 QGIS 中打开对应的文件 |
| 3 | 设置图层可视化方式 |

图 7-10　QGIS 基站分布图

以上通过 QGIS 建立的基站分布图,可通过以下方式提升图层的表现形式:

① 设置图层要素的外观:QGIS 提供了大量选项,用于为图层设置形形色色的符号(要素),主要为点、线、面。数据加载到地图窗口时,QGIS 会根据数据的几何类型(点、线、面)提供默认的符号化和渲染方式,我们可以为基站分布图自定义图层。

② 通过以下方法可以显示基站名称:点击图层里面的工参,右键选择属性,选择标注→单一标注,选择单一标注后可以对标签选择颜色、字体、大小设置,置好之后点击"OK"就可以看到基站的名字了。

**4) 建立扇区分布图**

利用 QGIS 建立扇区分布图基本步骤如表 7-9 所示。

表 7-9 扇区分布图创建方法

| 步骤 | 操作内容 |
| --- | --- |
| 1 | 已获取的基站参数信息表上增加扇区信息 |
| 2 | 添加插件"shape tools" |
| 3 | 安装插件后,选中工参图层,并设置相应的参数 |

以下为通过 QGIS 建立的扇区图层,右键点击图层,选择"属性",在标注中进行选择,可在图层上显示小区名(图 7-11)。

图 7-11 QGIS 扇区分布图

#### 5）建立数据专题图

在已建立的基站分布图或者扇区分布图的基础上，我们结合相关基站或扇区数据形成数据专题图，用于各类专题的分析，以下以 MR 弱覆盖分析建立的数据专题图。

表 7-10　MR 弱覆盖分析专题图创建方法

| 步骤 | 操作内容 |
| --- | --- |
| 1 | 获取 MDT 栅格级数据，并设置为 WTK 格式的经纬度信息 |
| 2 | 打开扇区图，设置符号化分类 |
| 3 | 制作栅格图层 |
| 4 | 对弱覆盖栅格进行条件化筛选 |

图 7-12　QGIS 弱覆盖栅格专题图层示例

通过表 7-10，图 7-12 所示方法可以初步建立弱覆盖栅格图层，在实际分析中，栅格采样点展示的时候过于杂乱，在分析时可智能生成聚类区域来进行分析指引，方法如表 7-11 所示：

表 7-11    MDT 栅格分布图生成聚类区域创建方法

| 步骤 | 操作内容 |
| --- | --- |
| 1 | 在已建立栅格图层基础上,按表达式选择要素 |
| 2 | 将选取出的要素另存为新图层 |
| 3 | 创建新图层中各栅格要素的质心 |
| 4 | 对新生成的"质心"图层进行聚类处理 |
| 5 | 运行生成聚类图层,对聚类图层生成最小边界几何图形 |

通过以上方法即可生成弱覆盖栅格的集中区域,可直接定位重点弱覆盖区域(图 7-13)。

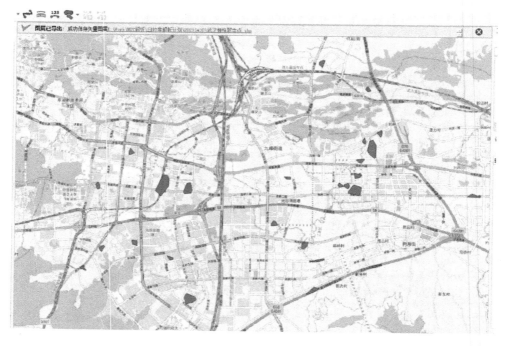

图 7-13    QGIS 聚类后弱覆盖栅格专题图层示例

# 7.4    数字化辅助工具

随着数字化、信息化技术的快速发展,无线网络规划与设计的工作方式和思路也在不断更新和迭代。围绕规划、勘察、设计各环节中的具体内容,通过信息化和数字化的辅助工具,可以帮助设计者更加高效、准确、便捷地完成设计任务。

## 7.4.1　大数据规划辅助工具

### 7.4.1.1　"U 行者"软件介绍

"大数据"的运用已经渗透到当今各行各业,对于海量数据的挖掘和运用所形成的结论,已成为策划部门重要的决策因素,运营商也正逐步将"大数据"纳入网络建设决策中,以实现更精准、更科学的建设方案。

无线网络规划环节多、数据多、需求多,传统的规划方法主要通过人工的方式进行相关数据的收集和分析,主要存在 3 个问题:①数据的提取和分析,主要依靠人工进行,耗时较长,时效性较差,存在主观因素的干扰;②各方面的数据分析相对独立,缺乏统一管控,协同效率低,分析结果不够全面;③规划结果主要通过图表、文字等方式呈现,可视性差,评估困难。

通过大数据辅助规划的方法可以有效解决上述问题。大数据规划辅助工具可以实现规划所需数据的自动化收集、处理、筛选、汇总,并且通过建立数学化的分析模型,将不同规划思路融合到数据分析方式中,通过客观、精准、高效的计算输出分析结果,达到辅助移动无线网项目规划、精准化投资的目标。

可以看出,大数据规划辅助工具并非是面向公众的通用工具,而是围绕无线网规划特点及特定需求的专业化辅助工具,一般需要通过定制化开发实现。中通服咨询设计研究院有限公司的"U 行者",就是一款面向无线网络智能精准规划的软件,主要具有以下功能。

**1)基站数据的自动收集和呈现**

可自动提取基站网管数据,支持 2G/3G/4G/5G 以及对华为、中兴等不同厂家的原网管数据的直接解析,通过参数提取,获取基站现网配置信息,并通过 GIS 的方式进行呈现,具体数据包括:基站、扇区、性能和邻区 4 种数据。

① 基站数据:基站/小区/载频信息显示、同 PCI/PN/逻辑根显示,LAC/TAC 图层显示等,并可以基于频段的灵活基站显示方式设置。

② 扇区数据:NR 架构、运营商标识等数据的扇区渲染显示。

③ 性能数据:各种性能类数据的载入显示,并具备小区长期指标列表、图表显示、自动播放和录屏等功能。

④ 邻区数据:同频/异频/异系统/异运营商多种邻区数据,通过邻区列表及图形化渲染显示。

**2)规划关联数据的集中分析和呈现**

可关联不同的网络质态分析数据,通过 GIS 实现同步呈现,即分析一类数据时可同步查询其他相关信息,实现投诉申告、路测数据、MR 栅格、仿真和现网站点等多维数据综合分析,包括:话单、路测和栅格 3 种数据。

① 话单数据:流量等小区级数据,可关联扇区显示,快速分析小区业务性能,也可转

换为栅格数据(图7-14)。

图7-14 "U行者"话单数据单扇区覆盖显示

② 路测数据:覆盖类信息,可关联扇区显示,快速分析小区覆盖性能,并基于扇区覆盖数据通过雷达图估算方位角(图7-15)。

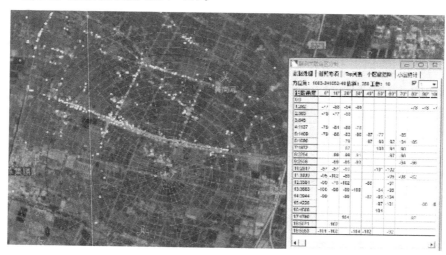

图7-15 "U行者"路测数据估算小区覆盖方位角

③ 栅格数据:关联 AGPS MR 信息,实现栅格化数据。

**3)常用分析统计工具**

在提供以上数据基础上,软件还提供了一系列在进行网络规划时常用的统计分析工具,包括查找、统计、规划站址、标准、自定义等。

① 查找:通过名称、编号、CI、PN/PCI/逻辑根、小区名称实现面向基站的信息查询,查找动作包括移动到目标、窗口内查找、显示查找痕迹等。

② 统计:面向扇区/路测/话单/栅格/PolyData 数据,可实现全量统计、基于色标范围的自定义统计、多边形内统计等多种统计方式。

③ 计算标注(规划站址)间的最近距离、与现网站的最近距离,按距离过滤分析规划站址合理性。

④ 标注的覆盖范围可以预定义显示,模拟覆盖范围显示。

⑤ 自定义图形和矢量地图:支持线、多边形、点、圆、矩形、扇形、椭圆七种图形,可进行自作图、编辑、裁剪、移动等操作,闭合图形支持外来数据关联渲染,多边形可用来按区域统计、隐藏/删除数据。

### 7.4.1.2 应用实例

"U 行者"提供了一系列的规划辅助分析工具,通过综合应用,可以帮助进行网络现状分析,并用于规划决策,以下为一项具体用例:通过"U 行者"实现居民区及建筑物室内覆盖评估,辅助室内深度覆盖的网络规划决策(图 7-16)。

**图 7-16　居民区及建筑物室内覆盖评估**

首先,通过自定义多边形的方式建立居民区图层。"U 行者"可关联互联网开源地图,通过网络爬虫技术,可以自动获取"查询字段"的区域获取,结合人工核查,通过自定义多边形的方式建立居民区图层。

然后,在多边形区域内关联统计 APGS MR 栅格化数据。通过 APGS MR 栅格化数据结合性能、感知数据评估居民区质量。可以按周持续评估居民区质量,根据话务量、VIP 用户、面积确定重点居民区,以连续质差居民区整治作为抓手,推进居民区深度覆盖质量提升,提高用户感知。相较于传统的 CQT 人工测试评估方式,评估的效率性、准确性均大大提升。

## 7.4.2　勘察设计辅助工具

目前国内设计或总承包工程现场勘察主要采用传统的方式,通过简易的作业表单,到达现场后拍照取证,之后凭借勘察人员的记忆处理数据,生成勘察报告。并以此为基础,进行后续的绘图、预算和编制说明文本,最后以纸质文档的方式交付。随着通信行业的蓬勃发展,尤其是数字化时代的到来,这种传统的作业方式一方面难以满足大规模勘察设计对进度、质量、成本方面更高的要求,存在勘察工作效率低、容易漏项、生成报告速度慢、勘察报告标准不统一、勘察数据管理困难、设计资料归档不及时等弊端。另一方面,传统方式下设计标准难以做到统一,包括图纸模板、文本模板、数据格式、设计规范等,从而影响设计质量,导致甲方对设计单位感知下降。

为解决上述问题,中通服咨询设计研究院开发"智勘智设系统",从勘察—绘图—规划设计—资源管理,使一整套生产作业流程规范化、自动化、共享化、集成化、数字化、智能化,实现设计生产作业全流程的协同管理,通过提升规范性和一致性来进一步提升规划设计的交付品质,通过数据化和智能化来拓展交付物的深度和广度(图 7-17)。

图 7-17　勘察设计辅助工具整体思路

### 7.4.2.1　解决方案和思路

**1) 大数据管理提升产品核心竞争力**

充分挖掘和利用设计生产大数据的价值,强化数字化和智能化水平,进一步提升产品核心竞争力。将过去不同来源渠道的数据进行整合,将源数据、数据采集、存储、分析、管理与应用的各个环节揉合成为一个整体,从而形成基于企业自身的数据资源。设计资源共享中心,规划统一存、一键搜索、可视化、大数据四大功能模块,实现全面、便捷、可视、智能的资源管理。

① 统一存。一个存储系统要同时管理块数据和文件数据,如果没有统一管理,那么实现整合和简化的目标就会受到影响。智勘智设平台要求对勘察数据和设计文件统一管理,统一存储。

② 一键搜索。通过技术手段实时获取相关资料,汇聚跨部门、多专业的设计相关素材,通过不同的行业标签进分类查询。

③ 可视化。基于 GIS 图层,可视化展示:勘察数据、现场照片、关联图纸、关联文本、关联表格。

④ 大数据。对大量的勘察数据进行分析,包括视频、图片、模板、文本等。

**2)勘察设计辅助工具提高勘察效率**

勘察方面,现场方案同步回传,即时展现现场情况,高效完成方案的制订。与 GIS 运维平台预留数据对接接口,通过每次的设计勘察对资源现状进行普查更新,最大化降低方案准备、报告生成、图纸绘制、数据管理等步骤耗费的时间(图 7-18)。

设计方面,自动生成图纸、预算和文本,同时通过预设的审核数据库,为审核人员提供智能化的支持,降低审核的难度,提升审核的精准率。在设计协同方面,实现两个目标:一是实现设计生产的精细化管理;二是在关键节点引入自动化工具,包括自动化出版工具、图纸和文本的自动审核工具、自动化标检工具、资源入库工具等,从而实现流程、工具、资源三者结合。

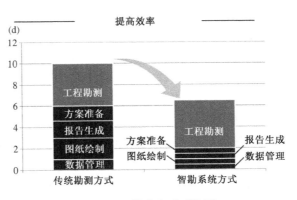

图 7-18 勘察方式对比图

**3)平台数据规范提升设计质量**

运用科学的方法手段,按照一定的运营框架,对企业各项数据管理要素进行系统的规范化、程序化、标准化设计,形成有效的数据管理运营机制,实现平台的规范化数据管理。

以勘察为例,全面加强现场勘察管理工作,包括规范勘察模板,加强原始数据收集与整合等。近年来,部分设计单位不重视质量管理,一味注重经济效益的提升,使勘察质量降低,给工程建设带来了隐患。因此,从信息采集到方案展现和运维管理,全程采用电子化方案,能有效降低流转储存成本和人力消耗。

通过将高度灵活的定制化功能应用于勘察、设计、施工交付等多个应用场景,避免为各个场景单独定制专业模板。将通过审核、审定的设计方案变为竣工图纸,最终转为维护信息。

**4）勘察设计辅助工具有助于降本增效**

通过增效工具库，实现自动化工具的统一集成、分类和管理，并将各类自动化工具在底层实现数据互联和互通。

以勘察辅助工具为例，充分结合勘测软件和办公软件，如将 GIS 移动定位系统、移动办公系统、手触 CAD 绘制平台、移动数据备份与传输功能、电子罗盘功能等移动平板特色功能与传统的勘察工作紧密结合，建立勘察数据采集、管理的一体化平台，使勘察工作与智能办公建设过程协同，为提高协作效率提供高效平台。

### 7.4.2.2 工具介绍

**1）APP 勘察工具**

勘察人员在移动终端内 APP 勘察工具上选择勘察计划点，可利用导航功能进行路线导航。在 APP 上选择需填报的勘察模板，支持现场文字录入、360°全方位拍摄照片、录制小视频等多种手段，并可以利用辅助工具测高测距、采集现场信息。

勘察完成后，将勘察信息上传，数据自动导入 PC 端。PC 端可以根据定制的模板，生成 Word 和 Excel 不同类型的勘察报告。

**2）绘图自动化工具**

针对 APP 记录的勘测数据，系统根据内置的 CAD 增效工具，可以插入子模块，编辑成通用模板，即自定义绘图模板，自动生成标准 CAD 图纸，并提供工程量统计等辅助功能。

**3）设计增效工具**

项目负责人可以根据要求，在 PC 端灵活制作文本模板，插入变量以及预置的章节和模块；设计人员在完善设计方案后，通过使用工具，生成标准规范的文档。

**4）站点资源管理工具**

基于 GIS 的资源可视化，根据地（市）、运营商、经纬度快速搜索站点，可以查看具体的站点勘察信息。

**5）设计文件管理工具**

全流程勘察、绘图、设计、文本编制、全套设计自动归档后，系统可以根据不同的标签快速检索资源。

# 参考文献

［1］邬伦.地理信息系统原理方法和应用［M］.北京：科学出版社，2005.

［2］《信息通信建设工程预算定额》《信息通信建设工程费用定额》及《信息通信建设工程概（预）算编制规程》（工信部通信〔2016〕451 号文）［Z］.中华人民共和国工业和信息化部，2016.

［3］工业和信息化部通信工程定额质监中心.第五代移动通信设备安装工程造价编制指导意见和定额及概（预）算编制规程［M］.北京：人民邮电出版社，2021.

［4］李兆玉，何维，戴翠琴.移动通信［M］.北京：电子工业出版社，2017.

［5］卢孟夏.通信技术概论［M］.北京：高等教育出版社，2005.

［6］朱晨鸣，王强，李新，等.5G 关键技术与工程建设［M］.北京：人民邮电出版社，2020.

［7］汪丁鼎，景建新，肖清华，等.LTE FDD/EPC 网络规划设计与优化［M］.北京：人民邮电出版社，2014.

［8］杨瑞.田军.设计行业数字化转型之智勘智设白皮书［Z］.中通服咨询设计研究院有限公司，2021.

［9］《通信工程设计文件编制规定》（YD/T 5211—2014）［S］.中华人民共和国工业和信息化部，2014.

［10］《移动通信基站工程技术标准》（GB/T 51431—2020）［S］.中华人民共和国住房和城乡建设部、国家市场监督管理总局，2020.

［11］《通信建筑工程设计规范》（YD 5003—2014）［S］.中华人民共和国工业和信息化部，2014.

［12］《移动通信直放站工程技术规范》（YD 5115—2015）［S］.中华人民共和国工业和信息化部，2015.

［13］《无线局域网工程设计规范》（YD 5214—2015）［S］.中华人民共和国工业和信息化部，2015.

［14］《建筑设计防火规范》（GB 50016—2014）［S］.中华人民共和国住房和城乡建设部、国家质量监督检验检疫总局，2015.

［15］《电信专用房屋工程施工监理规范》（YD 5073—2021）［S］.中华人民共和国工业和信息化部，2021.

［16］《通信电源设备安装工程验收规范》（YD 5079—2005）［S］.中华人民共和国信息产业部，2006.

［17］《通信电源设备安装工程设计规范》（GB 51194—2016）［S］.中华人民共和国住房和城乡建设部、国家质量监督检验检疫总局，2017.

［18］《通信高压直流电源设备工程设计规范》（GB 51215—2017）［S］.中华人民共和国住房和城乡建设部、国家质量监督检验检疫总局，2017.

［19］《通信电源设备安装工程验收规范》（GB 51199—2016）［S］.中华人民共和国住房和城乡建设部、国家质量监督检验检疫总局，2017.

［20］《国内卫星通信地球站设备安装工程验收规范》（YD/T 5017—2005）［S］.中华人民共和国信息产业部，2006.

［21］《电信设备安装抗震设计规范》（YD 5059—2005）［S］.中华人民共和国信息产业部，2006.

［22］《电信设备抗地震性能检测规范》(YD 5083—2005)［S］.中华人民共和国信息产业部,2006.

［23］《电信机房铁架安装设计标准》(YD/T 5026—2005)［S］.中华人民共和国信息产业部,2006.

［24］《无线通信室内覆盖系统工程设计规范》(YD/T 5120—2015)［S］.中华人民共和国工业和信息化部,
2016.

［25］《通信局(站)防雷与接地工程设计规范》(GB 50689—2011)［S］.中华人民共和国住房和城乡建设
部、国家质量监督检验检疫总局,2012.

［26］《通信局(站)防雷与接地工程设计规范》(YD 5098—2005)［S］.中华人民共和国信息产业部,2006.

［27］《通信工程建设环境保护技术暂行规定》(YD 5039—2009)［S］.中华人民共和国工业和信息化
部,2009.

［28］《数字移动通信(TDMA)工程施工监理规范》(YD 5086—2005)［S］.中华人民共和国信息产业
部,2006.

［29］《通信建设工程安全生产操作规范》(YD 5201—2014)［S］.和中华人民共和国工业和信息化
部,2014.